LI CHENG ZHANG JIAO LIAN AO SHU BI JI

李成章教练奥数笔记

第1卷

李成章 著

哈尔滨工业大学出版社

内容提要

本书为李成章教练奥数笔记第一卷,书中内容为李成章教授担任奥数教练时的手写原稿. 书中的每一道例题后都有详细的解答过程,有的甚至有多种解答方法.

本书适合准备参加数学竞赛的学生及数学爱好者研读.

图书在版编目(CIP)数据

李成章教练奥数笔记. 第1卷/李成章著. —哈尔滨:哈尔滨工业大学出版社,2016.1(2022.9 重印)
ISBN 978-7-5603-5566-5

Ⅰ.①李… Ⅱ.①李… Ⅲ.①数学-竞赛题-题解 Ⅳ.①O1-44

中国版本图书馆 CIP 数据核字(2015)第 191113 号

策划编辑	刘培杰 张永芹
责任编辑	张永芹 杜莹雪
封面设计	孙茵艾
出版发行	哈尔滨工业大学出版社
社　　址	哈尔滨市南岗区复华四道街10号 邮编150006
传　　真	0451-86414749
网　　址	http://hitpress.hit.edu.cn
印　　刷	哈尔滨博奇印刷有限公司
开　　本	787mm×1092mm 1/16 印张17.5 字数191千字
版　　次	2016年1月第1版 2022年9月第3次印刷
书　　号	ISBN 978-7-5603-5566-5
定　　价	48.00元

(如因印装质量问题影响阅读,我社负责调换)

目录

- 一　图论　//1
- 二　抽屉原理　//17
- 三　构造法　//36
- 四　最值问题　//53
- 五　映射　//72
- 六　组合计数（一）　//87
- 七　数学归纳法　//108
- 八　扰动法（局部调整法）　//132
- 九　磨光法　//148
- 十　梅涅劳斯定理　//172
- 十一　塞瓦定理　//190
- 十二　三点共线　//206
- 十三　三线共点　//226

编辑手记　//253

一 图记

图 由某些点和它们之间的一些连线构成的图形称为图。图中的点称为顶点，连线称之为边。图中顶点代表某类研究对象而边表示研究对象之间的某种特定的联系。

子图 由图G中的一些顶点和边组成的图形称为图G的子图。

简单图 任何两点之间至多有1条边且不存在某点与自己有连线的图称为简单图。

完全图 每两点之间都恰有1条连线的简单图称为完全图。

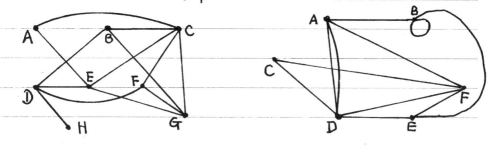

阶 图中顶点的个数称为图的阶。共有n个顶点的完全图称为n阶完全图，记为K_n。

度 图中顶点A引出的边的条数称为A的度，记为$d(A)$。度数为奇（偶）数的顶点称为奇（偶）顶点。所有顶点皆为偶顶点的图称为偶图。

链和圈 由图中某顶点出发，沿着一条边走到另一个顶点，再从第2个顶点出发沿着另一条边走到第3个顶点，这样走下去，一直走到某顶点为止。这样的顶点，边，顶点，边，……，顶点，边，顶点的一个序列称为一条链。如果始点与终点重合，则称为闭链。在数学奥林匹克中简称为圈。

连通图 任何两个顶点之间都有链相连的图称为连通图.

树 没有圈的连通图称为树.

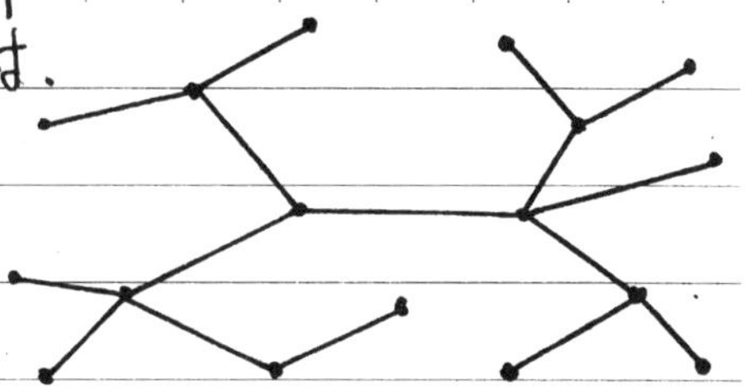

有向图 每条边都标上一个箭头的图称为有向图.

染色图 每条边都涂有K种颜色之一的图称为K染色图.

定理1 设 $n \geq 3$. 若在 n 阶图中至少有 n 条边, 则图中必有圈.

定理2 偶图 G 必可分解为若干个圈, 使得每两个圈都没有公共边.

推论 每点度数皆为2的偶图必可分解为若干个圈, 使得每两个圈都没有公共顶点.

定理3 n 阶树中恰有 $n-1$ 条边.

证 由定理1知, n 阶树的边数 $\leq n-1$.

另一方面, 2阶树恰有1条边. 设 $n = k$ 时, k 阶树恰有 $k-1$ 条边. 于是当 $n = k+1$ 时, $k+1$ 阶树中至多有 k 条边. 从而必有某顶点 A 是1度的. 去掉点 A, 图中总损失1条边且剩下部分仍是树且阶数为 k. 由归纳假设知这个 k 阶树边数为 $k-1$, 所以原图中恰有 k 条边.

例1 在 8×8 的国际象棋棋盘上标定16个方格,使得每行每列都恰有两个标定方格,求证总可以将黑白棋子各8枚分别放入16个标定方格中,使得每行每列都恰有黑白棋子各1枚.

证 取16个标定方格的中心点代表该方格.将同行或同列的两点之间都各连1条线,于是得到一个每点度数皆为2的16阶偶图.由定理2的推论知,这个图必可分解为若干个互不相交的圈.

对于图中的每个圈,由于其上每个顶点所引出的两条边都是一横一竖,所以圈上的边依为横竖相间,从而边数为偶数.圈上的顶点数也为偶数.

只要对每个圈上的顶点都相间地放置黑子和白子,便可满足题中的要求.实际上,由于每行每列的两个顶点都是某圈上的相邻顶点,两点所放置的棋子必是黑子与白子各1枚.

2. 设 $n \geq 3$，n 名乒乓球选手单打比赛若干场之后，任何两名选手已赛过的对手恰好都不完全相同。求证总可以从中去掉一名选手，使在余下的选手中，任何两名选手已赛过的对手仍然都不完全相同。（1987年全国联赛二试3题）

证 用 n 个点 $A_1, A_2, \cdots, A_n$ 来代表 n 名选手。若结论不成立，则当去掉 A_i ($1 \leq i \leq n$) 时，总有另两名选手已赛过的对手除 A_i 外完全相同。这时，我们就在代表这两名选手的两点之间连一条线段。当将 $A_1, A_2, \cdots, A_n$ 依次处理之后，就得到一个有 n 条边的 n 阶图。由定理6，此图中必有圈，不妨设为（显然，这 n 条边是互不相同的。）【反证法】

$$A_{i_1} \ell_1 A_{i_2} \ell_2 \cdots A_{i_{m-1}} \ell_{m-1} A_{i_m} \ell_m A_{i_1}$$

或简单地记为【圈的存在定理】

$$A_{i_1} A_{i_2} \cdots A_{i_{m-1}} A_{i_m} A_{i_1}.$$

设 A_{i_1} 与 A_{i_2} 之间的连线是在去掉 A_1 时导致的。由于去掉 A_1 前 A_{i_1} 与 A_{i_2} 已赛过的对手不完全相同，而去掉 A_1 之后两人已赛过的对手完全相同，所以两人原来的不同只能是一人与 A_1 赛过而另一人未与 A_1 赛过。不妨设 A_{i_1} 与 A_1 赛过而 A_{i_2} 未与 A_1 赛过。

因为画图过程是每去掉一点 A_i 时只连 1 条线，故可类似地导出 A_{i_2} 与 A_2 赛过而 A_{i_3} 未与 A_2 赛过，且除 A_2 之外，两人已赛过的对手完全相同。这样一来，由于 A_{i_2} 未与 A_1 赛过，故知 A_{i_3} 也未与 A_1 赛过。同理可依次导出 $A_{i_4}, A_{i_5}, \cdots, A_{i_m}$ 均未与 A_1 赛过，且最后导出 A_{i_1} 未与 A_1 赛过，矛盾。

这就完成了反证的证明。

3. 在一个凸多边形中作出所有对角线，并将由条边和各条对角线都涂上k种颜色之一，使得不存在以多边形顶点为顶点的单色封闭折线，求这样的多边形的边数的最大值。(1990年全册)

解 设凸多边形的边数为 n，于是边与对角线的总数为 C_n^2。若有某色线段的条数 $\geq n$，则由定理1知这种颜色的线段必能构成一条单色封闭折线，此与题中要求矛盾，故知每种颜色的线段条数都不超过 $n-1$。从而有 〔因为存在定理+换序求和〕

$$\frac{1}{2}n(n-1) = C_n^2 \leq k(n-1).$$

由此即得 $n \leq 2k$，即满足要求的多边形至多有 $2k$ 条边。

下面用〔构造法〕证明，当 $n=2k$ 时，满足要求的染色法存在。注意正 $2k$ 边形的所有边和对角线可以分成 k 组相互平行线，其中一组如左图

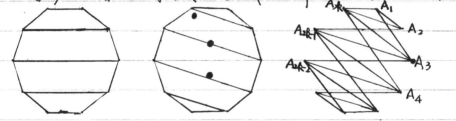

所示，另一组如中图所示。将上面左中两图所示的两组线段染上同一种颜色，便得到一条不封闭的单色折线 $A_1A_{2k}A_2A_{2k-1}A_3\cdots A_kA_{k+1}$。如此染 k 次即得 k 条不同色的单色折线，其中当然没有单色封闭折线。

综上可知，所求的多边形的边数的最大值为 $2k$。

4. $n(\geq 6)$个人参加一次聚会,已知

(i) 每个人至少同其中$\left[\frac{n}{2}\right]$个人互相认识;

(ii) 对于其中任何$\left[\frac{n}{2}\right]$个人,或者其中有2人互相认识,或者在余下的人中有2人互相认识.

求证这n个人中必有3人互相都认识.(1996年全国联赛二试4题)

证 用n个点代表n个人,并在相互认识的两人所对应的两点之间连一条线段,于是得到一个n阶图,问题化为证明图中必有三角形.

若不然,则图中没有三角形.任取图中一条边AB.于是顶点A和B的度数都不小于$\left[\frac{n}{2}\right]$且其余任何一点都不能同时有边与A,B相连.

(1)设n为偶数.于是n个人恰好可分成两组.一组中的点都与A有边相连而除B之外与B无边相连.另一组中之点都与B有边相连而除A之外与A无边相连.从而每组内的任何两点间都不能有边相连.此与已知条件(ii)矛盾. 图论模型

(2)设n为奇数.于是$n=2\left[\frac{n}{2}\right]+1$.若$n$个人中的每个人都与$A,B$之一相识,则象(1)一样地可导出矛盾.故可假设$n$个人中恰有$\left[\frac{n}{2}\right]$个人与$A$相识,也恰有$\left[\frac{n}{2}\right]$个人与$B$相识,且存在点$C$所对应的人与$A,B$均不相识.由反证假设知,与$A$相识的人互不相识,与$B$相识的人也都互不相识.

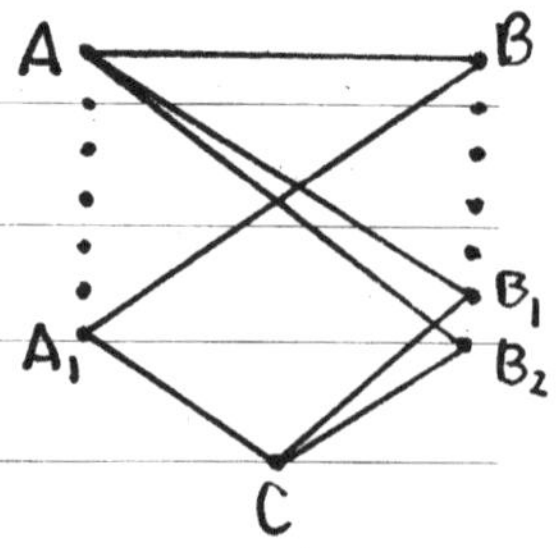

按已知条件(i),至少有$\left[\frac{n}{2}\right]\geq 3$个人与$C$相识.设其中有$k_1$个人与$A,C$相识,有$k_2$个人与$B,C$相识,$k_1\geq 1, k_2\geq 1, k_1+k_2\geq 3$.不妨设$k_2\geq k_1$,于是$k_2\geq 2$.设$B_1,B_2$与$A,C$相

识，A_1 与 B,C 相识。由反证假设知 A_1 与 B_1, B_2 都不能相识。又因 A 组各点间均无连线，故与 A_1 相识的人至多有 $\left[\frac{n}{2}\right]-1$ 人，此与已知条件(i)矛盾。

综上可知，图中必有三角形。

8. 设9阶图中既无三角形又无四边形，问图中最多有多少条边？

解 右图所示为一个9阶图，其中共有12条边，但图中既无三角形又无四边形，所以题中的要求的最多边数不小于12。 从举例入手

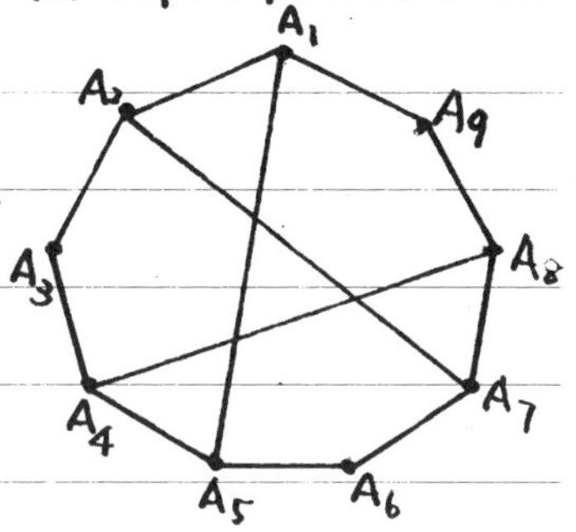

另一方面，设有一个9阶图中有13条边。于是9个顶点的度数之和为26度，所以这13条边在图中至少产生25个夹角，再加上13条边共38个元素，每个元素都分布在一个顶点对之间。但9个顶点共组成 $C_9^2 = 36$ 个不同的顶点对，由抽屉原理知必有两个元素分布在同一个顶点对间。若是一个夹角和一条边，则组成一个三角形；若为两个夹角，则组成一个四边形。 边+角的抽屉原理

综上可知，图中最多有12条边。 (2006.3.7)

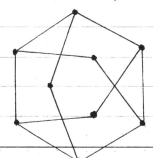 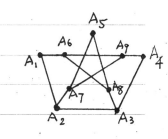

5. 某图中共有 n 个顶点，$n \geq 8$，问这 n 个顶点的度数能否分别为 $4, 5, \cdots, n-4, n-3, n-2, n-2, n-2, n-1, n-1, n-1$？

(1985年奥—波联合数学奥林匹克)

解 先看 $n=8$ 的情形。在右图中，A_1，A_2 和 A_3 均为 7 度，A_4，A_5，A_6 均为 6 度。$d(A_7)=5$，$d(A_8)=4$，满足题中要求。

在右图中添加一点 A_9，将 A_9 与 A_1，A_2，$\cdots$，A_6 各连一条边，则 $d(A_9)=6$，$d(A_8)=4$，$d(A_7)=5$，而 $d(A_1)=d(A_2)=d(A_3)=8$，$d(A_4)=d(A_5)=d(A_6)=7$，恰好满足题中要求。可见，当 $n=8, 9$ 时，存在满足要求的图。

构造法

不难看出，上述由 8 点过渡到 9 点的过程，由 9 点到 10 点时是无法实现的。实际上，若有 10 阶图满足题中要求，则其中连线条数为
$$\frac{1}{2}(d(A_1)+d(A_2)+\cdots+d(A_{10}))$$
$$=\frac{1}{2}(9+9+9+8+8+8+7+6+5+4)=36\frac{1}{2},$$
矛盾。这表明满足要求的 10 阶图不存在。同理可证满足要求的 11 阶图也不存在。但这一方法对于 $n=12$ 时不再适用。因而我们另寻求一个统一的反证法。

设 $n \geq 10$。将 n 个点分成 3 个互不相交的集合：
$M_1=\{A_1, A_2, A_3\}$，$M_2=\{A_4, A_5, A_6\}$，$M_3=\{A_7, A_8, \cdots, A_{n-2}, A_{n-1}, A_n\}$。
其中 M_1 中 3 点均为 $n-1$ 度，M_2 中 3 点均为 $n-2$ 度，M_3 中的顶点依次为 $n-3, n-4, \cdots, 5, 4$ 度。显然，M_1 中的点都与所有其余的

点间有边相连。M_2中每点都至少与M_3中的$n-7$个顶点间有边相连，即M_2中每点至多与M_3中1点不相邻。注意，$d(A_n)=4$，$d(A_{n-1})=5$。所以A_n至少与M_2中的两点不相邻，A_{n-1}至少与M_2中的一点不相邻。可见，M_2中3点与M_3中除A_n，A_{n-1}之外的其余各点间都有边相连。然而，$d(A_7)=n-3$，它至少要与A_n，A_{n-1}，A_{n-2}之一有边相连。但无论与3个顶点中的哪一个相连，都导致矛盾。这就证明了当$n \geq 10$时，满足题中要求的n所图是不能存在的。**极端分析法**

综上可知，当且仅当$n=8,9$时，满足题中要求的n所图存在。

9. 空间中给定$2n$个点，其中任何4点都不共面。在这些点间连有n^2+1条不同线段，求证这些线段中必有3条是一个三角形的3条边并问当只有n^2条线段时，同样的结论是否仍然成立？

6. 在有8个顶点的简单图中没有四边形，求图中边数的最大可能值。
（1992年中国数学奥林匹克）

解 下列两个8阶图中都有11条边且没有四边形：

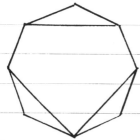 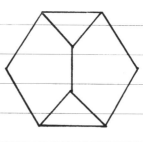

从举例入手

故知所求边数的最大值≥11.

下面证明若8阶图中有12条边，则图中必有四边形.

若不然，则图中没有四边形. 12条边共有24个端点，即图中8个顶点度数之和为24. 所以，或者8个顶点都是3度，或者有1个顶点度数至多为2.

子图法

若为前者，则可导致6个顶点间有7条边. 这又可导致5个顶点间有5条边. 由定理15知其中必有圈. 由于没有四边形，故图中有五边形或三角形. 若有五边形圈，则因每点都是3度，故圈上的5个顶点中，每点都要向另3个顶点之一引出一条线. 由抽屉原理知有圈上两个顶点与圈外1点同时有边相连. 由于没有四边形，故必有三角形. 所以这时必有三角形. 从图中将这个三角形的3个顶点去掉，则余下的5点之间还有6条边.

圈必存在定理

若为后者，即8个顶点中存在一点A，使得d(A)≤2. 于是去掉点A之后的7点间至少有10条边. 从而又可导致5个顶点间有6条边.

5个顶点之间有6条边，其中必有圈。若有5边的圈，则圈中还有1条对角线，从而导致四边形，矛盾。若有三角形而没有四边形和五边形，则只能是有1个公共顶点的两个三角形。

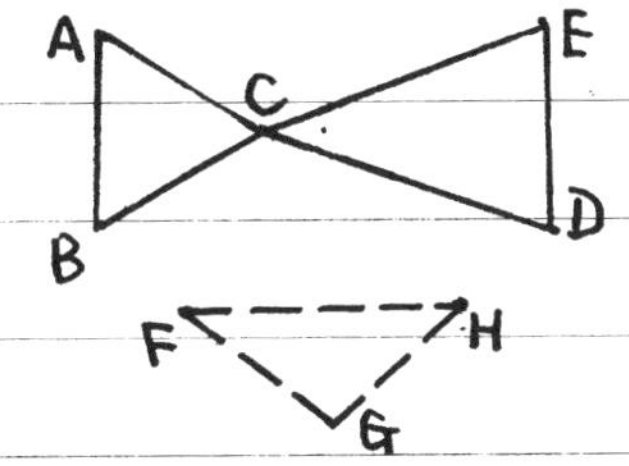

设另外3点是F、G和H。由于图中除了△ABC和△CDE外还有6条边，于是或者存在△FGH或者前5点与后3点之间至少有4条连线或者前5点之间还有第7条边。若为后者，则导致图中有四边形，矛盾；若为前者，则后3点与前5点之间还有3条边，由抽屉原理知必有两条边连向前两个三角形中的同一个，从而又导致四边形，矛盾；若前5点与后3点之间至少有4条连线，由抽屉原理知F、G、H中有一点向前5点引出两条边，这又导致四边形，矛盾。〈匀加位置分析法〉

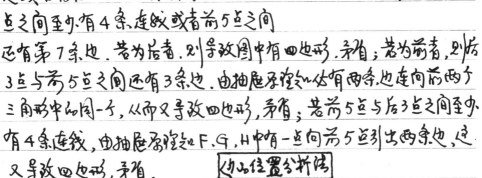

综上可知，8阶图中边数的最大可能值为11。

解2 只证有12条边的8阶图中必有四边形。

若不然，则图中没有四边形。这时8个顶点的度数之和为24。记 $d(A_i) = m_i$, $i = 1, 2, \cdots, 8$. 于是 $m_1 + m_2 + \cdots + m_8 = 24$. 由一个顶点引出的两条边构成一个夹角，于是图中夹角总数

$$C_{m_1}^2 + C_{m_2}^2 + \cdots + C_{m_8}^2 \geq 24.$$

每个夹角的两条边的另两个端点为图中一个顶点对，我们说此夹角张在这个顶点对上。由于没有四边形，所以图中这些夹角都张在互不相同的顶点对上。当然，两条边也可以认为张在一个顶点对上。因为

8阶图中共有 $C_8^2 = 28$ 个不同的顶点对，而 $12 + 24 - 28 = 8$，故图中至少有8个夹角与边张在同一个点对上。换句话说，图中至少有8个三角形。在这个计数过程中，每个三角形至多被计数3次，从而图中至少有3个不同的三角形。由于图中没有四边形，故任何两个三角形都没有公共边。于是3个三角形的状态只有下列3种情形：

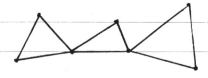 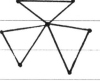 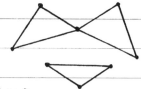

(1) 3个三角形构成连通子图，如上左两图所示。这时，7点间的任何两点间都不能再有连线，否则必导致四边形。从而另3条线均从第8点引出，但无论引向哪3点，都必然导致四边形。

(2) 上面右图中3个三角形处在两个连通分支中，已经用尽了8个顶点，另3条线只能在两分支之间连结，但无论怎样连线，都必然导致四边形。

情3 只证有12条边的8阶图中必有四边形。

若不然，设图中顶点A引出的边数最多，共引出k条。

(1) $k \geq 5$. AB_i，$i = 1, 2, \cdots, k$，$k \leq 7$. 与点A不相邻的顶点记为 $C_1, \cdots, C_h$，于是 $k + h = 7$。由于图中没有四边形，故 $B_1, B_2, \cdots, B_k$ 之间不能有两条边有公共端点，所以至多有 $\left[\dfrac{k}{2}\right]$ 条边。顶点 C_i 与B组点之间至多各1条连线，至多共有 $h = 7 - k$ 条。C组点之间至多有 C_h^2 条边。这时，图中边的总数为
$$k + \left[\dfrac{k}{2}\right] + (7 - k) + C_h^2 = S.$$

易见，当 $k=5,6,7$ 时，$S=10$，矛盾。

(2) $k=4$。AB_i，$i=1,2,3,4$。C_1,C_2,C_3 与顶点 A 不相邻，B 组 4 点之间至多两条边，C 组点与 B 组点之间至多 3 条边，C 组点间至多 3 条边。因图中共有 12 条边，故上述 3 个"至多"均应为"恰好"。

由对称性知，不妨设 B 组两条边为 B_1B_2 和 B_3B_4。于是 C 组 3 顶点向 B 组各引 1 条边共 3 条边中至少有两条与 B 组端点同为前两点或同为后两点，导致四边形，矛盾。

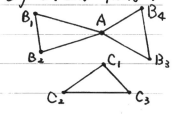

(3) $k=3$。取无边相连的两点 A 和 B，二者各引出 3 条边。由于图中没有四边形，故 A 的 3 个邻点与 B 的 3 个邻点中至多 1 个公共点。

(a) 两个 3 点组无公共点。C 组之间与 D 组点之间都至多 1 条边，两组之间至多 3 条边。至多共 11 条边，矛盾。

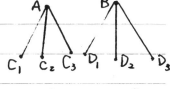

(b) 两个三点组有 1 个公共点 C_3。这时第 8 顶点 D 向 C_1,C_2,C_3,C_4,C_5 引出 3 条边，其中至少有两条与 C 组端点同在 C 组前 3 点或后 3 点，与必构成四边形，矛盾。

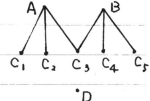

综上可知，图中至多有 11 条边。

注 若将 8 点改为 9 点，结果又如何？利用本题结果，可以证明答案为 13。

7. 由 n 个点和这些点之间的 l 条连线组成一个空间图形，其中 $n = q^2 + q + 1$，$l \geq \frac{1}{2}q(q+1)^2 + 1$，$q \geq 2$，$q \in \mathbb{N}$。已知此图中任何 4 点都不共面，每点至少有 1 条连线，且存在一点至少有 $q + 2$ 条连线。求证图中必存在一个空间四边形（即由 4 点 A, B, C, D 和 4 条连线 AB、BC、CD 和 DA 组成的图形）。(2003 年全国联赛二试 3 题)

证 画一个 $n \times n$ 方格表，将图中 n 个顶点分别记为 $A_1, A_2, \cdots, A_n$。若 A_i 与 A_j 之间有连线，则将方格表中第 i 行第 j 列和第 j 行第 i 列两个方格的中心涂成红点。这样一来，方格表中共有 $2l$ 个红点，且当 $d(A_i) = m$ 时，方格表中的第 i 行与第 i 列各有 m 个红点。注意，方格表中处于主对角线上的 n 个方格中都没有红点。

由已知，图中存在一点至少有 $q + 2$ 条连线，从而表中有一行至少有 $q + 2$ 个红点。不妨设第 n 行的前 $q + 2$ 个方格的中心都是红点，且后边的方格中不再有红点（从下面证明可知，当第 n 行的红点数大于 $q + 2$ 时，同样的证明可以进行）。

这样，问题化为证明方格表中存在 4 个红点，它们是一个边平行于网格线的矩形的 4 个顶点。

若不然，则表中任何 4 个红点都不能是一个边平行于网格线的矩形的 4 个顶点。于是表中前 $n - 1$ 行中每行前 $q + 2$ 个方格中至多有 1 个红点。去掉第 n 行及前 $q + 2$ 列，至多去掉
$$q + 2 + (n - 1) = q + 2 + q^2 + q = (q + 1)^2 + 1$$
个红点。这样，在余下的 $(n-1) \times (n - q - 2)$ 方格表中，红点个数至少为
$$q(q+1)^2 + 2 - (q+1)^2 - 1 = (q-1)(q+1)^2 + 1 = q^2(q+1) - q。$$

设在这个方格表中，第 i 行有 m_i 个红点，$i=1,2,\cdots,n-1$，于是同行红点对的总数为

$$C_{m_1}^2+C_{m_2}^2+\cdots+C_{m_{n-1}}^2\geq q^2C_q^2+qC_{q-1}^2.$$

由反证假设知不能存在处于不同行的两个红点对，两对中的两个红点分别同列，所以有

$$q^2C_q^2+qC_{q-1}^2\leq C_{m_1}^2+C_{m_2}^2+\cdots+C_{m_{n-1}}^2\leq C_{q^2-1}^2.$$

$$q^2q(q-1)+q(q-1)(q-2)\leq(q^2-1)(q^2-2)$$

$$q(q-1)(q^2+q-2)\leq(q-1)(q+1)(q^2-2)$$

$$q^3+q^2-2q\leq q^3+q^2-2q-2.$$

矛盾.

注 在《新图论》56－57页有另证.

图论方法 《3●》166－189页1－8题.

1. 模型法：4题.(70页)12题.《2●》4页2题证4.
2. 图法：2题.1题.3题.(二)2题.(二)3题.(二)4题.
3. 子图法：6题.(二)6题.(二)9题.
4. 补图法：(二)8题即《▲》156－157页3题.4题(4′题).(二)11题.
5. 图论与抽屉原理配合法：8题.(二)6题.(二)5题.(二)7题.6题
6. 构造图形法：8题.5题.6题.(二)6题.(二)10题.(二)8题.
7. 度法(计算度数＋抽屉，按度数分类)：(二)5题.5题.(二)7题.
8. 边的位置分析法. (二)10题.

8 (1) 在 7×7 方格表中将 k 个方格的中心涂成红点，使得任何 4 个红点都不是一个边平行于网格线的矩形的 4 个顶点，求 k 的最大可能值。

(2) 在 10×10 方格表中将 35 个方格的中心涂成红点，求证其中必有 4 个红点是一个边平行于网格线的矩形的 4 个顶点。

(3) 在 10×10 方格表中将 33 个方格的中心涂成红点，其中有一行中至少有 5 个红点，求证其中必有 4 个红点是一个边平行于网格线的矩形的 4 个顶点。

(4) 将 (1) 中的 7×7 改成 13×13，求解同样的问题。

二、抽屉原理

定理1 设有m个元素分属于n个集合且m>nk，则必有一个集合中至少有k+1个元素。

定理2 设有无穷多个元素分属于n个集合，则必有一个集合中含有无穷多个元素。

定理3 设有m个元素分属于n个两两不交的集合且m<nk，则必有一个集合中至多有k-1个元素。

关于抽屉原理的几点说明
1 少的抽屉原理；
2 重复元素的妙用；
3 抽屉大小可以不一致，以适应题中需要为准；
4 不一定要把所有元素全都分入各个抽屉中；
5 可以出现均匀分布的情况下可在抽屉原理之后加上分析；
6 反用抽屉原理；
7 累次使用抽屉原理，综合使用各种抽屉原理；
8 分类使用抽屉原理；
9 挖掘两类看似不同元素的共同点，巧妙使用抽屉原理。

1. 甲乙二人轮流给一个正方体的棱涂色。首先，甲任选3条棱涂成红色，然后乙从余下的9条棱中任选3条涂成绿色，接着甲从余下的6条棱中任选3条涂成红色，最后乙将余下的3条棱涂成绿色。如果甲能将某个面上的4条边全都涂成红色，甲就获胜，试问甲有获胜策略吗？说明理由。　　（1984年全苏数学奥林匹克）

解 将正方体的12条棱分成4组：

$\{A_1B_1, B_2B_3, A_3A_4\}$,

$\{A_2B_2, B_3B_4, A_4A_1\}$,

$\{A_3B_3, B_4B_1, A_1A_2\}$,

$\{A_4B_4, B_1B_2, A_2A_3\}$.

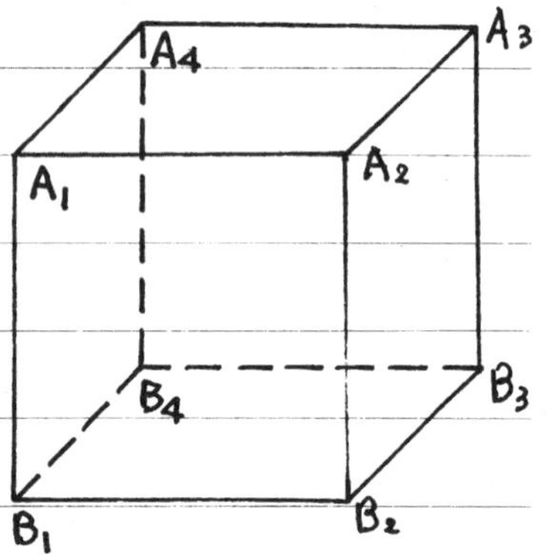

当甲第一次涂红3条棱后，由抽屉原理知，上述4组棱中总有一组的3条棱均未被涂红。乙只要将这一组的3条棱涂绿，则正方体的6个面上就各有一条绿边。可见，甲没有获胜策略。

构造抽屉，从好的组合入手

2. 将 3×7 方格纸的每个方格都涂上黑、白两色之一，求证其中必有一个以网格线为边的矩形，它的 4 个角格同色。

证1 先看第 1 行的 7 个方格，由抽屉原理知其中必有 4 个方格同色，不妨设前 4 个方格同为白色。

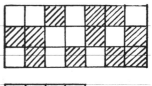

再看第 2 行的前 4 个方格，这时，若其中有两个白格，则结论成立。否则，不妨设前 3 个方格都是黑格。

最后看第 3 行的前 3 个方格，由抽屉原理知其中必有两个方格同色。若同为白色，则与第 1 行同列的两个白格构成所要的矩形；若同为黑色，则与第 2 行同列的两个黑格构成所要的矩形。

证2 由抽屉原理知，每列的 3 个方格中总有两格同色。如果 3 个方格都同色，则选定其中两个。如果一列的 3 个方格中，白（黑）格较多，则称之为白（黑）列。由抽屉原理知，7 列中必有 4 列同色。不妨设有 4 个白列。

白列中有两个白格，位置有 3 种不同：{1,2}，{1,3}，{2,3}。由抽屉原理知，4 个白列中必有两列的白格位置相同（行号相同），恰好组成一个 4 个角格均为白色的矩形。

证3 每列 3 个方格的涂色状态共有 8 种不同，将它们分成 6 组如下：

将这 6 组涂色状态作为 6 个抽屉，由抽屉原理知，7 列方格中总有两列属于同一个抽屉，这两列肯定能构成一个 4 个角格同色的矩形。

2-1 将正九边形的 9 个顶点中每个都涂上红、蓝两色之一，求证必有两个以涂色顶点为顶点的三角形全等且二者的顶点全部同色。

96 3. 设 $S=\{1,2,\cdots,1989\}$，从 S 中取出 k 个数，使得其中任何两数之差都不等于 4 和 7，求 k 的最大可能值。

从关键要求入手　　（1989 年美国数学邀请赛 13 题）

解：首先来考察，从　从简单入手　从举例入手

$$T=\{1,2,\cdots,11\}$$

中最多可以选出几个数，使得任何两数之差都不等于 4 和 7。由于

$$\{1,3,4,6,9\}, \{1,4,6,7,9\}$$

两组的 5 个数中任意两数之差都不等于 4 和 7，故知 T 中至少可以取出 5 个数满足要求。　从"坏对"入手　还可以将 11 个数排成一圈如：

考虑 T 中所有"坏对"：

$$\{1,5\}\{5,9\}\{1,8\}$$
$$\{2,6\}\{6,10\}\{2,9\}$$
$$\{3,7\}\{7,11\}\{3,10\}$$
$$\{4,8\}\qquad\quad\{4,11\}$$

其中每相邻两数之差都是 4 或 7，故至多可选出 5 个数。

易见，T 中每个数都恰好在两个坏对中出现。如果从 T 中取出 6 个数，则由于每个数都出现两次，故 6 个数将在 11 个坏对中出现 12 次。由抽屉原理知必有两个数出现在一个坏对中，所以不满足题中要求。故知 T 中最多可以取出 5 个数，满足任何两数之差都不等于 4 和 7 的要求。

因为　差的平移不变性　周期 4、从局部到整体

$$\{1,3,4,6,9\}\{12,14,15,17,20\}$$

在接缝之处也没有任何两数之差为 4 和 7，所以在 S 中，任何连

后11个表之中都最多可以选出5个数满足题中的要求. 由于
$$1989 = 11 \times 180 + 9,$$
而前述例子表明,最后9个数中也可以选出5个数满足要求,所以k的最大可能值为905.

4. 设 $S = \{1, 2, \cdots, 100\}$, 从 S 中任取50个数, 求证其中必有9个数不互质.

证 令
$$M_1 = \{2k \mid k = 1, 2, \cdots, 50\},$$
$$M_2 = \{6k-3 \mid k = 1, 2, \cdots, 17\}.$$
并把二者作为两个抽屉. 注意, 从好的组合入手构造抽屉
$$|M_1 \cup M_2| = 67,$$
所以,任取的50个数中,至少有17个数会在 $M_1 \cup M_2$ 中. 由抽屉原理知,其中必有9个数在一个抽屉中,它们当然不互质.

注 若改而使用3个抽屉:
$$A_1 = \{2k \mid k=1,2,\cdots,50\}, A_2 = \{3k \mid k=1,2,\cdots,33\}, A_3 = \{5k \mid k=1,2,\cdots,20\},$$
看起来抽屉多了一个,似乎结果应该更强. 但实际上因为
$$|A_3 - (A_1 \cup A_2)| = 7,$$
所以只会更弱. 故本题之证法是恰当的.

5. 将平面上的点都涂上红蓝两色之一，求证平面上存在两个相似三角形，使得二者的相似比为1995且两个三角形的3个顶点都同色。
(1995年全国联赛二试4题)

证 在平面上画两个同心圆，使两圆的半径之比为1995。在两圆之中作9条半径并考察9条半径在大圆上的9个端点。由抽屉原理知9点中必有5点同色。不妨设大圆上五圈的5点同色。

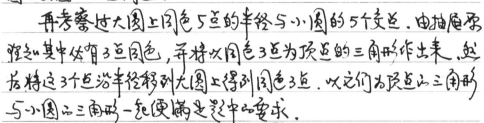

再考察过大圆上同色5点的半径与小圆的5个交点。由抽屉原理知其中必有3点同色，并将以同色3点为顶点的三角形作出来。然后将这3个点沿半径移到大圆上得到同色3点。以它们为顶点的三角形与小圆上三角形一起便满足题中的要求。

| 从图形入手 | 染色是天然的抽屉 |

6. 设 4×4 方格纸上每个方格面积为 1，从它的 25 个结点中任取 6 点，其中任何 3 点都不共线。求证所取 6 点中必存在 3 点，使得以它们为顶点的三角形的面积不大于 2。（1992 年全国联赛二试 3 题）

证1 将过方格纸中心的十字线取为坐标系，设已经选定 6 点。**分类使用抽屉原理**

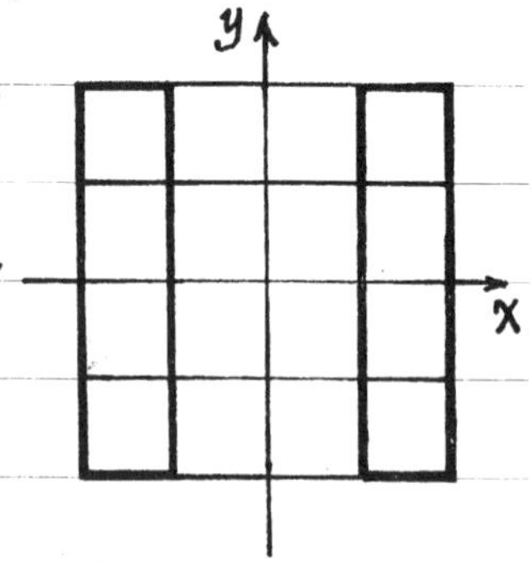

(1) 若 y 轴上没有选定点，则如右图所示，所选 6 点全在左右两个 1×4 矩形的各 10 个结点中。由抽屉原理知，总有 3 点在同一个矩形中，以它们为顶点的三角形的面积当然不大于 2。

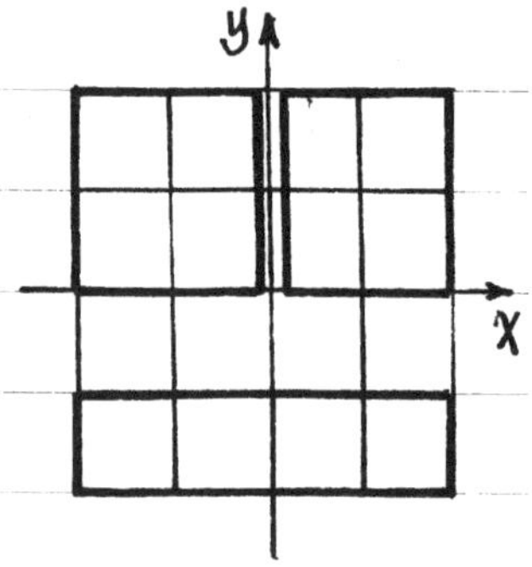

(2) 设 y 轴上至少有 1 个选定点，不妨设正半 y 轴（包含原点）上至少有 1 个选定点。这时，在 4×4 方格纸上画出 3 个矩形如右图所示，每个矩形中的所有结点（包括周界和内部）算作一个集合。因为正半 y 轴上至少有 1 个选定点，它同时属于两个抽屉。故 3 个抽屉中至少会有 7 个选定点。由抽屉原理知，其中必有 3 点属于同一抽屉，以这 3 点为顶点的三角形的面积当然不大于 2。

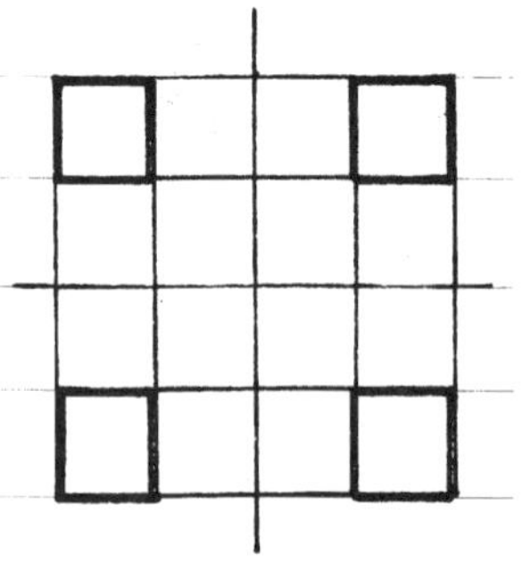

证2 因为两条坐标轴上至多有两个选定点，故 6 个选定点中至少有两点落在右图中粗实线所示的 4 个小正方形的顶点上。不妨设右上角之方格的 4 个顶点中至少有 1 个选定点。

将 4×4 方格表中上面两行的 10 个结点, 右面两列的 10 个结点和左下角 2×2 正方形上的 9 个结点各作为一个抽屉. 这时, 右上角方格的 4 个结点中的选定点同时属于两个抽屉, 于是 3 个抽屉中至少会有 7 个选定点. 由抽屉原理知, 其中必有 3 个选定点属于同一个抽屉, 以它们为顶点的三角形的面积当然不大于 2.

从特殊组合入手构造抽屉
25 妙用重复元素

证 3 将 4×4 方格表中上两行的 10 个结点, 下两行的 10 个结点, 左两列的 10 个结点和右两列的 10 个结点各作为一个抽屉, 共 4 个. 将左上、左下、右上、右下的 2×2 正方形上之 9 个结点各作为一个抽屉, 加上前 4 个, 共 8 个抽屉.

注意, 4×4 方格表中的每个结点至少属于 3 个不同抽屉, 所以 6 个选定点在 8 个抽屉中至少出现 18 次. 由抽屉原理知, 必有 3 个选定点同属于一个抽屉, 以它们为顶点的三角形的面积当然不大于 2.

7. 5个人听一次演讲，在听讲过程中，每个人都打了两次盹，每两个人都至少有一次同时打盹的时刻。求证必有某个时刻有至少4人同时打盹。

证 设5个人是 A, B, C, D, E。A 打两次盹的时刻分别是 1 和 2。于是 B, C, D, E 4人每人都至少在 1, 2 两个时刻之一打盹。由抽屉原理知下列两条之一成立：

(1) 在 1 和 2 两个时刻各恰有 3 人同时打盹（包括A在内）；

(2) 两个时刻中总有 1 个时刻至少有 4 人同时打盹。

如果 5 人都属于第 (1) 种情形，则只要有人打盹，就恰有 3 人同时打盹。因而 5 人打盹的总次数应为 3 的倍数。但是 5 人共打 10 次盹，不是 3 的倍数，矛盾。故这 5 人中至少有 1 人属于第 (2) 种情形，当然至少有 4 人同时打盹。

8. 10人到书店去买书，已知

(i) 每人都买了三种书；

(ii) 每两人所买的书中，都至少有 1 种相同。

问购买人数最多的一种书，最少有几人购买？说明理由。

(1993年中国数学奥林匹克5题)

解 设10人是 A, B, C, D, E, F, G, H, I, J。A 买出 3 种书分别是 1, 2, 3。于是另 9 人每人都至少在 1, 2, 3 这 3 种书中买 1 种。由抽屉原理知下列两条之一成立：从支撑元素入手构造抽屉

(1) 1, 2, 3 这 3 种书每种书恰有 4 人买（包括A在内）；

(2) 三种书中总有1种书至少有5人买.

如果10人都是第1种情形,则每种书都恰有4人买.从而10人买书的种数应为4的倍数.但是已知10人共买书30种而30不是4的倍数,矛盾.这表明10人中至少有1人属于第2种情形.故知购买人数最多的一种书至少有5人买. 从估计入手

下面来构造每种书至多有5人买的满足题中要求的例子.这可以用字典排列法

{1,2,3},{1,4,5},{1,6,7},{2,4,6}
{2,5,7},{3,4,7},{3,5,6}. 从举例入手

这7人每人购买的3种书中,每两人所买的书中恰有1种相同,每种书恰有3人购买.所以,再重复3组即可满足题中要求且每种书至多5人购买.

还可以用轮换排列法:
{1,2,4},{2,3,5},{3,4,6},{4,5,7},
{5,6,1},{6,7,2},{7,1,3}.

像前面一样,重复3组即可满足题中要求且每种书至多有5人购买.

在正五边形中心和5个顶点外分别写上1,2,3,4,5,6.中心和以上面相邻的两个顶点上的数表为一人购买3种书之号码:
{1,2,3},{1,3,4},{1,4,5},
{1,5,6},{1,6,2}.

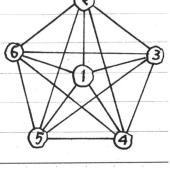

另5人所买的3种书都是3千次$\geq$上的枝品种，分别为
$\{2,4,5\},\{3,5,6\},\{4,6,2\},\{5,2,3\},\{6,3,4\}$.
前5人都买了第1种书，当然有相同的。后5人中每人都买了5种书中3千次$\geq$上的枝号的书。任何两人都买了五种不同书中的6种，当然有一种是共同的书。前5人中的1人与后5人中的1人，后1人买了外面5种书中的3种，只是两种未买，且两书号码不相邻。但前1人在外面5种书中买了相邻的两种，当然不可能是后一人未买的两种，必地买了同一种书.

•109 8. 一次考试中共有4道选择题，每题都有3个选项。一组学生参加考试，每人每题恰选1个选项。考完之后发现，对于任何3名学生，都有一道试题使3人的答案互不相同，问最多有多少名学生参加了考试？说明理由。（1988年IMO候选题）

解　当只有1道试题时，若有4人参加考试，则4人选择3个不同选项，由抽屉原理知必有两人选取同一个选项。再加1人时，则3人至多两个选项，不满足题中要求。可见，这时至多3人参加考试，4人就不能满足要求。〔从简单入手〕

当有两道试题时，有5人参加考试就不行。实际上，先考察第2题的结果。5人选取3个不同选项，由抽屉原理知必有1个选项至多1人选用。去掉这个选项，余下至少4人在第2题上至多两个不同选项。若要满足题中要求，主得指望第1题，而上面已论证够一道题时4人不行。〔不同选项是天然的抽屉〕〔支撑之素〕

当有3道题时，若有7人参加考试，则当考察第3题时，由抽屉原理知3个选项中总有1个选项至多两人选用。于是余下5人在第3题上只有两个不同答案，若要满足题中要求，只能指望前两题。但上面已证两题时5人不行，所以3题时7人就不行。

4道试题时，若有10人参加考试，则由抽屉原理知，第4题的3个选项中总有1个选项至多3人选用。余下7人中在第4题只有两个不同选项，不可能有3人答案互不相同，所以7人满足要求只能指望前3题，此不可能。这表明4道题时有10人参加考试就不行。故知至多有9人参加考试。

下面我们用字典排列法来给出9个人可以满足要求的例子：

	1	2	3	4	5	6	7	8	9
一	1	1	1	2	2	2	3	3	3
二	1	2	3	1	2	3	1	2	3
三	1	2	3	2	3	1	3	1	2
四	1	2	3	3	1	2	2	3	1

【举例配合】

易见，表中任何两人的答案至多1题相同。这样，任何3人两两之间各有1道题答案相同，至多有4道题中的3题的答案有人相同。因而余下的一道题3人答案互不相同。所以表中给出的9人的答案满足题中的要求。

综上所述，最多有9人参加考试。

接方法：若不用菲尔马定理计算$\varphi(M)$，还可以用书记中的数据来计算：$280 = 2^3 \times 5 \times 7$，所以

$$\varphi(280) = 4\varphi(70) = 4 \times 4 \times 6 = 96.$$

这是S中的数与$2 \times 5 \times 7$互质的个数，再把其中含3因子的去掉。

$3 \times 1, 3 \times 2, 3 \times 3, \cdots, 3 \times 70$中待计数$\varphi(70) = 24$个。

$3 \times 71, 3 \times 73, \boxed{3 \times 75}, \boxed{3 \times 77}, 3 \times 79, 3 \times 81, 3 \times 83, \boxed{3 \times 85}, 3 \times 87, 3 \times 89, \boxed{3 \times 91}, 3 \times 93$

中共8个。总计32个。故知S中与$2 \times 3 \times 5 \times 7$互质的数共64个，即2,3,5,7的倍数共216个。

(2004.12.23)

9. 设 $S=\{1,2,\cdots,280\}$，求最小自然数 n，使得 S 的任何一个 n 元子集中都含有 5 个数两两互质。（1991年IMO 3题）

解 令

$M_2=\{2k \mid k=1,2,\cdots,140\}$，
$M_3=\{3k \mid k=1,2,\cdots,93\}$，
$M_5=\{5k \mid k=1,2,\cdots,56\}$，
$M_7=\{7k \mid k=1,2,\cdots,40\}$，
$M=M_2\cup M_3\cup M_5\cup M_7$，

易见，对于 M 中任何 5 个数，由抽屉原理知，其中必有两个数同属于 M_2，M_3，M_5 和 M_7 这 4 个集合之一，当然不互质。由容斥原理可知

$|M|=|M_2|+|M_3|+|M_5|+|M_7|-|M_6|-|M_{10}|-|M_{14}|-|M_{15}|$
$-|M_{21}|-|M_{35}|+|M_{30}|+|M_{42}|+|M_{70}|+|M_{105}|-|M_{210}|$
$=140+93+56+40-46-28-20-18-13-8+9+6$
$+4+2-1=216.$

这表明，216 元子集 M 不满足题中要求，因而所求的最小自然数 $n\geq 217$。 【从好的组合入手构造抽屉】

设 $T\subseteq S$，$|T|=217$。考察下列 6 个集合：

$A_1=\{S\text{中所有质数}\}\cup\{1\}$，$A_2=\{2^2,3^2,5^2,7^2,11^2,13^2\}$，
$A_3=\{2\times41,3\times37,5\times31,7\times29,11\times23,13\times19\}$，
$A_4=\{2\times37,3\times31,5\times29,7\times23,11\times19,13\times17\}$，
$A_5=\{2\times31,3\times29,5\times23,7\times19,11\times17\}$，
$A_6=\{2\times29,3\times23,5\times19,7\times17,11\times13\}$.

我们先来计算 $|A_1|$ 的值，这是一个组合计数问题，计算它可用补集计数法，即求 S 中合数的个数。

前面已经算过，$|M|=216$。显然，M 中只有 4 个质数：2，3，5，7，余下的 212 个数均为合数。除了这些合数之外，S 中余下的合数的最小质因子不小于 11，不大于 13，所以只有下列 8 个：

11^2，11×13，11×17，11×19，11×23，13^2，13×17，13×19。

从而知 S 中共有 220 个合数，所以 $|A_1|=60$。于是有

$$|A_1\cup A_2\cup A_3\cup A_4\cup A_5\cup A_6|=88.$$

由于 $|T|=217$，故 $|S-T|=63$，所以 T 中至少有 $88-63=25$ 个元素分别属于 A_1,A_2,A_3,A_4,A_5 和 A_6。由抽屉原理知其中必有 5 个之和属于 6 个抽屉中的同一集合，与题意矛盾。

综上可知，所求的最小自然数 $n=217$。

【从排除特殊情况入手】

解2 若 T 中含有 5 个质数，自然满足要求。若 T 中至多 4 个质数，则至少有 213 个合数，至多有 S 中 7 个合数不在 T 中。由抽屉原理知，下列 8 集

$\{2\times 97, 3\times 89, 5\times 53, 7\times 37, 11\times 23\}$
$\{2\times 89, 3\times 83, 5\times 47, 7\times 31, 11\times 19\}$
$\{2\times 83, 3\times 79, 5\times 43, 7\times 29, 11\times 17\}$
$\{2\times 79, 3\times 73, 5\times 41, 7\times 23, 11\times 13\}$
$\{2\times 73, 3\times 71, 5\times 37, 7\times 19, 11^2\}$
$\{2\times 71, 3\times 67, 5\times 31, 7\times 17, 13^2\}$
$\{2\times 67, 3\times 61, 5\times 29, 7\times 11, 13\times 17\}$
$\{2\times 61, 3\times 59, 5\times 23, 7^2, 13\times 19\}$

【从好的组合入手】

中至少有一个全在 T 中，满足题中要求。

10. 一位棋手参加为期3周的集训，每天至少下一盘棋，每周至多下12盘棋，求证这位棋手必在连续的若干天中恰好下了21盘棋。

证 用 a_k 来记前 k 天所下棋的盘数，于是有
$$1 \leq a_1 < a_2 < \cdots < a_{20} < a_{21} \leq 36.$$
将 $\{1, 2, \cdots, 36\}$ 分成下列21组：【以剩余系作为抽屉】
$$\{1, 22\}, \{2, 23\}, \{3, 24\}, \cdots, \{15, 36\},$$
$$\{16\}, \{17\}, \{18\}, \{19\}, \{20\}, \{21\}.$$

由抽屉原理知必有下列两条结论之一成立：

(i) 上述21个集合中各含1个 a_i；

(ii) 存在 $1 \leq i < j \leq 21$，使得 a_i 和 a_j 属于这21个集合中的同一个。

若为前者，则有 $a_k \in \{21\}$，即 $a_k = 21$，这表明前 k 天恰好下了21盘棋。若为(ii)，则有 $1 \leq a_i < a_j \leq 36$，使得 $a_j - a_i = 21$。这表明从第 $i+1$ 天到第 j 天共下了21盘棋。可见，无论哪种情况，都定有连续若干天中恰好下了21盘棋。

11. 某次考试共有5道选择题,每题都有4个不同选项,每题每人恰选1个选项。在2000份答卷中发现存在一个自然数n,使得任何n份答卷中都存在4份,其中每两份的答案都至多3题相同。求n的最小可能值。 (2000年中国数学奥林匹克6题)

解 由抽屉原理知,2000份答卷中,总有至少500份第1题答案相同。而在第1题答案相同的500份答卷中,总有125份答卷与第2题答案相同。在前两题答案相同的125份答卷中,总有32份答卷与第3题答案相同。在前3题答案相同的32份答卷中,由抽屉原理知第4题的4个选项中总有一个选项至多8人选用,去掉选用这一选项的至多8人,余下的24份答卷中前3题都相同而第4题只有3种不同答案。 从支撑元素入手构造抽屉

对于这24份答卷中的任何4份,由抽屉原理知其中必有两份答卷第4题的选答案相同,从而这两份答卷的前4题的答案都相同,不满足题中要求。所以所求的自然数n的最小可能值不小于25。

另一方面,所有不同的答案组共有$4^5 = 1024$种。选择其中的1000种各重复一次,制造成2000份答卷。这样,这2000份答卷中的任何25份答卷中,总有13份答卷互不相同。

用0,1,2,3来分别代表每题的4个选项,并将所有不同的答案组分成下列4组:
$$S_m = \{(g,h,i,j,k) \mid g+h+i+j+k \equiv m \pmod 4\}.$$
以刺余类作为抽屉 $m = 0, 1, 2, 3.$

由抽屉原理知，上述13份不同答卷中至少有4份属于上述4组中的同一组。由于同组内两个不同答案至少有两题答案不同，故同组的4个不同答案两两之间都是至多3题相同，这表明 $n=25$ 可以满足题中要求。

综上可知，所求的 n 的最小可能值为25.

```
构造抽屉的主要方法
1 从好的组合入手；
2 从坏的组合入手；
3 染色是天然的抽屉；
4 剩余系是常用的抽屉；
5 从"好图形"入手；
6 从讨论对象的实质性入手；
7 从问题的支撑元素入手.
```

三 构造法

1. 一般构造法；
2. 分析推导构造法；
3. 参数构造法；
4. 归纳构造法；
5. 调整构造法；
6. 分类构造法；
7. (累次构造法）递进构造法；
8. 构造正面与反面的例子；
9. 字典排列法；
10. 轮换排列法；
11. 平均排列法；均匀排列法；
12. 分组构造法；
13. 同余构造法；
14. 合成构造法；

1. 求证存在两个无理数 a 和 b，使得 a^b 是有理数。

证1 令 $a=\sqrt{2}$，$b=\log_a 3$，于是
$$a^b = a^{\log_a 3} = 3.$$
$a=\sqrt{2}$ 当然是无理数。再证 b 为无理数。若不然，设有正整数 m 和 n，$(m,n)=1$，使得
$$\frac{m}{n} = b = \log_a 3.$$
$$a^{\frac{m}{n}} = 3, \quad (\sqrt{2})^{\frac{m}{n}} = 3, \quad 2^m = 3^{2n}.$$
但上面最后一式左端为偶数而右端为奇数，不可能相等。所以 b 为无理数。

证2 考察实数 $(\sqrt{2})^{\sqrt{2}}$。若它为有理数，则取 $a=b=\sqrt{2}$ 即满足题中的要求。若它为无理数，则可取 $a=(\sqrt{2})^{\sqrt{2}}$，$b=\sqrt{2}$，这时有
$$a^b = \left((\sqrt{2})^{\sqrt{2}}\right)^{\sqrt{2}} = (\sqrt{2})^{\sqrt{2}\times\sqrt{2}} = 2,$$
当然是有理数。

2. 设 $n \geq 4$，求证每个圆内接四边形都总可以分成 n 个圆内接四边形。 (1972年 IMO 2题)

证 首先注意，如果这个圆内接四边形是等腰梯形，则可借助于平行于底边的平行线将它划分成 n 个等腰梯形，当然都是圆内接四边形，从而结论成立。

设圆内接四边形不是等腰梯形，不妨设 $\angle A \geq \angle C$，$\angle D \geq \angle B$。

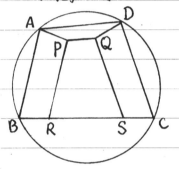

以 A 为端点，在四边形 ABCD 内部作 $\angle BAP = \angle B$，$\angle CDQ = \angle C$，并取点 P 和 Q，使得点 P 和 Q 都在四边形内且 $PQ \parallel AD$。再分别过点 P 和 Q 作 $PR \parallel AB$，$QS \parallel DC$，分别交 BC 于点 R，S。易见，四边形 ABRP 和 QSCD 都是等腰梯形。又因

$$\angle DAP = \angle A - \angle B = (180° - \angle C) - (180° - \angle D)$$
$$= \angle D - \angle C = \angle ADQ$$

所以梯形 PQDA 为等腰梯形，当然都有外接圆。此外，

$\because PQ \parallel AD$，$PR \parallel AB$，$QS \parallel DC$， [从好图形入手]

$\therefore \angle RPQ = \angle A$，$\angle RSQ = \angle C$。

$\because \angle A + \angle C = 180°$，$\therefore \angle RPQ + \angle RSQ = 180°$。

$\therefore$ 四边形 PRSQ 内接于圆。这就证明了命题于 $n=4$ 时成立。

注意，在上述 $n=4$ 的证明中分出上 4 个圆内接四边形中有等腰梯形，从而又可以用平行线将它划分成任意多个等腰梯形，所以命题对此有 $n \geq 4$ 都成立。

3. 在坐标平面上，纵横两个坐标都是整数的点称为整点。试设计一种方法将所有整点中的每点都涂上白、红、黑3色之一，使得

(i) 每种颜色都出现在无穷多条平行于横轴的直线上且在每条这样直线上都出现无穷多次；

(ii) 对任意白点A，红点B和黑点C，总可以找到一个红点D，使得四边形ABCD为平行四边形。

证明你的设计方法符合上述要求。(1986年全国联赛二试3题)

证 将所有整点按奇偶性分类涂色：

(奇，奇)白色，(偶，偶)黑色，(奇，偶)和(偶，奇)红色。

对于这种涂色法，(i)显然成立。下面证明(ii)也成立。

设 $A(x_1, y_1)$，$B(x_2, y_2)$，$C(x_3, y_3)$ 分别为白、红、黑点。于是 x_1，y_1 为奇，x_3，y_3 为偶而 x_2，y_2 奇偶各一。故知 $x_3 - x_1$，$y_3 - y_1$ 都是奇数而 $x_2 - x_1$，$y_2 - y_1$ 奇偶各一。故有

$$(y_2 - y_1)(x_3 - x_1) \neq (x_2 - x_1)(y_3 - y_1),$$

不论 $x_2 - x_1$ 是否为0，都导致 A、B、C 三点不共线。令

$$x_4 = x_1 + x_3 - x_2, \quad y_4 = y_1 + y_3 - y_2,$$

则 x_4 与 y_4 奇偶各一，从而点 $D(x_4, y_4)$ 为红点。又因线段AC和BD中点重合（坐标相等），所以四边形ABCD为平行四边形。

4. 设凸四边形ABCD面积为1，求证在它的边上(包括顶点)或内部可以找出4个点，使得以其中任意3点为顶点的三角形的面积均大于 $\frac{1}{4}$。 （1991年全国联赛二试2题）

证 如果四边形ABCD为平行四边形，则只需取它的4个顶点即可以满足题中要求。

以下设AB与CD不平行且 $\angle B+\angle C<180°$。取BC中点E，过E作CD的平行线，它与折线BAD相交，交点为F。

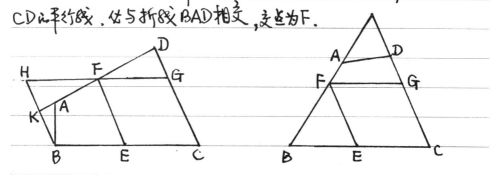

过F作BC的平行线交CD于点G，则平行四边形FECG的面积大于 $\frac{1}{2}$。所以，以它的任何3个顶点为顶点的三角形的面积都大于 $\frac{1}{4}$。

从好图形入手　分类构造法

5. 能否从不超过 10^5 的所有自然数中选出 1983 个不同的数，使得其中任何 3 个数都不成等差数列？证明理由.（1983 年 IMO 5 题）

解 选取所有在三进表示之下只出现数字 0 和 1 而不出现 2 且位数不超过 11 位的那些正整数作为集合 S，则 S 中的最大数为
$$(11111111111)_3 = 3^{10}+3^9+\cdots+3^2+3+1 = 88573 < 10^5.$$
而且 $|S| = 2^{11}-1 = 2047 > 1983$. 　从三进位入手

若有不同的 $x, y, z \in S$，使得 $x+z = 2y$，则因用三进制写出时，x, y, z 都由数字 0、1 组成且都是 11 位（准许在前面写 0），故 $2y$ 由 11 位 0 和 2 组成.

另一方面，既然 x 与 z 不同，故二者的三进表示中，至少有一位数字不同，即该位上是 0、1 各 1 个. 又因 x 与 z 相加时没有进位，所以 $x+z$ 在这一位的数字只能是 1，矛盾. 这表明集合 S 中的任何 1983 个数都满足题中的要求.

•84 6. 平面上是否存在100条不同的直线，它们之间恰好有1985个不同的交点？　　　　　　　　(1985年IMO候选题)

解 在坐标平面上选取两组平行线：
$$l_j = \{(x,y) \mid x = j\}, \quad j = 0, 1, \cdots, 72;$$
$$l_j = \{(x,y) \mid y = j - 73\}, \quad j = 73, 74, \cdots, 98.$$

则这99条直线之间共有

$$73 \times 26 = 1898$$

个不同的交点。

　　然后选取第100条直线，使它与以上99条直线恰有87个不同的交点. 为此，应使它与前99条直线中的12条交于已有的交点而与其它87条线交于新的交点。

　　为此，只须取第100条直线为 $x+y=5$ 即可. 这时，右图中过6个黑点的12条直线与第100条线的交点即6个黑点是原有的，而另外的87个交点都是新交点，当此满足题中之条件。

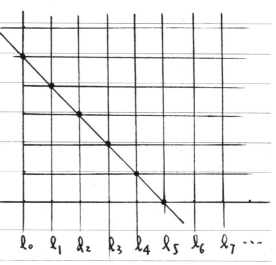

7 在空间中给出25个点，其中任何4点都不共面，每两点之间都连一条线段。问能否将图形中所有线段都涂上4种不同颜色之一，使得图形中不存在3边同色的单色三角形。

解 设4种不同颜色分别为红、黄、蓝、绿。将25点分成5组，每组5点。将每组5点视为空间五边形并带有所有对角线。注意，由于任何4点都不共面，所以这些边和对角线中任何两条都不会在端点之外相交。将每个这样的五边形中的所有边都涂成红色，对角线都涂成绿色，则每个五边形涂色之后都没有单色三角形。

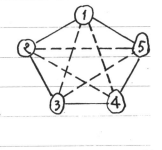

然后把5组也编上号码，每组视为一点时，也连成一个带有所有对角线的五边形。将图中相邻两组中每组各1点之间的所有连线都涂成黄色，将任何不相邻两组之中每组各1点之间的所有连线都涂成蓝色。易见，这样涂色之后的图形中没有单色三角形。

实际上，第1段中已经证明当三角形的3个顶点同组时，不可能是单色三角形。当3个顶点分属于3组时，因25点共分成5组，所以3点中必有两点所在的组相邻，也必有两点所在组不相邻，从而这样的三角形既有黄边又有蓝边，当然不是单色三角形。当三角形的3个顶点有两个同组而另一个不同组时，三角形的3条边中必有1条是红或绿边，而另两条则是黄或蓝边，自然也不能是单色三角形。

8. 试证对任意 $n \geq 4$, 都存在一个 n 次多项式
$$f(x) = x^n + a_{n-1}x^{n-1} + \cdots + a_1 x + a_0.$$
满足下列条件：

(i) $a_0, a_1, \cdots, a_{n-1}$ 均为正整数；

(ii) 对任意正整数 m 及任意正整数 $k \geq 2$，任意 k 个互不相同的正整数 $r_1, r_2, \cdots, r_k$，都有
$$f(m) \neq f(r_1)f(r_2)\cdots f(r_k). \quad (2011\text{年联赛二试二题})$$

证 令
$$f(x) = (x+1)(x+2)\cdots(x+n) + 2, \quad \text{①}$$

且将①式右边展开即知 $f(x)$ 满足条件 (i)。 [同余构造法]

再证①中给出的 $f(x)$ 满足条件 (ii)。

对任意正整数 t, $n \geq 4$, 连续 n 个正整数 $t+1, t+2, \cdots, t+n$ 中都必有 1 个是 4 的倍数，从而有
$$4 \mid (t+1)(t+2)\cdots(t+n), \quad f(t) \equiv 2 \pmod{4}. \quad \text{②}$$

因此，对任意 $k (k \geq 2)$ 总有
$$f(r_1)f(r_2)\cdots f(r_k) \equiv 2^k \equiv 0 \pmod{4}. \quad \text{③}$$

由②和③即知
$$f(m) \neq f(r_1)f(r_2)\cdots f(r_k).$$

可知①式给出的 $f(x)$ 满足题中的要求。

注 本题中 $f(x)$ 的构造思想为
$$f(m) \equiv 2 \pmod{4}, \quad m \in N^*.$$

9. 求证在平面上存在有不全共线的1986个点，使得其中任何两点间的距离都是整数.

证 记 $k = 1984!$ 并令
$$u_j = j, \quad v_j = \frac{k}{j}, \quad j = 1, 2, \cdots, 1984, \quad y = 2k = 2u_j v_j$$
$$x_j = v_j^2 - u_j^2, \quad j = 1, 2, \cdots, 1984, \quad \boxed{\text{参数构造法}}$$
$$A_j = (x_j, 0), \quad j = 1, 2, \cdots, 1984.$$
$$O = (0, 0), \quad P = (0, y).$$

则 $P, O, A_1, A_2, \cdots, A_{1984}$ 这1986个点就满足题中要求.

实际上，只须验证点 P 与 A_j 之间之距离为整数. 这时有
$$PA_j = (y^2 + x_j^2)^{\frac{1}{2}} = (4k^2 + (v_j^2 - u_j^2)^2)^{\frac{1}{2}}$$
$$= (4v_j^2 u_j^2 + v_j^4 - 2v_j^2 u_j^2 + u_j^4)^{\frac{1}{2}} = v_j^2 + u_j^2,$$

当然是正整数.

10. 如果一个正整数的数字可以分成完全相同的两段，且每段开头的数字不是0，则称这个正整数为"二重数"。例如360360是二重数而36036不是。求证存在无穷多个正整数，它们都既是二重数又是完全平方数。　　　　　(1988年IMO候选题)

证　　二重数和完全平方数各有无穷多个，现在要证的是两者之交也有无穷多个元素。

任意二重数都可写成
$$m(10^n+1) \qquad ①$$
的形式，其中m是n位数。如果$m=10^n+1$，则①就给出完全平方数。问题在于这时的$m=10^n+1$是$n+1$位数而不满足要求。为此，我们要将这样的m加以改造，使得m变成n位数而①式给出的数仍为完全平方数。

注意，10^n+1不能被2, 3, 5整除。但有
$$10^3+1 = 7\times 11\times 13 = 7\times 143, \quad 10^3 = 7\times 143 - 1.$$

由二项式定理有
$$10^{21} = (7\times 143-1)^7 \equiv -1 \pmod{49}.$$

【参数构造法】

因而有
$$10^{21(2k+1)} \equiv -1 \pmod{49}.$$

故令$m = \dfrac{9}{49}(10^{21(2k+1)}+1)$是个有$21(2k+1)$位数字的正整数。

代入①式便得
$$\dfrac{9}{49}(10^{21(2k+1)}+1)^2, \quad k=0, 1, 2, \cdots$$

都既是二重数又是完全平方数，当然有无穷多个。

099　11. 试证在坐标平面上存在一个点，它到各个整点的距离互不相等.　　　(1987年全国联赛二试二题)

证　对于题中所要求的点，我们无法直接来构造，但可用分析推理的方法将之求出来.

设点 $P(a,b)$ 满足题中的要求，其中 a 和 b 待定. 注意, 点 P 到各个整点的距离互不相等 $\iff$ 若有整点 (x_1,y_1) 和 (x_2,y_2) 使得
$$(a-x_1)^2+(b-y_1)^2=(a-x_2)^2+(b-y_2)^2, \quad ①$$
则必有 $x_1=x_2, y_1=y_2$.　　**分析推理构造法**

将①展开并整理，得到
$$2a(x_1-x_2)+2b(y_1-y_2)=x_1^2+y_1^2-x_2^2-y_2^2. \quad ②$$

显然, ②式右端为整数，而左端除 a 和 b 之外也都是整数，故当取 a 为无理数而 b 为有理数时，由②即得 $x_1=x_2$. 从而②式化为
$$2b(y_1-y_2)=y_1^2-y_2^2=(y_1+y_2)(y_1-y_2). \quad ③$$

③式右端 y_1+y_2 为整数, 取 b, 使得 $0<2b<1$, 由③即得 $y_1=y_2$. 由此可见, $P(\sqrt{2},\frac{1}{3})$ 便可满足题中要求.

12. 国王召集 $2n$ 名武士在宫中举行宴会,已知每位武士在与会者中的仇人数都不超过 $n-1$,求证国王的军师可以适当地安排所有武士围绕一张圆桌就座,使得每位武士都不与自己的仇人相邻。 (1964年莫斯科数学奥林匹克)

证 首先让全体武士的名卡在一张圆桌围围摆放,并称不互为仇人的两名武士互为朋友。设这时圆桌上有某两名武士 A 和 B 互为仇人且位置相邻,称之为一个"仇人对"。于是我们的任务就是要证明可以经过若干次调整而使得圆桌上的位置中不再有仇人对。

设 B 坐在 A 的右方。由于 A 至少有 n 位朋友而 B 至多有 $n-1$ 名仇人,故必存在 A 的朋友 C,使得他的左邻 D 是 B 的朋友。设从 B 到 C 的座次依次是 $BE_1E_2\cdots E_mC$,现将他们的座次整个地颠倒过来成为 $CE_m\cdots E_2E_1B$,则座次中的仇人对的个数至少减少 1 个。

重复这个调整过程若干次,便可使得座次中的仇人对的数目变为 0,即得到满足要求的就座安排。 调整构造法

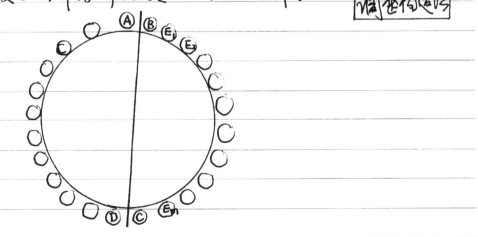

'98 13. 在平面上给定100个点，求证总可以在平面上放置有限多个圆纸片，使得

(i) 每个给定点都被某枚圆纸片盖住；

(ii) 任何两枚圆纸片之间的距离都大于1；

(iii) 所有圆纸片的直径之和小于100.

(1977年南斯拉夫数学奥林匹克)

证 首先，分别以每个给定点为心，各作一个半径为 $\frac{1}{200}$ 的圆。显然，这样放置的100枚圆纸片满足条件(i)和(iii)。

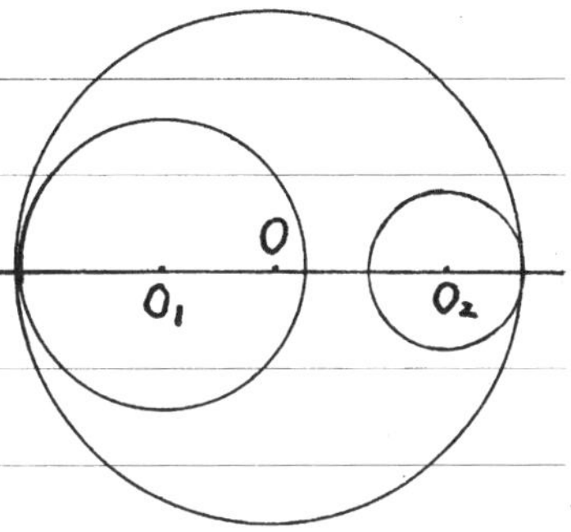

如果这些圆纸片中存在两个⊙O_1，⊙O_2，它们之间的距离不大于1，则用一个覆盖二者的最小圆纸片来代替二者(如右图所示)。于是圆纸片的个数减少1个而直径之和至多增加1.

如果这些圆中还存在两个距离不大于1的圆纸片，则又可重复上述过程。这样继续下去，直到任何两个圆纸片之间距离都大于1为止。因为开始时已有100枚圆纸片，故这个过程至多进行99次。这时条件(ii)成立。又因每次操作直径之和至多增加1，故到结束时此至多增加99。又因原来100个小圆的直径之和小于1，故最后得到的这若干个圆的直径之和小于100，即(iii)仍然成立。 调整构造法

14. 设 n 为正偶数，求证可以在 $n\times n$ 方格表的每个方格中都填写 1, 2, 3 之一，使得每行每列的 n 个数相加时，所得的 $2n$ 个和数互不相同。（1988年IMO候选题）

证 当 $n=2$ 时，可以填表如右图所示，这时左表的 4 个和数分别为 2, 3, 4, 5，而右表的 4 个和数分别为 3, 4, 5, 6。

下面用数学归纳法来证明如下的加强命题：对每个偶数 n，都可以在 $n\times n$ 方格表的每个方格中填写 1, 2, 3 之一，使得每行每列的 n 个数相加时，所得的 $2n$ 个和数恰为 n, $n+1$, $\cdots$, $3n-1$。

设命题当 $n=2k$ 时成立，当 $n=2k+2$ 时，按归纳假设，右表中的 $2k\times 2k$ 的方格表可以填好，使得所得的 $4k$ 个和数分别为 $2k$, $2k+1$, $\cdots$, $6k-1$。现将 $(2k+2)\times(2k+2)$ 方格表的后两行与后两列填表如图所示，则原有的 $4k$ 个和数全都加 4 而变为 $2k+4$, $2k+5$, $\cdots$, $6k+3$。新增的 4 个和数分别为 $2k+2$, $2k+3$, $6k+4$, $6k+5$。合在一起恰好表明加强命题于 $n=2k+2$ 时成立。 归纳构造法

15. 求证 2 的每个正整数幂都有一个倍数，使其各位数字均不为 0（十进制）。　　（1990 年中国集训队选拔考试）

证 1 首先约定，某数的第 l 位数字是指从右向左数的第 l 个数字。

对于 $k \in \mathbb{N}$，记 $n_1 = 2^k$。由于 $5 \nmid 2^k$，故 n_1 的个位数字不是 0。若 n_1 的各位数字均不为 0，则结论自然成立。否则，设 n_1 的前 $m-1$ 位数字都不为 0，而第 m 位数字为 0（$m \geq 2$）。令
$$n_2 = (1 + 10^{m-1}) 2^k = (1 + 10^{m-1}) n_1,$$
则 n_2 的前 m 位数字均不为 0。如果需要，可对 n_2 再进行类似地处理。显然，每次至少增加一个连续的非 0 数字，故经过有限多次之后，总能得到 2^k 的一个倍数 n_s，它的前 k 位数字均不为 0。设 n_s 共有 q 位数位，$q > k$。令
$$n_s = m \cdot 10^k + n,$$
其中 n 为一个 k 位的自然数。这就是把 n_s 的前 k 位与后 $q-k$ 位数字拆开并写成两数之和。因为
$$2^k \mid n_s, \quad 2^k \mid m \cdot 10^k,$$
所以 $2^k \mid n$ 且 n 的各位数字均不为 0，当然满足题中要求。

证 2 用归纳构造法来证明如下的加强命题：对任意正整数 k，都存在一个仅含数字 1 和 2 的 k 位数 n_k，使得 $2^k \mid n_k$。

当 $k = 1$ 时，取 $n_1 = 2$ 即可。

设命题于 $k = m$ 时成立，即存在 m 位数字都是 1 或 2 的 m

偶数 n_m，使得 $2^m \mid n_m$。设
$$n_m = 2^m q, \quad q \in \mathbb{N}.$$
即 q 为 n_m 除以 2^m 的商。当 $k = m+1$ 时，考察下列两个自然数：
$$n_m + 10^m = 2^m(q + 5^m), \quad n_m + 2 \times 10^m = 2^m(q + 2 \times 5^m).$$
显然，当 q 为奇数时，
$$2^{m+1} \mid n_m + 10^m,$$
当 q 为偶数时，
$$2^{m+1} \mid n_m + 2 \times 10^m.$$
取二数中能被 2^{m+1} 整除的一个为 n_{m+1} 即可。此外，n_{m+1} 相当于在 n_m 的各位数字左方恰当地填加数字 1 或 2，它的各位数字当然也都是 1 和 2。可见，命题于 $k = m+1$ 时成立。这就完成了归纳证明。

16. 是否存在一个正整数 $n > 10^{1000}$，它不是 10 的倍数，且可以交换它的十进表示式中某两位不同的非 0 数字，使得交换后所得的数与原数具有相同的质因数集合？ (2004 年俄罗斯数学奥林匹克)

解 $24 \times 11\cdots1 = 26\cdots 64$，$42 \times 11\cdots 1 = 46 \cdots 62$。注意到 $24 = 2^3 \times 3$，$42 = 2 \times 3 \times 7$，为使二数有相同的质因子集，只须再取 $11\cdots1$，使之是 7 的倍数，而这只须 $111111 = 1001 \times 111 = 7 \times 11 \times 13 \times 3 \times 37$ 或 3 次。于是有
$$2666664 = 24 \times 111111 = 2^3 \times 3^2 \times 7 \times 11 \times 13 \times 37.$$
$$4666662 = 42 \times 111111 = 2 \times 3^2 \times 7^2 \times 11 \times 13 \times 37.$$
为使 $n > 10^{1000}$，只要将 6 个 1 组成的 111111 改成 1002 个 1 组成二数变为
$\underbrace{24 \times 11\cdots1}_{1002个} = 24 \times 111111 \times \sum_{k=0}^{166} 10^{6k}$. (2005.1.31)

四 最值问题

1. 某市有 n 所中学，第 i 所中学派出 c_i 名学生到体育馆去观看球赛，$1 \leq c_i \leq 39$，$i=1,2,\cdots,n$，$\sum_{i=1}^{n} c_i = 1990$。看台上每一横排都有 199 个座位。同一学校的学生必须坐在同一横排。问最少应安排多少横排才足以保证学生全部按要求就座？

(1990年全国联赛二试 3 题)

解 首先，暂不考虑同一学校的学生必须坐在同一横排的要求，让学生按学校的次序从第 1 排依次入座，第 1 排坐完之后接着坐第 2 排，于是 10 个横排的座位恰可坐下全部 1990 名学生。

然后让同一学校的学生没有坐在同一横排的学生全部站起来，于是至多有 9 个学校的学生站起来。由于 $c_i \leq 39$，所以每一横排至少可坐下 5 个学校的学生。故可让站起来的至多 9 个学校的学生到第 11 和 12 两排依次就座，即可让全部学生在 12 横排中按要求入座。

从反例入手 | 从举例入手

最后举例说明，只安排 11 横排时不足以保证全部学生按题中要求就座。

设 $n = 80$，前 79 个学校各有 25 人，最后一个学校有 15 人。显然，对于 25 人的学校，每横排中只能安排 7 个学校，11 横排只能安排 77 个这样的学校的学生。这表明 11 横排座位是不足以让全部学生按要求就座的。

综上可知，最少要 12 横排座位。

注意 $1990 = 34 \times 58 + 18$，$1990 = 29 \times 68 + 18$，上面的反例不是唯一的。$1990 = 35 \times 56 + 30$。

○405 2. 在 100×25 的矩形方格表中,每格填入一个非负实数,第 i 行 j 列的数记为 x_{ij} ($i=1,2,\cdots,100, j=1,2,\cdots,25$),使得
$$\sum_{j=1}^{25} x_{ij} \leq 1, \quad i=1,2,\cdots,100.$$
然后将表中每列的100个数按从大到小的次序从上到下重新排列为
$$x'_{1j} \geq x'_{2j} \geq x'_{3j} \geq \cdots \geq x'_{100j}, \quad j=1,2,\cdots,25.$$
求最小自然数 k,使当 $i \geq k$ 时,总有 $\sum_{j=1}^{25} x'_{ij} \leq 1$.

(1997年全国联赛二试3题)

解 因为在重排后的数表中,第100行的每个数都是该列中的最小数,故有
$$x'_{100j} \leq x_{100j}, \quad j=1,2,\cdots,25.$$

从而有 | 从比较大小入手 |

$$\sum_{j=1}^{25} x'_{100j} \leq \sum_{j=1}^{25} x_{100j} \leq 1,$$

即重排数表中的最后一行数之和总是不超过1.

将重排数表中最后一行的25个数在原数表中所在的至多25行去掉,余下部分至少还有75行.从这75行中选定一行数与重排数表中的第99行数进行比较.设选定的一行数为第 m 行,于是定有
$$x'_{99j} \leq x_{mj}, \quad j=1,2,\cdots,25.$$

从而又有 | 从估计入手 |
                                           | 从举例入手 |
$$\sum_{j=1}^{25} x'_{99j} \leq \sum_{j=1}^{25} x_{mj} \leq 1.$$

同理可证,第98行和第97行的各25个数之和都不大于1.这表明 $k=97$ 满足题中的要求.

下面举例说明比97小的 k 都不能满足题中要求.注意,表中

设有表之和不大于100. 为使前96行数之和都大于1,而后4行数又已证可以不大于1,故可使重排数表中的后4行数全都是0. 即原数表中每列有4个0. 至此,我们可令

$x_{ij} = 0$, 当 $i - 4(j-1) \in \{1, 2, 3, 4\}$,

即每列中的4个0如右图所示. 其余的方格中均填入 $\frac{1}{24}$. 于是表中每行25个数之和都等于1, 满足题中对原数表的要求. 但是, 重排后的数表中, 后4行数全部为0, 前96行数全部为 $\frac{1}{24}$, 每行表之和都大于1.

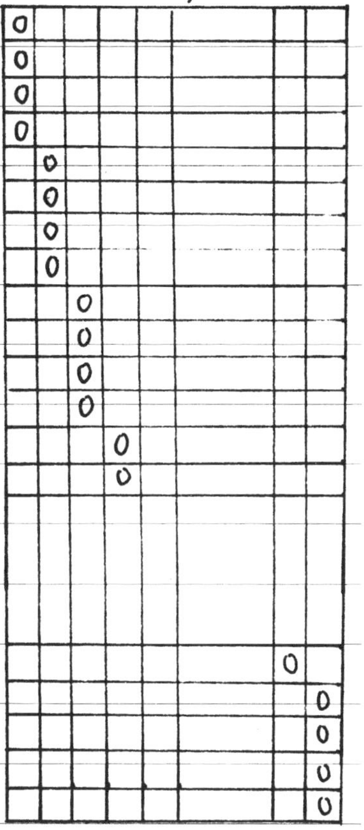

综上可知, 所求的最小自然数 $k = 97$.

共G中7个顶点8条边，到G'中有13条边 ⇒ 6阶4图中至少10边 ⇒ 5阶2图中至少7边
⇒ 4阶2图中至少5边 ⇒ 故有三角形△ABC ⇒ 在原图G中以A、B、C为顶点
三阶2图中无边. 证毕.

3 设在平面上给定7点，问最少要在它们之间连结多少条线段，才能使得任何3点间总有两点相连？说明理由.

(1989年IMO预选题17题)

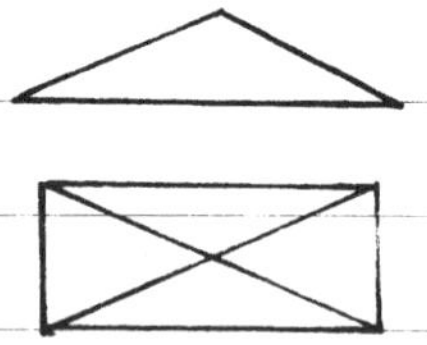

解1 右图表明，7点间连有9条线段即可满足题中要求，故所求的线段数的最小值不大于9. 〔从举例入手〕

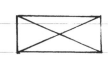

另一方面，设由点A引出的线段条数最少.

(i) 若 $d(A) \leq 1$，则不与A相连的至少5点间，任何两点间都有1条连线. 到共10条.

(ii) 若 $d(A) = 2$，设两条线段为AB, AC. 于是不与A相连的4点间要连6条线段. 由于 $d(B) \geq 2$，故点B至少要多连出一条线. 所以至少共有9条线. 〔分类处理法〕

(iii) 若 $d(A) \geq 3$，则每点至少连出3条线. 7点至少21条线. 每条线算2次，图中至少有11条连线.

可见，为了满足题中要求，图中至少有9条连线.

综上可知，7点间至少要有9条连线.

解2 只证满足题中要求的连线方法中，至少有9条连线.

设A, B两点间无线相连，于是另5点C, D, E, F, G中每点都至少与A, B之一相连，至少5条线.

C, D, E, F, G共可组成 $C_5^3 = 10$ 个三点组，每组一条连线，至少有10条连线，在这一计数过程中，每条线可计数3次，故另5点

间至少有4条连线,合起来总共至少有9条连线.

解3 只证满足要求的连线方法中,至少有9条连线.

7个给定点共可组成 $C_7^3=35$ 个不同的三点组,每组中至少一条连线,至少共有35条连线(包括重复).每条连线恰属于5个三点组,至多被计数5次,所以图中至少有7条不同连线.7条连线导致7个顶点度数之和为14.这时图中至少有7个夹角.

一个三点组中若只有1个夹角,则有两条线;若有3个夹角,则有3条线.这样一来,或者7个夹角分属于7个三点组,多出7条线;或者有3个夹角属于一个三点组与4个夹角分属于4个三点组,多出6条线;或者6个夹角分属于两个三点组,另一个属于一个三点组,多出5条线.所以35个三点组中至少有40条线.从而图中至少有8条不同连线.

8条连线导致7个给定点度数之和为16,这时图中至少有9个夹角.而这又导致35个三点组中至少有41条连线.从而图中至少有9条不同连线.

解4 设7点之间连有8条线,于是其补图 G' 有7阶图,其中有13条边.从而补图 G' 中存在 $\triangle ABC$,于是以 $\{A,B,C\}$ 为顶点组成的原三点组图中没有边,不符题意中要求.

补图 G' 中必存在三角形,还可证明如下.G' 中7个顶点间有13条边共26度,至少共构成 $C_4^2 \times 5+C_3^2 \times 2=36$ 个夹角.G' 中共有 C_7^3 条35个不同三点组图,由抽屉原理至少有两个夹角属于同一个三点组图,于是此三点组图是一个三角形.

4. 如图，在 7×8 的矩形方格棋盘的每个方格中各放一枚棋子。如果两个棋子所在的方格有公共边或公共顶点，则称这两枚棋子相连。现从这 56 个棋子中舍掉一些，使得棋盘上剩下的棋子中没有 5 个在一条直线（横、竖、斜方向）上依次相连。问最少要取走多少枚棋子？说明理由。 从举例入手 （2007 年全国联赛二试二题）

解 取走右图所示的 11 枚棋子，棋盘上就不存在任一直线上 5 子依次相连。故以求的取走棋子数的最小值 n 不大于 11。

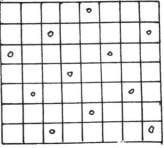

另一方面，设只取走 10 枚棋子。于是右中图所示的 10 条线上，各至取走一枚棋子。于是中间的 3×2=6 个方格中的棋子均不能取走。

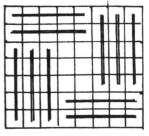

在右下图中，共画出了 11 条线段，各占 5 个依次相连的方格，每线所占五个方格中必取走一枚棋子。注意到中间 6 个阴影所在方格中的棋子不能取走，于是 11 条线可以取走棋子的方格互不相同，所以必须取走 11 枚棋子，矛盾。

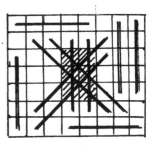

综上可知，最少要取走 11 枚棋子。

5. 从不超过2000的所有合数中，最多能取出多少个数，使得取出的这些合数两两互质？

解 因为 $44 < \sqrt{2000} < 45$，而不超过45的质数只有14个

$$2, 3, 5, 7, 11, 13, 17, 19, 23, 29, 31, 37, 41, 43. \quad ①$$

因此，下列14个合数 [从举例入手]

$$2^2, 3^2, 5^2, 7^2, 11^2, 13^2, 17^2, 19^2, 23^2, 29^2, 31^2, 37^2, 41^2, 43^2$$

两两互质且都是不超过2000的合数.

另一方面，对任何一组不超过2000的15个合数，每个合数的最小质因子都是①中的质数之一. 由于①中只有14个质数而合数的最小质因子都有15个，故由抽屉原理知必有两个合数的最小质因子相同，从而这两个合数不互质.

综上可知，最多能取出14个合数两两互质.

6 围绕一张圆桌,坐有来自n个国家的代表,其中任何两位来自同一国家的代表的右邻都来自不同的国家,问最多可以安排n个国家的共多少人围绕圆桌就座?

解 如果来自一个国家的代表数多于n人,则由抽屉原理知他们的多于n个右邻中必有两人来自同一个国家,不满足题中要求,故来自每个国家的代表人数都≤n。所以来自n个国家的代表的总人数≤n^2。

另一方面,我们用 归纳构造法 来证明当来自每个国家的人数都恰为n人时,可以实现满足要求的安排。

当n=1时显然,n=2时,将两个1与两个2都相邻就座即满足要求。

设n=k时结论成立,于是k+1的右邻分别为1,2,…,k,这表明其中恰有两个1相邻。当n=k+1时,与n=k时相比,新增加0,1,2,…,k各1人以及k+1个k+1,将它们按下列次序排列成

①, k+1, 2, k+1, 3, …, k+1, k, k+1, k+1, 1, ①。

并嵌入到原来排列的两个1(图中圆圈所示)之间。易见,1,2,…,k各个都恰有1个右邻为k+1,而k+1的k+1个右邻恰为1,2,…,k,k+1,且最后又出现两个1相邻。由归纳假设知n=k+1时结论成立。

综上可知,最多有n^2个人围绕圆桌就座。

7. 将边长为正整数 m, n 的矩形划分成若干个边长为正整数的正方形，每个正方形的边均分别平行于矩形的边，求这些正方形的边长之和的最小值。　　(2001年全国联赛二试3题)

解 考察下面两个具体例子： 从简单入手

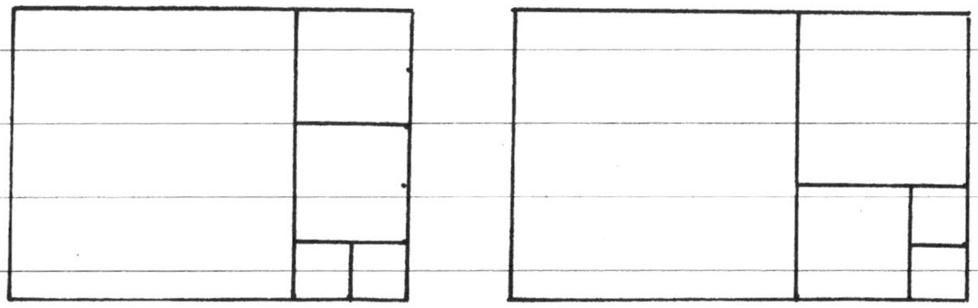

(1) $m=7, n=5$, $S_1 = 5+2+2+1+1 = 11 = 7+5-1$;
(2) $m=8, n=5$, $S_2 = 5+3+2+1+1 = 12 = 8+5-1$;
(3) $m=14, n=10$, $S_3 = 10+4+4+2+2 = 22 = 14+10-2$.

由此可知，所求的最小值 $S(m,n) \le m+n-(m,n)$. 不妨设 $m \ge n$.

首先，用数学归纳法证明，存在一种满足要求的划分法，使所得的诸正方形的边长之和为 $m+n-(m,n)$.

当 $m=1$ 时，$n=1$，命题显然成立。设当 $m \le k (k \ge 1)$ 时命题成立。当 $m=k+1$ 时，若 $n=k+1$，则结论成立；当 $n<k+1$ 时，可以从矩形一端划出一个 $n \times n$ 的正方形，并余下一个 $(m-n) \times n$ 的矩形。于是由归纳假设知存在一种分法，使后一矩形划分成的所有正方形的边长之和为 $(m-n)+n-(m-n,n)$. 从而原矩形分成的所有正方形的边长之和为
$$n+(m-n)+n-(m-n,n) = m+n-(m,n).$$

其次，用数学归纳法证明：对于矩形的任何一种分法，所有正方形的边长之和

$$S(m,n) \geq m+n-(m,n). \quad (*)$$

当 $m=1$ 时，$n=1$，(*) 式显然成立。

设当 $m \leq k$ 时成立，即对所有 $1 \leq n \leq m$，都有 (*) 式成立。当 $m=k+1$ 时，若 $n=k+1$，则结论显然成立。以下设 $n \leq k$，再设 $m \times n$ 矩形 $ABCD$ 按要求划分成 p 个正方形，其边长分别为 $a_1, a_2, \cdots, a_p$，且有 $a_1 \geq a_2 \geq a_3 \geq \cdots \geq a_p$。显然有 $a_1 \leq n$。

若 $a_1 = n$，则除去第 1 个正方形外，余下一个 $(m-n) \times n$ 的矩形。于是由归纳假设对于它的任何一种分法的边长之和有

$$a_2 + a_3 + \cdots + a_p \geq (m-n)+n-(m-n, n)$$
$$= m-(m,n).$$

从而原矩形的分成的所有正方形的边长之和

$$a_1 + a_2 + \cdots + a_p \geq m+n-(m,n),$$

即 (*) 式成立。

若 $a_1 < n$，设矩形的两条长边分别是 AB 和 CD。这时，分出的每个正方形都不能同时在 AB, CD 上各有一条边。在 AB 上有一条边的所有正方形的边长之和为 m，CD 上的情况也是如此。所以有

$$a_1 + a_2 + \cdots + a_p \geq 2m > m+n > m+n-(m,n),$$

即 (*) 式也成立。

综上可知，所求的边长之和的最小值为 $m+n-(m,n)$。

8. m 个互不相同的正偶数与 n 个互不相同的正奇数之和为 1987，对于所有这样的 m 与 n，求 $3m+4n$ 的最大值。

(1987 年中国数学奥林匹克 6 题)

解 设 $a_1, a_2, \cdots, a_m$ 是互不相同的正偶数，$b_1, b_2, \cdots, b_n$ 是互不相同的正奇数，使得

$$a_1+a_2+\cdots+a_m+b_1+b_2+\cdots+b_n = 1987. \qquad ①$$

显然，这时分别有 $\boxed{\text{从估计入手}}$

$$a_1+a_2+\cdots+a_m \geq 2+4+\cdots+2m = m(m+1),$$
$$b_1+b_2+\cdots+b_n \geq 1+3+\cdots+2n-1 = n^2. \qquad ②$$

将 ② 代入 ①，得到

$$m^2+m+n^2 \leq 1987,$$
$$\left(m+\tfrac{1}{2}\right)^2+n^2 \leq 1987+\tfrac{1}{4}.$$

由柯西不等式有

$$3\left(m+\tfrac{1}{2}\right)+4n \leq (3^2+4^2)^{\frac{1}{2}}\left\{\left(m+\tfrac{1}{2}\right)^2+n^2\right\}^{\frac{1}{2}} \leq 5\sqrt{1987+\tfrac{1}{4}},$$

$$3m+4n \leq \left[\left(5\sqrt{1987+\tfrac{1}{4}}-\tfrac{3}{2}\right)\right],$$

上式中方括号表示取整运算。因此有 $3m+4n \leq 221$。

另一方面，当 $m=27$，$n=35$ 时，$m^2+m+n^2 = 1981 < 1987$ 且 $3m+4n = 221$。

综上可知，所求的 $3m+4n$ 的最大值为 221。

9. 设 n 为正整数，已知用克数都是正整数的 k 块砝码和一台天平可称出质量为 $1, 2, 3, \cdots, n$ 克的所有物体，求 k 的最小值 $f(n)$. （1999 年全国联赛二试 3 题）

解 设这 k 块砝码的质量分别为 $a_1, a_2, \cdots, a_k$ 且 $1 \leq a_1 \leq a_2 \leq \cdots \leq a_k$, $a_i \in \mathbf{N}$, $i = 1, 2, \cdots, k$. 因为天平的两个盘中都可以放砝码，而放在物体盘中的砝码相当于负的质量，故可称质量为

$$\sum_{i=1}^{k} x_i a_i, \quad x_i \in \{-1, 0, 1\}. \quad ①$$

若利用这 k 块砝码可以称出质量为 $1, 2, \cdots, n$ 的物体的质量，则 ① 式所能表示的质量中定含有 $1, 2, \cdots, n$. 由对称性知还定含有 $-1, -2, \cdots, -n$. 当然还应有 0. 即应有

$$\{-n, \cdots, -2, -1, 0, 1, 2, \cdots, n\} \subset$$

$$\subset \left\{ \sum_{i=1}^{k} x_i a_i \,\middle|\, x_i \in \{-1, 0, 1\}, i = 1, 2, \cdots, k \right\}.$$

考虑上式两边的元素数，便得

$$2n + 1 \leq 3^k, \quad n \leq \frac{3^k - 1}{2}.$$

由此可见，当 $\frac{1}{2}(3^{m-1} - 1) < n \leq \frac{1}{2}(3^m - 1)$ 时，应有 $k \geq m$ ($m \geq 1$, $m \in \mathbf{N}$).

另一方面，当取 m 块砝码质量分别为 3^i, $i = 0, 1, \cdots, m-1$ 时，由表为三进表示可知，对任何 $0 \leq p \leq 3^m - 1$ 都可写成

$$p = \sum_{i=1}^{m} y_i 3^{i-1}, \quad y_i \in \{0, 1, 2\}, i = 1, 2, \cdots, m.$$

于是有

$$p - \frac{1}{2}(3^m-1) = \sum_{i=1}^{m} y_i 3^{i-1} - \sum_{i=1}^{m} 3^{i-1} = \sum_{i=1}^{m}(y_i-1) 3^{i-1}$$

令 $x_i = y_i - 1$，$i=1,2,\cdots,m$，于是 $x_i \in \{-1, 0, 1\}$。因而对一切 $-\frac{1}{2}(3^m-1) \le q \le \frac{1}{2}(3^m-1)$ 的整数 q，均可写成代数和

$$q = \sum_{i=1}^{m} x_i 3^{i-1}, \quad x_i \in \{-1, 0, 1\}, \quad i=1,2,\cdots,m. \quad ②$$

由于 $n \le \frac{1}{2}(3^m-1)$，故对一切 $-n \le q \le n$ 的整数 q，均有②式成立。这就表明用 $1, 3, 3^2, \cdots, 3^{m-1}$ 这 m 块砝码足以称量出 $1, 2, 3, \cdots, n$ 克的所有物体的质量。

综上所知，$f(n)$ 的最小值

$$f(n) = m \quad \text{当} \quad \frac{1}{2}(3^{m-1}-1) < n \le \frac{1}{2}(3^m-1).$$

10. 在一本家庭影集中共有10张照片，每张照片上都是3个男人，站在左边的人是中间人的儿子，而右边的人是中间人的亲兄弟。已知10张照片上中间的10个人互不相同，问这10张照片上最少有多少个不同的人？ （1993年全国数学奥林匹克）

解 右图中共有16人，
由他们拍出的10张照片为
$\{3,1,2\}$, $\{5,2,1\}$,
$\{7,3,4\}$, $\{9,4,3\}$,
$\{11,5,6\}$, $\{12,6,5\}$,
$\{13,7,8\}$, $\{14,8,7\}$,
$\{15,9,10\}$, $\{16,10,9\}$.

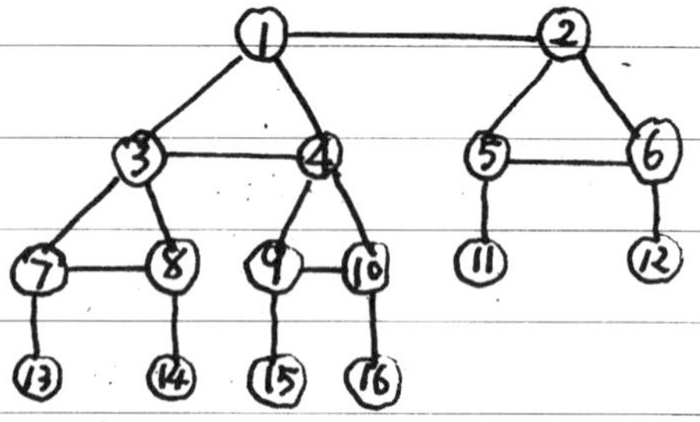

中间10人恰分别为1,2,…,10,多处互不相同。可见，所求总人数的最小值不大于16。

这个例子不是唯一的，例如还可改用

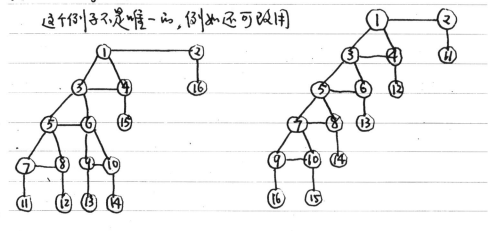

从举例入手

另一方面，用分组法来证明只有15个不同的人时是无法拍出满足要求的10张照片的。若不然，设有15个人可以满足题中要求。将这15个人按亲兄弟分组，将亲兄弟分在同一组，不是亲兄弟的两人不能同组，没有亲兄弟的人自己为一组。 **分组法｜换序求和法**

由于10张照片上中间的10人互不相同，所以照片左边的10个儿子互不同组，分别属于10组。此外，照片上的15人中辈份最高的人当然是另一组。所以15人至少要分成11组。

另一方面，由于照片上右边的人是中间人的亲兄弟，所以照片中间的10人所在的组每组至少两人，不能是单人组。分别考察两种组：

(1) 组中的人都在中间10人中出现过；
(2) 组中至少有1人未在中间10人中出现过。

因为中间只有10人，故第1种组至多5组。又因共15人，未在中间出现过的只有5人，所以第2种类型的组也是至多5组。从而15人至多可分成10组，矛盾。

综上所述，10张照片上最少要有16个人。

281

11. n 名乒乓球选手参加一次单打单循环赛，赛后发现，对于其中任何两人，都有第3名选手战胜了他俩，求 n 的最小可能值。 【从估计入手】

解 任取两名选手 A 和 B，不妨设 B 胜 A（记为 $B>A$），按已知有选手 C，使得 $C>A$，$C>B$。对于 A 和 C，又有选手 D，使得 $D>A$，$D>C$。因为 $D>C$，$C>B$，所以 B、C、D 互不相同且都胜 A，即 A 至少负 3 场。同理可证，每名选手都至少负 3 场。所以 n 名选手共至少负 $3n$ 场。

每场比赛两人一胜一负，所以 n 名选手也至少共胜 $3n$ 场。由抽屉原理知必有一人至少胜 3 场，从而他至少胜 3 负 3，即至少比赛 6 场，因此至少 7 人参赛，即 $n \geq 7$。 【从举例入手】

另一方面，举例证明 $n=7$ 是可以实现的。轮换排列法

7{1,2,4}, 1{2,3,5}, 2{3,4,6}
3{4,5,7}, 4{5,6,1}, 5{6,7,2}
6{7,1,3}。

这 7 个 3 元子集中，每两个 3 元集只有 1 个公共元素，故它们共 21 个元素对之不相同，恰为 7 元集合 {1,2,3,4,5,6,7} 的 21 个不同元素对。

综上可知，参赛人数 n 的最小可能值为 7。

当然，上面的例子也可以用字典排列法来构造：
4{1,2,3}, 7{1,4,5}, 2{1,6,7}, 5{2,4,6},
3{2,5,7}, 6{3,4,7}, 1{3,5,6}。

4{1,2,3}, 6{1,4,5}, 3{1,6,7}, 7{2,4,6}
1{2,5,7}, 5{3,4,7}, 2{3,5,6}.

5{1,2,3}, 6{1,4,5}, 2{1,6,7}, 3{2,4,6},
4{2,5,7}, 1{3,4,7}, 7{3,5,6}.

5{1,2,3}, 7{1,4,5}, 3{1,6,7}, 1{2,4,6},
6{2,5,7}, 2{3,4,7}, 4{3,5,6}.

6{1,2,3}, 3{1,4,5}, 4{1,6,7}, 5{2,4,6},
1{2,5,7}, 2{3,4,7}, 7{3,5,6}.

6{1,2,3}, 2{1,4,5}, 5{1,6,7}, 7{2,4,6},
3{2,5,7}, 1{3,4,7}, 4{3,5,6}.

7{1,2,3}, 2{1,4,5}, 4{1,6,7}, 3{2,4,6},
6{2,5,7}, 5{3,4,7}, 1{3,5,6}.

7{1,2,3}, 3{1,4,5}, 5{1,6,7}, 1{2,4,6},
4{2,5,7}, 6{3,4,7}, 2{3,5,6}.

3{1,2,4}, 6{2,3,5}, 7{3,4,6}, 2{4,5,7},
4{5,6,1}, 1{6,7,2}, 5{7,1,3}.

3{1,2,4}, 7{2,3,5}, 5{3,4,6}, 1{4,5,7},
2{5,6,1}, 4{6,7,2}, 6{7,1,3}.

6{1,2,4}, 1{2,3,5}, 5{3,4,6}, 2{4,5,7},
7{5,6,1}, 3{6,7,2}, 4{7,1,3}.

6{1,2,4}, 4{2,3,5}, 7{3,4,6}, 1{4,5,7},
3{5,6,1}, 5{6,7,2}, 2{7,1,3}.

105

12. 设 $S = \{1, 2, \cdots, 50\}$，求最小自然数 n，使得 S 的任何一个 n 元子集中都存在两个不同的数 a 和 b，满足 $(a+b) | ab$.
(1996年中国数学奥林匹克2题)

解 设有不同的 $a, b \in S$，使得 $(a+b) | ab$. 记 $c = (a,b)$，于是 $a = c a_1, b = c b_1$，其中 $a_1, b_1 \in \mathbb{N}$ 且 $(a_1, b_1) = 1$. 因而有
$$c(a_1 + b_1) = (a+b) | ab = c^2 a_1 b_1,$$
$$(a_1 + b_1) | c a_1 b_1.$$

因为 $(a_1, b_1) = 1$，故又 $(a_1 + b_1, a_1) = 1$，$(a_1 + b_1, b_1) = 1$. 故有 $(a_1 + b_1) | c$. 因为当 $a, b \in S$ 时，$a + b \leq 99$，即 $c(a_1 + b_1) \leq 99$，故有 $3 \leq a_1 + b_1 \leq 9$. 利用这一估计可以顺利写出 S 中满足 $(a+b) | ab$ 的所有数对如下： 从好的组合入手

$a_1 + b_1 = 3$：$(3,6), (6,12), (9,18), (12,24), (15,30), (18,36),$
$\qquad\qquad (21,42), (24,48);$

$a_1 + b_1 = 4$：$(4,12), (8,24), (12,36), (16,48);$

$a_1 + b_1 = 5$：$(5,20), (10,40), (10,15), (20,30), (30,45);$

$a_1 + b_1 = 6$：$(6,30);$

$a_1 + b_1 = 7$：$(7,42), (14,35), (21,28);$

$a_1 + b_1 = 8$：$(24,40);$

$a_1 + b_1 = 9$：$(36,45)$. 共23对，由24个数组成.

以下我们称这样的数对为"好对". 接下来的讨论将全在这些好对上进行.

首先要找出使本题结论不成立的"最坏"的例子. 令

$M=\{6,12,15,18,20,21,24,35,40,42,45,48\}$

则 $|M|=12$ 且上述23个好对中, 每对都至少含有M中的一个元素. 令 $T=S-M$, 则 $|T|=38$ 且T中不含任何一个"好对". 可见, 必求的最小自然数 $n\geq 39$.

另一方面, 下列12个好对

(3,6), (4,12), (5,20), (7,42), (8,24), (9,18),
(10,40), (14,35), (15,30), (16,48), (21,28), (36,45)

中的24个数互不相同, 即这12个好对两两不交, 对于S的任何一个39元子集R, 它至多比S少11个元素, 故以上述12个好对中必有一个属于R.

综上可知, 必求的最小自然数 $n=39$.

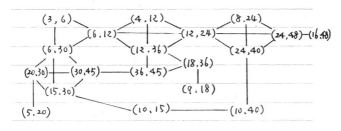

图论模型法

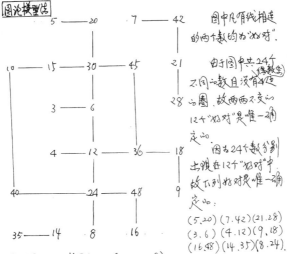

图中凡有线相连的两个数即为"好对".

由于图中共24个不同的数且没有4连的圈, 故两两不交的12个"好对"是唯一确定的.

因为24个数分别出现在12个"好对"中, 故下列好对是唯一确定的:
(5,20)(7,42)(21,28)
(3,6)(4,12)(9,18)
(16,48)(14,35)(8,24).

余下的6个数成一个链, 可能分成的3个好对当然是唯一确定的:
(40,10)(15,30)(45,36)

另一方面, 先去掉图中的边(2009.10.8) 使去掉的数最少. 先去掉边数少的数: 20,18,48,24,6,12,14(35),21,42. 余下的链是 36—45—30—15—10,40.

五 映射

映射是数学中的一个基本概念.

设 X 和 Y 是两个集合. 如果对于每个 $x \in X$, 都有唯一确定的 $y \in Y$ 与之对应, 则称这个对应关系 f 为从 X 到 Y 的映射.

设 f 是从 X 到 Y 的一个映射.

(i) 如果对于任何 $x_1, x_2 \in X$, $x_1 \neq x_2$, 都有 $f(x_1) \neq f(x_2)$, 则称 f 为单射;

(ii) 如果对于每个 $y \in Y$, 都有 $x \in X$, 使得 $f(x) = y$, 则称 f 为满射;

(iii) 如果映射 f 既为单射又为满射, 则称 f 为双射. 双射就是通常所说的双边一对一的对应.

(iv) 如果 f 为满射且对每个 $y \in Y$, 都恰有 X 中的 m 个不同元素 $x_1, \cdots, x_m$, 使得 $f(x_i) = y$, $i = 1, \cdots, m$, 则称 f 为 (倍数为 m 的) 倍数映射.

设 X 和 Y 都是有限集合, f 为从 X 到 Y 的一个映射.

(i) 若 f 为单射, 则 $|X| \leq |Y|$;

(ii) 若 f 为满射, 则 $|X| \geq |Y|$;

(iii) 若 f 为双射, 则 $|X| = |Y|$;

(iv) 若 f 为倍数为 m 的倍数映射, 则 $|X| = m|Y|$.

1. 设 $n \geq 6$，圆周上给定 n 个点，每两点间连一条弦且任何3条弦都不在圆内共点，问这些弦彼此相交共能构成多少个不同的三角形？

解 由于图形比较复杂，我们对这些三角形进行分类计数。

将圆周上的 n 个给定点称为外点，将对角线在圆内的交点称为内点。

(1) 三角形的3个顶点都是外点。这时，由三角形到它的3个顶点组成的映射是双射，所以这种三角形的个数是 C_n^3。 分组计数+映射计数法

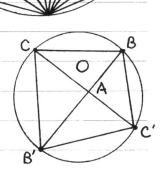

(2) 两个外点一个内点。这时，三角形 $\triangle ABC$ 对应于四点组 $\{B, C, B', C'\}$，但是，$\triangle ACB'$，$\triangle AB'C'$，$\triangle AC'B$ 也都对应于这个四点组。所以，这个映射是倍数为4的倍表映射，故知这种三角形的个数是 $4C_n^4$。

(3) 一个外点两个内点。像(2)中一样地可以得到这种三角形的个数是 $5C_n^5$。

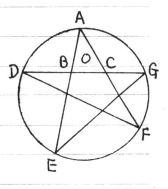

(4) 3个顶点都是内点。这样的三角形的个数是 C_n^6。

综上知，所求的所有三角形的个数是 $C_n^3 + 4C_n^4 + 5C_n^5 + C_n^6$。

2. 设 $S=\{1,2,\cdots,n\}$，A 为至少含有两项的、公差为正的等差数列，其项都在 S 中且当将 S 的其它元素置于 A 前或后时，均不能构成与 A 有相同公差的等差数列．求这种数列 A 的个数．

(1991年全国联赛二试1题)

解　当 $n=2k$ 为偶数时，满足题中要求的面个数列 A 中仅有连续两项，前一项在 $\{1,2,\cdots,k\}$ 中，后一项在 $\{k+1,k+2,\cdots,2k\}$ 中．反之，从 $\{1,2,\cdots,k\}$ 和 $\{k+1,k+2,\cdots,2k\}$ 中各取一个数，并以二者之差为公差，均可作出一个满足要求的数列 A，以这两个数为其中连续两项．这个对应是双射，所以这时 A 的个数为 $k^2=\dfrac{n^2}{4}$．

当 $n=2k+1$ 时，情况完全类似．仅有的不同在于这时 $\{k+1,k+2,\cdots,n\}$ 有 $k+1$ 个元素，故 A 的个数为 $k(k+1)=\dfrac{1}{4}(n^2-1)$．

若将两种答案写成统一的表达式，则 A 的个数为 $\left[\dfrac{n^2}{4}\right]$，但题目本身并不要求这一点．

3. 设 $S_n = \{1, 2, \cdots, n\}$，对任何 $X \subset S_n$，把 X 中所有数之和称为 X 的"容量"（空集容量为 0）．当 X 的容量为奇（偶）数时，称 X 为 S_n 的奇（偶）子集．求证：

(i) S_n 的奇子集与偶子集个数相等；

(ii) 当 $n \geq 3$ 时，S_n 的所有奇子集的容量之和等于所有偶子集的容量之和． （1992 年全国联赛二试 2 题）

证 (1) 对于任何奇子集 $X \subset S_n$，令

$$X \longrightarrow f(X) = Y = \begin{cases} X - \{1\}, & \text{当 } 1 \in X; \\ X \cup \{1\}, & \text{当 } 1 \notin X. \end{cases} \quad (*)$$

则 $Y \subset S_n$ 且为偶子集．易见，映射 f 是单射且可逆，所以 f 是双射．从而 (i) 成立． 映射法

(2) 在映射 f 之下，含 1 的奇子集映射为不含 1 的偶子集，容量减少 1；不含 1 的奇子集映射为含 1 的偶子集，容量增加 1．因此，为证 (ii)，只须证明含 1 的奇子集与不含 1 的奇子集个数相等，而这又只须证明不含 1 的奇子集与不含 1 的偶子集个数相等，即证明 $S_n' = \{2, 3, \cdots, n\}$ 的奇子集与偶子集个数相等．

只要将 (*) 式中的 1 换成 3，即可证得 S_n' 的奇子集与偶子集个数相等．

(iii) 当 $n \geq 3$ 时，求 S_n 的所有奇子集的容量之和．

由 (ii) 知，它等于 S_n 的所有子集的容量之和的一半．用将子集与它的补集配对的方法或换序求和法容易算出所有子集的容量之和为 $2^{n-2} n(n+1)$，故知所有奇子集的容量之和为 $2^{n-3} n(n+1)$．

● 56   4. 将正整数 n 写成若干个 1 与若干个 2 之和，和次顺序不同认为是不同的写法。所有写法的种数记为 $\alpha(n)$。将 n 写成若干个大于 1 的正整数之和，和次顺序不同认为是不同的写法，所有写法的种数记为 $\beta(n)$。求证对每个 n，都有 $\alpha(n) = \beta(n+2)$。

证 1 由于本题规定和次顺序不同认为是不同的写法，故将和式转换成数列来考虑是方便的。

将每项都是 1 或 2、各次之和为 n 的所有数列的集合记为 A_n，每项都是大于 1 的正整数、各次之和为 n 的所有数列的集合记为 B_n，于是问题化为证明 $|A_n| = |B_{n+2}|$。可见，只要能在 A_n 与 B_{n+2} 之间建立一个双射就可以了。 化归法

设 $(a_1, a_2, \cdots, a_m) = a \in A_n$，$a_i \in \{1, 2\}$，$i = 1, 2, \cdots, m$，其中 $a_{i_1} = a_{i_2} = \cdots = a_{i_k} = 2$，$1 \le i_1 < i_2 < \cdots < i_k \le m$，其余的 a_i 均为 1 且 $a_1 + a_2 + \cdots + a_m = n$。令

$$b_1 = a_1 + a_2 + \cdots + a_{i_1},$$
$$b_2 = a_{i_1+1} + a_{i_1+2} + \cdots + a_{i_2},$$
$$b_3 = a_{i_2+1} + a_{i_2+2} + \cdots + a_{i_3},$$ ①
$$\vdots$$
$$b_k = a_{i_{k-1}+1} + a_{i_{k-1}+2} + \cdots + a_{i_k},$$
$$b_{k+1} = a_{i_k+1} + a_{i_k+2} + \cdots + a_m + 2,$$

于是 $b_j \ge 2$，$j = 1, 2, \cdots, k+1$ 且 $b_1 + b_2 + \cdots + b_{k+1} = n+2$，所以 $b = (b_1, b_2, \cdots, b_{k+1}) \in B_{n+2}$。定义

$$A_n \ni a \xrightarrow{f} b \in B_{n+2},$$ ②

则 f 为双射. 事实上, 若 $a, a' \in A_n$, $a \neq a'$, 则或者数列 a 和 a' 中 2 的个数不同, 或者 2 的个数相同但位置不全相同, 因此由 ① 知二者的象 $b = f(a)$, $b' = f(a')$ 也不同, 即 f 为单射. 另一方面, 对任何 $b \in B_{n+2}$, 利用 ① 式又可确定出 $a \in A_n$, 使得 $f(a) = b$. 这表明 f 为满射, 从而 f 为由 A_n 到 B_{n+2} 的双射. 所以 $\alpha(n) = \beta(n+2)$.

证 2 使用证 1 中的记号 A_n 和 B_n. 对于任意的数列 $(a_1, a_2, \cdots, a_{m-1}, a_m) = a \in A_{n+2}$, 去掉最后一项, 令 $a' = (a_1, a_2, \cdots, a_{m-1})$, 则当 $a_m = 1$ 时, $a' \in A_{n+1}$; 当 $a_m = 2$ 时, $a' \in A_n$. 容易看出, 映射
$$A_{n+2} \ni a \xmapsto{f} a' \in A_{n+1} \cup A_n$$
是双射, 故有 $\alpha(n+2) = \alpha(n+1) + \alpha(n)$. 又因 $\alpha(1) = 1$, $\alpha(2) = 2$, 所以 $\alpha(n) = f_n$. 这里 f_n 为菲波那契数列的第 n 项.

对于任意的数列 $(b_1, b_2, \cdots, b_k, b_{k+1}) = b \in B_{n+2}$, 令
$$b' = \begin{cases} (b_1, b_2, \cdots, b_k), & \text{当 } b_{k+1} = 2, \\ (b_1, b_2, \cdots, b_k, b_{k+1}-1), & \text{当 } b_{k+1} > 2, \end{cases}$$
则当 $b_{k+1} = 2$ 时, $b' \in B_n$; 当 $b_{k+1} > 2$ 时, $b' \in B_{n+1}$. 容易验证, 映射
$$B_{n+2} \ni b \longmapsto b' \in B_n \cup B_{n+1}$$
是双射, 故有 $\beta(n+2) = \beta(n+1) + \beta(n)$. 又因 $\beta(3) = 1$, $\beta(4) = 2$, 所以 $\beta(n+2) = f_n = \alpha(n)$.

5. 设 a_n 为下述自然数 N 的个数：N 的各位数字之和为 n 且每位数字只能取值 1, 3 或 4. 求证对每个自然数 n，a_{2n} 都是完全平方数.
(1991年全国联赛二试3题)

证 各位数字之和为 n 且每位数字都是 1 或 2 的所有自然数的集合记为 S_n，$|S_n|=s_n$，则 $s_1=1$，$s_2=2$ 且当 $n\geq 3$ 时，
$$s_n = s_{n-1}+s_{n-2},$$
即 $\{s_n\}$ 恰为菲波那契数列.

作映射 $S_n \ni M \longmapsto M'$ 如下：先将 M 的数字中从左至右的第 1 个 2 与它后邻的数字加起来之和作为一位数字，然后再把余下数字中的第 1 个 2 与它后邻的数字加起来的和作为一位数字，依此类推，直到无数再合并为止. 所得的自然数 M' 除最后一位数字可能为 2 之外，其余各位数字均为 1, 3 和 4. 若记所有形如 M' 的自然数的集合为 T_n，则上述映射是由 S_n 到 T_n 的双射，从而 $|T_n|=|S_n|=s_n$. 注意，T_n 中以 2 结尾的数的个数为 a_{n-2}，T_n 中其它数的个数为 a_n，所以
$$f_n = s_n = a_n + a_{n-2}, \quad n=3,4,\cdots, \qquad ①$$
其中 f_n 为菲波那契数列的第 n 项.

对于任一数字和为 $2n$，各位数字均为 1 和 2 的自然数 M，仍存在自然数 k，使下列两条之一成立：

(i) M 的前 k 位数字之和为 n；

(ii) M 的前 k 位数字之和为 $n-1$，前 $k+1$ 位之和为 $n+1$.

由此可得
$$f_{2n} = f_n^2 + f_{n+1}^2, \quad n=2,3,\cdots. \qquad ②$$

由①和②得到

$$a_{2n} + a_{2n-2} = f_{2n} = f_n^2 + f_{n-1}^2,$$
$$a_{2n} - f_n^2 = -(a_{2n-2} - f_{n-1}^2). \qquad ③$$

因为 $a_2 = 1$, $a_3 = 2$, $a_4 = 4$, $f_2 = 2$, 所以 $a_4 = f_2^2$, 即 $a_4 - f_2^2 = 0$. 从而由③递推即得

$$a_{2n} = f_n^2, \quad n = 1, 2, \cdots,$$

这表明 a_{2n} 为完全平方数.

6. 某班中男生与女生人数相等（全班总人数不少于10人），他们以各种不同的顺序排成一行，考察能否将这一行人分成两部分，使在每一部分中，男女生人数都相等。设 a 是不能这样分的所有不同排法的种数，b 是可以用唯一方式这样分的所有不同排法的种数，求证 $b=2a$。 （1972年匈牙利数学奥林匹克）

证 将每个男生对应于 +1，女生对应于 -1，于是问题化成将同样多的 +1 与 -1 任意地排成一行，并考察是否可从某处将这个数列分成两部分，使得每部分的所有数之和都是 0。如果一个数列不能这样分开，称为 A 型数列；如果能以唯一方式这样分开，则称之为 B 型数列。

由于 +1 与 -1 可以互换，故只须就首项为 +1 的数列来讨论。每个 B 型数列都可以用唯一方式分成两个 A 型子数列。让前一子列不动，而将后一子列中的 +1 与 -1 互换，则又得到一个 B 型数列，即 B 型数列可按前一子列相同而后一子列互反的原则配成对。这样一来，为证 $b=2a$，只须证明可唯一地分成两个首项为 1 的 A 型子列的 B 型数列的个数与所有 A 型数列的个数相等就行了。为此，在两者之间建立一个双射。

化归法 对于每个 B 型数列，能以唯一方式分成两个 A 型子列。考察 B 型数列的所有部分和。显然，只有一个部分和等于 0，即当第 1 个子列的和作为部分和时为 0，其它的部分和均不为 0。由于两个子列的首项都是 1，所以其他的部分和全部为正。当然，整个数列的和为 0。

对于任一 B 型数列，将其后一个 A 型子列的首项的 +1 移到整个数列的最前面，其它各项次序不动，得到一个新数列。容易看出，除了整个数列之和为 0 之外，所有其他的部分和都是正的，所以新数列

是一个A型数列。令每个B型数列对应于这样得到的A型数列，于是构成一个映射，而且这个映射是单射。

对于每个A型数列，前两个数都是+1。由A型定义知，它的所有前k次部分和（不包括全体）都不是0，从而都是正的。注意，第1次自己作为部分和时值为+1，去掉最后一次，其他所有次构成的部分和的值也是+1。可见，所有部分和中至少有两个取值为+1。

对于任一A型数列，取部分和为+1的前k次子列中第2最短的子列，将数列首项的+1移到这个子列之后成为第k次，于是得到一个B型数列。容易验证，在映射f之下，这个B型数列恰对应于给定的A型数列。从而映射f为满射，进而f为双射。

7 已知一个凸多边形的各边都位于某个凸100边形的边所在的直线上，求证这个凸多边形的边数不会超过100。

(1980年莫斯科数学奥林匹克)

证 将内部多边形的每条边都标上一个箭头，使得沿多边形周界按箭头的指示方向前进时，可以按逆时针方向绕多边形内部走一周。令其每条边对应于该边上的箭头所指的外部凸100边形的顶点。因为内部多边形是凸的，故不可能有内部多边形的两条边对应于外部多边形的同一个顶点。所以这个对应是个单射。从而知内部多边形的边数不会超过外部多边形的顶点数100。

○58　8. 设 n 为正整数，我们称集合 $\{1,2,\cdots,2n\}$ 的一个排列 $\{x_1,x_2,\cdots,x_{2n}\}$ 具有性质 P，如果存在 i，$1\leq i\leq 2n-1$，使得 $|x_i-x_{i+1}|=n$。求证对于任何 n，具有性质 P 的排列都比不具有性质 P 的排列的个数多。　　　　（1989年IMO 6题之）

证1　将具有性质 P 和不具有性质 P 的所有排列的集合分别记为 A 和 B，于是问题就是证明 $|A|>|B|$。为此，我们造一个由 B 到 A 的映射是单射但不是满射。

对任意的排列 $\{x_1,x_2,\cdots,x_{2n}\}=b\in B$，按定义有 $|x_i-x_{i+1}|\neq n$，$i=1,2,\cdots,2n-1$。既然 $|x_1-x_2|\neq n$，所以存在唯一的 k，$3\leq k\leq 2n$，使得 $|x_1-x_k|=n$。将 x_1 移到后面 x_{k-1} 与 x_k 之间，并记 $a=\{x_2,\cdots,x_{k-1},x_1,x_k,\cdots,x_{2n}\}$，显然 $a\in A$。定义映射

$$B\ni b \xrightarrow{f} a\in A.$$

由于 b 到 a 的映射中只移动了 x_1 的位置而其他多次均未移动，所以映射 f 是单射。又因 $|x_1-x_2|\neq n$，$|x_2-x_3|\neq n$，所以对任何 $b\in B$，$a=f(b)$ 中前 2 数之差的绝对值都不能等于 n。因而排列 $\{n+1,1,2,\cdots,n,n+2,n+3,\cdots,2n\}\in A$ 不是 B 中任何元素的象。所以 f 不是满射。从而依有 $|A|>|B|$。

9. 每次都是 0 或 1 的 n 项数列 $(x_1, x_2, \cdots, x_n)$ 称为长为 n 的二元数列。无连续 3 次为 0, 1, 0 的长为 n 的所有不同的二元数列的个数记为 a_n，无连续 4 次为 0, 0, 1, 1 或 1, 1, 0, 0 的长为 n 的所有不同的二元数列的个数记为 b_n。求证对所有 $n \geq 3$，都有 $b_{n+1} = 2a_n$。

(1996 年美国数学奥林匹克 4 题)

证 将题中所述的两种数列所成的集合分别记为 A 和 B。

对任何 $b \in B$, $b = (y_1, y_2, \cdots, y_{n+1})$，令
$$x_i \equiv y_i + y_{i+1} \pmod 2, \quad i = 1, 2, \cdots, n,$$
$$a = (x_1, x_2, \cdots, x_n),$$
(*)

于是 $a \in A$。从而
$$f: B \ni b \longmapsto a \in A$$

确定了一个由 B 到 A 的映射 f。令
$$B_1 = \{b \mid b \in B, y_1 = 0\}, \quad B_2 = \{b \mid b \in B, y_1 = 1\},$$

由两种 B 型数列的互补性知 $|B_1| = |B_2| = \frac{1}{2}|B| = \frac{1}{2}b_{n+1}$。可见，只须证明映射 f 在 B_1 上的限制 f_1 是个双射就可以了。

对于任何 $b_1, b_2 \in B_1$，$b_1 \neq b_2$，$b_1 = (y_1', y_2', \cdots, y_n')$，$b_2 = (y_1'', y_2'', \cdots, y_n'')$，因为 $y_1' = 0 = y_1''$，故有 $j \geq 2$，使得 $y_{j-1}' = y_{j-1}''$，$y_j' \neq y_j''$。于是有
$$x_{j-1}' = y_{j-1}' + y_j' \neq y_{j-1}'' + y_j'' = x_{j-1}'',$$

即 $a_1 = f(b_1) \neq f(b_2) = a_2$，所以 f_1 为单射。

对任何 $a \in A$，注意 $y_1 = 0$，故可由 (*) 式反推出 b 的各次 y_i 之值，使得 $f_1(b) = a$，这表明 f_1 为满射。所以 f_1 为双射。

10. 在一个车厢中，任何 $m(\geq 3)$ 个旅客都有唯一的公共朋友（甲是乙的朋友时，乙也是甲的朋友，任何人都不是自己的朋友）。问在这个车厢中，朋友最多的人有多少个朋友？

(1990年中国集训队选拔考试1题)

解 设朋友最多的人 A 共有 k 个朋友: $B_1, B_2, \cdots, B_k$. 显然, $k \geq m$.

设 $k > m$. 记 $S = \{B_1, B_2, \cdots, B_k\}$. 再设 $\{B_{i_1}, B_{i_2}, \cdots, B_{i_{m-1}}\}$ 是 S 的任何一个 $m-1$ 元子集，将这个 $m-1$ 元子集记为 T_i, 于是 $T_i \cup \{A\}$ 这 m 个人有唯一的公共朋友，记为 C_i. 因 C_i 是 A 的朋友，所以 $C_i \in S$. 定义映射

$$f: \{B_{i_1}, B_{i_2}, \cdots, B_{i_{m-1}}\} = T_i \longmapsto C_i \in S,$$

则 f 是从 S 的所有 $m-1$ 元子集构成的集合到 S 的一个单射。事实上，若有 S 的两个不同的 $m-1$ 元子集 T_i 和 T_j 有相同的映射象 $C_0 \in S$, 则因 $T_i \cup T_j$ 中至少有 m 个不同元素，而 A 和 C_0 都是他们的公共朋友，矛盾. 所以, f 为单射.

由于 f 为单射，故有
$$C_k^{m-1} \leq |S| = k.$$

因为 $k > m \geq 3$, 所以 $2 \leq m-1 \leq k-2$. 从而有
$$k \geq C_k^{m-1} \geq C_k^2 = \frac{1}{2}k(k-1).$$

解得 $k \leq 3 \leq m$, 矛盾.

所以, 朋友最多的人有 m 个朋友.

11. 将自然数 $3, 4, 5, \cdots, 1994, 1995$ 排成一个数列 $\{a_n\}$, 使得

$$n \mid a_n, \quad n = 1, 2, \cdots, 1993. \qquad (*)$$

问满足要求的数列共有多少种不同排法？

(1995 年中国集训队测验题)

解 除了 1994 和 1995 之外，每个数都可以排在以自己为号码的位置上，因此，首先要安排 1994 和 1995 的位置。

由条件 (*) 知，1994 和 1995 都只能排在自己的某个因子为号码的位置上，而这时这个因子不能排在自己的位置，又得排在自己的一个因子的位置，这样一个一个串下去，一直排列第 12 项或第 22 项为止。因为

$$1995 = 3 \times 5 \times 7 \times 19, \quad 1994 = 2 \times 997,$$

所以 $a_2 = 1994$. 从而满足 (*) 式要求的每个数列都对应于 1995 的诸因子的一种排法，且这个对应是个双射。事实上，除了 $a_2 = 1994$ 和 1995 的一串重新排列的因子之外，其余的数的集合与尚未排定的项的下标的集合是完全相同的，所以这些数都只能排在以自己为号码的位置上。 【映射法+化归法】

例如下面两种排法

$$1995 \to 105 \to 35 \to 7 \to 1,$$
$$1995 \to 57 \to 19 \to 1,$$

是只有相邻两数的倍数关系，则又可写成 $(19, 3, 5, 7)$ 和 $(35, 3, 19) = (5 \times 7, 3, 19)$，都对应于 1995 的 4 个质因子的一种排

法，其中可以有几个质因子相乘的情形。因此只须计数这4个质因子所有不同排法的种数。

(i) 4个质因子任意排序，共有 $4! = 24$ 种；

(ii) 从中任取两个乘为一个因子，与另两个质因子共3个任意排序，共有 $C_4^2 \times 3! = 36$ 种；

(iii) 从中任取3个乘在一起，与另一个质因子任意排序，共8种；

(iv) 从中任取两个乘在一起，另两个也乘在一起，这两个因子任意排序，共6种；

(v) 4个质因子乘在一起，这相当于 $a_1 = 1995$，1种排法。

综上所述，共有75种不同排法，即满足要求的不同数列共有75个。

六 组合计数(一)

1. 分类计数与加法定理；
2. 分级计数与乘法定理；
3. 补集计数法；
4. 重叠计数与容斥原理；
5. 映射法；
6. 递推法；
7. 换序求和法；
8. 数学归纳法。

1. 一个正方体的8个顶点，12条棱的12个中点，6个面的6个中心点及正方体的中心共27个点中，不同的共线三点组共有多少组？

(1998年全国联赛一试1-6题)

解1 (1) 两个端点皆为正方体顶点的共线三点组共有 $C_8^2 = 28$ 组；

(2) 两个端点都是面的中心点的共线三点组共有3组；

(3) 两个端点都是棱的中点的共线三点组中，每点各引出3条，每条线在两个端点各计数1次，共有 $\frac{1}{2} \times 12 \times 3 = 18$ 组。

综上可知，不同的共线三点组共有 $28 + 3 + 18 = 49$ 组。

分组计数法

解2 (1) 以正方体中心为中点的共线三点组中，8个顶点构成4组，6个面的中心点构成3组，12条棱的12个中点构成6条，共有 $4 + 3 + 6 = 13$ 组；

(2) 12条棱中每条上有3点，构成12个共线三点组；

(3) 每个面上以面的中心点为中点的共线三点组共4组，6个面共有24组。

综上可知，不同的共线三点组共有 $13 + 12 + 24 = 49$ 组。

p.210 2. 从给定的6种不同颜色中选用若干种颜色,将一个正方体的6个面涂色,每面涂一色,使得面面有公共棱的相邻面都异色,问不同的涂色方案共有多少种?(若两个已涂色的正方体中的一个经若干次翻转后可使两者的涂色状态完全相同,则认为二者是同一个涂色方案) (1996年全国联赛一试2-5题)

解 显然,最多使用6色,最少使用3色,下面使用分类法计数.

(1) 使用6色。6种颜色各涂一面时,可经翻转使得第1色向上。这时,下面是另5色之一,有5种不同。另4色分涂前后左右4面,可选定一色使之朝前,于是后面是另3色之一,有3种不同涂法。余下两色分涂左右两面,有两种不同,所以,不同的涂色方案共有 $5 \times 3 \times 2 = 30$ 种. [分类计数法]

(2) 使用5色时,从6色中选定5色,再从5色中选定一色涂相对两面,总是可以转为上下两面,共有 $6 \times 5 = 30$ 种涂法。余下4色分涂4个侧面,选定一种涂前面,于是后面是另3色之一,又有3种不同涂法。余下两色分涂左右两面,只要注意这时可绕过前后两面中心的轴旋转 $180°$,便知只是1种涂法。所以,不同的涂色法共有90种.

(3) 使用4色时,从6色中任选4色,再从4色中选定两色各涂相对两面,不同涂色方案共40种.

(4) 3色时的不同涂色方案为 $C_6^3 = 20$ 种.

综上可知,所求的不同涂色方案共有230种.

209 3. 平面上给定5点，连接这些点的直线互不平行，互不垂直也互不重合。过每一点向其余4点中两点的每条直线各作一条垂线。这些垂线的不同交点最多有多少个？（不包括原来给定的5点）

(1964年IMO 5题)

解 注意，过5点中两点的直线共有10条，其中每4点可连出6条直线，因此过每点都要作出6条垂线，5点共引出30条垂线。如果每两条垂线都相交，共应有 $C_{30}^2 = 15 \times 29 = 435$ 个交点，实际上并没有这么多个交点。 补集计数法

(1) 每条直线上有另外3点引出的3条垂线互相平行，互相之间没有交点，应减去30个交点。

(2) 5个给定点为顶点可构成10个三角形，上述30条垂线恰好是这10个三角形的30条高所在的直线。每个三角形的3条高交于一点，而垂心作为交点在上面计数中算了3次，这再减少20个交点。

(3) 每个给定点各引出6条垂线，此点就是这6条线的交点，被计算了 $C_6^2 = 15$ 次，又应减少75个交点。

综上所述，这些垂线之间的不同交点的最多个数为
$435 - 30 - 20 - 75 = 310$.

4 设 $S=\{1,2,\cdots,280\}$，求 S 中所有质数的个数。

解 由于质数的规律性较差，我们转而来计 S 中所有合数的个数。

因为 $17^2=289$，所以 S 中的合数的最小质因子不大于 13。

$13^2, 13\times17, 13\times19,$ （补集计数法）

$11^2, 11\times13, 11\times17, 11\times19, 11\times23,$

$7^2, 7\times11, 7\times13, 7\times17, 7\times19, 7\times23, 7\times29, 7\times31, 7\times37.$

以上共 17 个合数。S 中其它合数的最小质因子为 2,3,5 之一。

令
$$M_2=\{2k \mid k=1,2,\cdots,140\},$$
$$M_3=\{3k \mid k=1,2,\cdots,93\},$$
$$M_5=\{5k \mid k=1,2,\cdots,56\},$$

于是由容斥原理有

$|M_2\cup M_3\cup M_5|=|M_2|+|M_3|+|M_5|-|M_6|-|M_{10}|-|M_{15}|+|M_{30}|$

$=140+93+56-46-28-18+9=206.$

这些数中有 2,3,5 为质数，所以有 203 个合数。

综上知，S 中共有 220 个合数，从而共有 59 个质数。

5. 圆桌上的9个位置上放有9种不同的点心和饮料，3位女士和6位男士共进早餐，问3位女士两两不相邻的不同坐法共有多少种？ （《知识篇》408页例12）

解1 设3位女士为A、B、C，9个座位编号依次为1,2,…,9. 先让A坐在8号位，于是B和C不能在7和9号，而只能在1—6号位中选两个不相邻的位置就座。由于B和C的位置可以互换而3位女士的位置又可旋转，故3位女士两两不相邻（男士尚未入座）的坐法共有 $C_5^2 \times 2 \times 9 = 180$ 种.

然后6位男士任意坐在余下的6个位置上，共有 $6! = 720$ 种不同坐法。所以满足要求的不同坐法的总数为 $180 \times 720 = 129600$.

解2 先固定1位男士，然后另5名男士任意排，6人排成一圈，排法为 $5! = 120$. 男士中间的6个空中任选3个，有 $C_6^3 = 20$ 种选法. 在选定的3个空中任意排入3位女士有 $3! = 6$ 种排法，然后依次旋转，有9种不同坐法。所以，满足要求的不同坐法的总数为
$$120 \times C_6^3 \times 3! \times 9 = 120 \times 20 \times 6 \times 9 = 720 \times 180 = 129600.$$

解3 先让3位女士任意就座，共有 P_9^3 种不同坐法. 选取两个相邻座位坐女士，第3位女士坐在另7个位置之一，共有 $P_3^2 \times 7 \times 9$ 种不同坐法. 这是不满足要求的坐法，应从总数中减去. 但在这个计数中对3位女士相邻的坐法各计数两次，减去后又应加上一次. 从而知3位女士两两不相邻（男士未入座）的坐法总数为
$$P_9^3 - P_3^2 \times 63 + 9 \times P_3^3 = 9 \times 8 \times 7 - 9 \times 6 \times 6 = 180.$$

（解4在11题之后）

6. 8个女孩与25个男孩围成一圈，任意两个女孩之间至少隔着两个男孩，问共有多少种不同排法？（只要将圆旋转一下就重合的两种排法视为同一种排法）（1990年全国联赛一试2-6题）

解1 首先将8个女孩排在圆周上，然后在8个空中各安排两名男孩，余下的9个男孩分成8组，每个空中各安排一组，这相当于求不定方程

$$x_1+x_2+\cdots+x_8=9$$

的非负整数解组的个数。易知，这个不定方程共有 C_{16}^7 组解。

在上面讨论中，只抽象地安排了"女孩"与"男孩"，并未顾及具体的哪个女孩与男孩。现将女孩A安排在一个固定位置上，余下7个女孩任意排在另外7个位置上，有 $7!$ 种不同排法。25个男孩任意排在25个男孩位置上，共有 $25!$ 种不同排法。由乘法原理知，所有不同排法总数为 $C_{16}^7 \times 7! \times 25! = \dfrac{16! \times 25!}{9!}$。

解2 设圆周上有33个位置，将女孩A排在33号位置上，于是另外7个女孩只能排在 $1,2,\cdots,28$ 这28个位置上，且任何两人之间至少隔着两个位置。注意，映射

$$\{a_1,a_2,\cdots,a_7\} \longmapsto \{a_1,a_2-2,a_3-4,\cdots,a_7-12\}$$

为双射。故7个女孩的位置总共有不同取法数为 $C_{28-12}^7 = C_{16}^7$。

7个女孩任意排在选定的7个位置上，25个男孩则任意排在余下的25个位置上，共有 $7! \times 25!$ 种不同排法。由乘法原理知，所有不同排法的总数为 $C_{16}^7 \times 7! \times 25! = \dfrac{16! \times 25!}{9!}$。

7. 空间中给定10点,其中任何4点都不共面,每两点之间都连一条线段且每条线段都涂上红蓝两色之一.已知点A引出的红线条数为奇数且除点A之外,其余9点引出的红线条数互不相同,求

(i) 图中红三角形的个数;

(ii) 两边红一边蓝的三角形的个数;

(iii) 一边红两边蓝的三角形的个数.

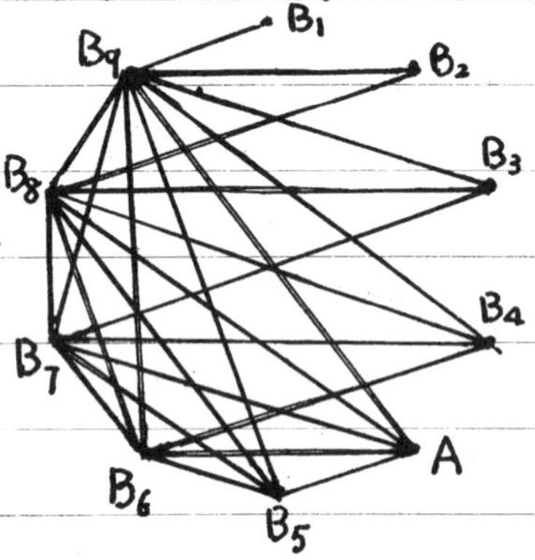

解 每点至多引出9条红线,至少引出0条红线,既然点$B_1,B_2,\cdots,B_9$引出的红线条数互不相同,且引出9条红线和0条红线的点又互不相客,所以9点引出的红线条数只能分别是$0,1,\cdots,8$或$1,2,\cdots,9$.若为前者,则其中有4个奇数,再加上点A引出的红线条数为奇数,则10点引出的红线条数之和为奇数.但是在这个计数过程中,每条红线恰被计数两次,和数只能为偶数,矛盾.所以除A之外的9点引出的红线条数必然分别为$1,2,\cdots,9$.

如图,B_9引出9条红线,必然是与另外9点各连1条红线.B_1只有1条红线,已经够了,故不能再与其它点连红线,所以B_8只能是与$B_2,B_3,\cdots,B_7,B_9,A$各连一条红线.这时B_2的两条红线又已满数.所以B_7只能再与B_3,B_4,B_5,B_6,A各连一条红线.B_6与B_4,B_5,A再连3条红线,B_5与A连一条红线.由此可见,点A引出5条红线.

(i) 从图中可以看出,以B_2为一个顶点的红三角形只有1个,以B_3为

一个顶点的红三角形共有3个，以B_4为一个顶点的红三角形共有6个，这10个红三角形互不相同。此外，以A，B_5，B_6，B_7，B_8，B_9这6点为顶点构成一个红K_6，其中共有$C_6^3=20$个红三角形。所以图中共有30个红三角形。

(ii) 点B_i引出i条红线，$i=1,2,\cdots,9$，点A引出5条红线。共构成红角（两边皆红的角）个数为

$$C_2^2+C_3^2+C_4^2+\cdots+C_9^2+C_5^2=130. \quad \boxed{映射法}$$

(i)中的30个红三角形中有90个红角，余下的40个红角恰好与两边红一边蓝的三角形构成双射，所以两边红一边蓝的三角形共有40个。

(iii) 既有红边又有蓝边的三角形称为异色三角形，一红一蓝两条边构成的角称为异色角，每个异色三角形中恰有两个异色角。

B_1引出1条红边，8条蓝边，构成8个异色角；B_2引出2条红边，7条蓝边，构成14个异色角；以B_3为顶点的异色角共18个；以B_4，B_5，A为顶点的异色角各20个；以B_6，B_7，B_8为顶点的异色角分别有18，14，8个。图中异色角之总数为

$$(8+14+18+20)\times 2+20=140.$$

由于(ii)中有40个三角形，所以一边红两边蓝的三角形共30个。

•102 8. 用94块规格为 $4\times10\times19$ 的砖一块放在一块上面叠成一个94块砖高的塔，每块砖可以随意摆放而为塔提供的高度分别为4, 10 或19，问叠置成的塔的高度可能有多少个不同的值？

(1994年美国数学邀请赛)

解 注意，$10\times5 = 4\times3+19\times2$，所以，当有5块砖为塔各贡献为10时，可把其中3块放扁，各贡献为4 而另两块立起来，各贡献19，塔高不变。因此，在计算塔高时，可以假定贡献为10的砖的块数至多4块。 [从数值特性入手]

设对塔高贡献为10和19的砖的块数分别为 x, y，于是贡献为4的砖的块数为 $94-x-y$，这时塔的高度为
$$4(94-x-y)+10x+19y = 376+6x+15y, \quad (*)$$
其中 $0\le x\le 4$，$0\le y\le 94-x$。从而不同的非负整数对 (x,y) 共有 $95+94+93+92+91 = 465$ 种。因此叠置成的塔的高度至多有465个不同的值。

下面来证明 $(*)$ 式所给出的465个值互不相同。若不然，设有不同数对 (x_1, y_1) 和 (x_2, y_2) 所对应的塔高相等，即有
$$376+6x_1+15y_1 = 376+6x_2+15y_2,$$
整理后得到
$$2(x_1-x_2) = 5(y_2-y_1).$$
因为 $0\le x_1, x_2\le 4$，故 $|x_1-x_2|\le 4$。上式表明 $5\mid |x_1-x_2|$，所以 $x_1-x_2 = 0$，从而 $y_2-y_1 = 0$，即有 $x_1 = x_2$，$y_1 = y_2$，矛盾。

综上可知，塔的不同高度可以有465个不同的值。

9. 将周长为24的圆周等分成24段，从24个分点中选取8个点，使得其中任两点间所夹的弧长都不等于3和8，问满足要求的八点组的不同取法共有多少种？说明理由.

(2001年中国数学奥林匹克5题)

解1 将24个分点依次编号为1,2,...,24，再将它们按"坏的关系"排成如下的3×8数表：

1, 4, 7, 10, 13, 16, 19, 22,
9, 12, 15, 18, 21, 24, 3, 6,
17, 20, 23, 2, 5, 8, 11, 14.

从坏点组合入手

易见，表中每行中相邻两数所代表的两个分点间所夹的弧长都是3，每列相邻两数所代表的两个分点间所夹的弧长都是8(每行、每列的首尾两数也认为是相邻). 据之知，所取的8点的号码在表中互不相邻. 所以，每列恰取1个数，每行至多取4个互不相邻的数. 从而3行数中分别取数的个数(不计次序)之有4种不同：$\{4,4,0\}$, $\{4,3,1\}$, $\{4,2,2\}$和$\{3,3,2\}$.

(1) $\{4,4,0\}$. 3行中任取1行不取数，有3种不同取法. 另两行中的第1行取4个不相邻的数有两种不同取法. 这一行的4个数取定之后，另一行的4个数的取法唯一确定. 所以，这种情形共有6种不同取法.

(2) $\{4,3,1\}$. 4,3,1在3行中任意安排，有6种不同安排. 在一行中取4个数，有两种不同取法. 另一行在余下4列中取3个数，有4种不同取法. 最后一行的取出一个数唯一确定. 所

所以共有 $6\times 2\times 4=48$ 种不同取法.

(3) $\{4,2,2\}$. 从3行数中选定一行取4个互不相邻的数, 共有6种不同取法. 余下4列互不相邻, 第2行从中任取两列各取1个数, 有 $C_4^2=6$ 种不同取法. 由乘法定律知, 共有36种不同取法.

(4) $\{3,3,2\}$. 从3行中选定一行取两个互不相邻的数, 选行有3种不同, 选数有 $C_7^2-1=20$ 种不同. 余下6列被分成两部分, 有3种不同分段情形 $\{1,5\}$, $\{2,4\}$, $\{3,3\}$. 3种分段的种数分别为8, 8, 4.

(i) 对于 $\{1,5\}$ 分段, 取3列互不相邻, 另3列也互不相邻, 有两种不同取法;

(ii) 对于 $\{2,4\}$ 分段, 取3列互不相邻, 另3列也互不相邻, 有4种不同取法;

(iii) 对于 $\{3,3\}$ 分段, 有两种不同取法.

所以, $\{3,3,2\}$ 的情形共有
$$3\times(8\times 2+8\times 4+4\times 2)=168$$
种不同取法.

综上所述, 满足要求的不同取法种数为258.

例2 像例1中那样写成 3×8 数表后, 每列恰取1个数, 相邻两列所取的两个数不能同行(首尾两列也认为是相邻). 这样, 第1列取一个数有3种不同取法, 第2列所取的数不能与第1列

所取的数同行,有2种不同取法.类似地,以后每列都有2种不同取法,共得到 3×2^7 种不同取法.易见,这些取法中,没有破坏最后一列所取的数与第1列所取的数同行的情形,而这种情形的不同取法应从上面的总数中减掉.这时,若把最后一列去掉时,余下的 3×7 数表恰好与原 3×8 数表满足同样的要求.将 $3\times n$ 数表的满足题中要求的不同取法数记为 x_n,于是有
$$x_8 = 3\times 2^7 - x_7, \quad x_n + x_{n-1} = 3\times 2^{n-1}, \quad n\geq 3.$$
由此递推,即得
$$x_8 = 3\times 2^7 - x_7 = 3\times 2^7 - 3\times 2^6 + x_6 = \cdots$$
$$= 3\times \{2^7 - 2^6 + 2^5 - 2^4 + 2^3 - 2^2\} + x_2 = 258.$$
所以,满足要求的八元组的不同取法共有258种.

注 上面的递归方程也可以解出通解.
$$x_n + x_{n-1} = 3\times 2^{n-1} = 2^n + 2^{n-1},$$
$$x_n - 2^n = -(x_{n-1} - 2^{n-1}).$$
由此递推,可得
$$x_n - 2^n = (-1)^{n-3}(x_3 - 2^3) = (-1)^n 2.$$
$$x_n = 2^n + 2(-1)^n, \quad n\geq 2.$$

解3 考察一般的 $3\times (n+1)$ 的数表,每列取1个数.相邻两列(首尾两列也认为是相邻)所取的数不能同行,满足要求

的所有不同取法的种数记为 x_{n+1}.

$$a_1, a_2, a_3, \cdots, a_{n-1}, a_n, a_{n+1}.$$
$$b_1, b_2, b_3, \cdots, b_{n-1}, b_n, b_{n+1}.$$
$$c_1, c_2, c_3, \cdots, c_{n-1}, c_n, c_{n+1}.$$

由于3行地位是对称的,故可只考察第1列取 a_1 的情形. 对于满足要求的任一取法,最后一列取的数为 b_{n+1} 或 c_{n+1}. 考察最后一列数, 则当最后一列取的数为 b_{n+1}(c_{n+1})时, 第 n 列可取的数为 a_n 和 c_n(b_n). 当第 n 列可取的数为 b_n, c_n 时, 关于 $3\times n$ 表满足要求, 种数恰为 x_n; 第 n 列可取为 a_n 时, 与第1列同行, 个数为 x_{n-1}. 注意, 当第 $n+1$ 列可取的数为 b_{n+1}, c_{n+1} 时, 都可与改第 n 列取 a_n. 故可得到递推方程

$$x_{n+1} - x_n - 2x_{n-1} = 0, \quad n \geq 3.$$

对应的特征方程为 〔从取法的组合入手+以递推为主线〕

$$\lambda^2 - \lambda - 2 = 0,$$

解得 $\lambda_1 = -1$, $\lambda_2 = 2$. 从而有

$$x_n = \alpha(-1)^n + \beta 2^n, \quad n \geq 2.$$

由于 $x_2 = 6$, $x_3 = 6$, 代入上式即可得到 $\alpha = 2$, $\beta = 1$. 所以

$$x_n = 2^n + 2(-1)^n, \quad n \geq 2.$$

在上式中令 $n = 8$, 即得

$$x_8 = 256 + 2 = 258.$$

所以, 满足要求的不同取法种数为258.

注 由符2的递推式可以导出另3阶递推方程：
$$x_{n+1} + x_n = 3 \times 2^n,$$
$$2x_n + 2x_{n-1} = 2 \times 3 \times 2^{n-1} = 3 \times 2^n.$$
两式相减，即得
$$x_{n+1} - x_n - 2x_{n-1} = 0.$$

10. 在一个正六边形的6个区域(如图)栽种观赏植物，要求同一块中种同一种植物，相邻的两块中种不同的植物，现有4种不同的植物可供选择，共有多少种不同的栽种方案？

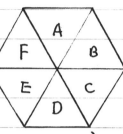

(2001年全国联赛一试12题)

解 先种A，有4种不同选择。再种B有3种不同选择，依次种C、D、E、F都各有3种不同选择，但其中要去掉F与A相同的方案数。这样一来，就有
$$x_6 = 4 \times 3^5 - x_5.$$
$$x_6 = 4 \times (3^5 - 3^4 + 3^3 - 3^2) + x_2$$
$$= 4 \times 180 + 12 = 732,$$
即满足题中的要求的不同栽种方案数为732。

10. 设 $n \in \mathbf{N}^*$, 有一架天平和 n 个重量分别为 $2^0, 2^1, \cdots, 2^{n-1}$ 的砝码。现通过 n 步操作逐个将 n 个砝码按某次序都放上天平，使得在操作过程中，右边的重量总不超过左边的重量。问整个操作过程中 n 个砝码放上天平的顺序共有多少种？ (2011年IMO 4题)

(常规置方法)

解 显然，当 $n=1$ 时，唯一的砝码只能放在左盘中，即只有一种方法；当 $n=2$ 时，两个砝码可以都放在左盘，共两种方法；也可以一左一右，但重量为 2 的必放在左盘。所以 $n=2$ 时共 3 种方法。

当 $n=3$ 时，3 只砝码重量分别为 1, 2, 4。不同方法如下：

(i) 3 个砝码都在左盘，次序任意，有 6 种方法；

(ii) 4, 2 两个砝码在左，重量为 1 的在右，顺序可为

4, 2, 1.   4, 1, 2.   2, 4, 1.   2, 1, 4.

共 4 种方法； (从简单入手)

(iii) 4 和 1 两砝码在左，2 在右，顺序可为

4, 1, 2.   4, 2, 1.   1, 4, 2.

共 3 种方法；

(iv) 4 在左，1 和 2 在右，共有两种方法。

综上可知，$n=3$ 时，共有 $6+4+3+2=15=1 \cdot 3 \cdot 5$ 种。

这样，初步可以断定，所求的不同方法 $S_n = (2n-1)!!$

下面用数学归纳法来证明这个答案是正确的。

设当 $n=k$ 时，k 个砝码的重量分别为 $2^0, 2^1, \cdots, 2^{k-1}$，按要求有 $(2k-1)!!$ 种不同方法。

当 $n=k+1$ 时，将所有砝码的重量都除以 2，分别为 $\frac{1}{2}, 1, 2^1, 2^2, \cdots, 2^{k-1}$。对于这种情形，答案与原问题相同。因此，以下只考虑这个问题的答案。

注意，对于任意正整数 r，都有
$$2^r > 2^{r-1} + 2^{r-2} + \cdots + 1 + \frac{1}{2} \geq \sum_{i=1}^{r-1} \pm 2^i$$

可见，当所有砝码都放上天平时，最重的砝码在天平哪一方，该方就是重的一方，两方的重量不能相等。

由归纳假设知，$2^0, 2^1, \cdots, 2^{k-1}$ 这 k 个砝码的不同方法有 $(2k-1)!!$ 种。然后对于每一种放法，考虑重量为 $\frac{1}{2}$ 的砝码的不同放法。

(1) 若将重量 $\frac{1}{2}$ 的砝码第 1 个放入盘中，只能放入左盘，仅有 1 种放法。

(2) 若重量为 $\frac{1}{2}$ 的砝码在第 j ($j=2,3,\cdots,k+1$) 次放，由于两盘砝码重量至少差 1，故重 $\frac{1}{2}$ 的砝码既可放入左盘又可放入右盘，共有 $2k$ 种不同放法。

综上可知，当 $n=k+1$ 时，不同放法的个数为 $(2k-1)!!(2k+1) = (2k+1)!! = [2(k+1)-1]!!$。这就完成了归纳证明，即对所有 $n \in \mathbb{N}^*$，所求的不同排号的个数均为 $S_n = (2n-1)!!$。

12. 如果一个n位数，每位数字都是1、2、3、4、5之一，且其中任何相邻两位数字之差都是1，则称之为"合格n位数"。求这种合格n位数的个数。　　　　　(1987年IMO预选题)

解　设尾数为1、2、3的合格数的个数分别为 a_n, b_n, c_n，于是由对称性知，尾数为4、5的合格数的个数分别为 b_n 和 a_n。按题中要求应有

$$a_{n+1} = b_n, \quad b_{n+1} = a_n + c_n, \quad c_{n+1} = 2b_n.$$

由此可得

$$b_{n+2} = a_{n+1} + c_{n+1} = 3b_n.$$

因为 $b_1 = 1$，$b_2 = 2$，所以

$$b_n = \begin{cases} 3^k, & \text{当 } n = 2k+1, \\ 2 \times 3^{k-1}, & \text{当 } n = 2k. \end{cases}$$

设合格n位数的总数为 m_n，于是 $m_1 = 5$ 且对 n 起数 k，有

$$m_n = 2a_n + 2b_n + c_n = 2b_n + 4b_{n-1}$$

$$= \begin{cases} 2 \times 3^k + 4 \times 2 \times 3^{k-1} = 14 \times 3^{k-1}, & n = 2k+1, \\ 2 \times 2 \times 3^{k-1} + 4 \times 3^{k-1} = 8 \times 3^{k-1}, & n = 2k. \end{cases}$$

$$n \neq 1.$$

13. (1) 平面上的 n 个圆彼此相交，最多能把平面划分成多少块内部互不重叠的区域？

(2) 空间中的 n 个球面彼此相交，最多能把空间划分成多少块内部互不重叠的区域？

解 (1) 当这 n 个圆两两相交且任何 3 个圆都不共点时，它们将平面划分成的部分最多，将这个最大值记为 a_n。

注意，当 n 依次取值 0, 1, 2, 3 时，a_n 的值依次为 1, 2, 4, 8. 但绝不能简单地断定 $a_4 = 16$，因为事实上 $a_4 \neq 16$ 而是 $a_4 = 14$. 所以，找规律是找客观的科学的规律，而不仅仅是从数值关系的角度去找表面的规律。

设平面上已有 n-1 个圆将平面划分成 a_{n-1} 块区域，再加上第 n 个圆，它与前 n-1 个圆都相交，共有 2(n-1) 个交点，这些交点将第 n 个圆用分成 2(n-1) 段弧，每段弧都把它所在的区域一分为二，增加 1 块，故在第 n 个圆加入后，划分成的区域数增加了 2(n-1)，即有 【递推法】

$$a_n = a_{n-1} + 2(n-1), \quad n \geq 2.$$

由此递推即得

$$a_n = 2(n-1) + a_{n-1} = 2(n-1) + 2(n-2) + a_{n-2}$$
$$= 2((n-1)+(n-2)+\cdots+1) + a_1 = n^2 - n + 2.$$

(2) 当这 n 个球面中的任何两个都相交，任何两个球面与第 3 个球面交出的两个圆周都相交且任何 4 个球面都不共点时，它们将空间划分成的区域数最多，将这个最大值记为 b_n。

设有 k 个球面将空间划分成 b_k 块区域,再加入第 $k+1$ 个球面 S_{k+1},它与前 k 个球面都相交且在 S_{k+1} 上交出的 k 个圆周也是两两都相交且没有任何 3 个圆共点。像(1)中一样也可以知道,球面 S_{k+1} 上的这 k 个圆周彼此相交将 S_{k+1} 划分成的片数为 a_k,而每一片都将它所在的区域一分为二,故有
$$b_{k+1} = b_k + a_k = b_k + k^2 - k + 2, \quad k \geq 1.$$
由于 $b_1 = 2$,由上式递推便得
$$b_n = \sum_{k=1}^{n-1}(k^2 - k + 2) + b_1$$
$$= \frac{1}{6}n(n-1)(2n-1) - \frac{1}{2}n(n-1) + 2n$$
$$= \frac{1}{3}n(n^2 - 3n + 8),$$
即 n 个球面最多能把空间划分成的区域数为 $\frac{1}{3}n(n^2 - 3n + 8)$。

构造例子

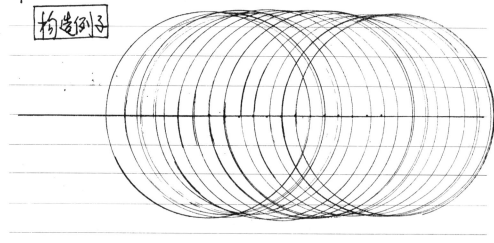

※ 14. 将圆周8等分,并将8个分点中每个分点都涂上4种不同颜色之一且每色均涂两个点,使得任何相邻两点都异色,共有多少种不同的涂色方法?

解 将8个分点分别记为1,2,……,8. 先将8点分成4组,每组两点都不相邻. 由对称性知(1,3)为一组与(1,7)为一组的不同分组的个数相同,(1,4)为一组与(1,6)为一组的不同分组的个数也相同.

下面依次分别写出(1,3), (1,4), (1,5)开头的所有不同分组办法:

(1,3)(2,4)(5,7)(6,8), (1,3)(2,5)(4,7)(6,8),
(1,3)(2,6)(4,7)(5,8), (1,3)(2,6)(4,8)(5,7),
(1,3)(2,7)(4,6)(5,8), (1,3)(2,8)(4,6)(5,7),
(1,4)(2,5)(3,7)(6,8), (1,4)(2,6)(3,7)(5,8),
(1,4)(2,6)(3,8)(5,7), (1,4)(2,7)(3,5)(6,8),
(1,4)(2,7)(3,6)(5,8), (1,4)(2,8)(3,6)(5,7),
(1,5)(2,4)(3,7)(6,8), (1,5)(2,6)(3,7)(4,8),
(1,5)(2,6)(3,8)(4,7), (1,5)(2,7)(3,6)(4,8),
(1,5)(2,7)(3,8)(4,6), (1,5)(2,8)(3,6)(4,7),
(1,5)(2,8)(3,7)(4,6).

不同分组总数为 $6 \times 4 + 7 = 31$,其中(1,6),(1,7)分组分别等于(1,3),(1,4)

每组涂一色,共有 $4! = 24$ 种不同涂色法. 由乘法原理知,满足题中要求的不同涂色法总数为 $31 \times 24 = 744$.

七、数学归纳法

数学归纳法是数学证明中最重要的方法之一，无论在课堂教学还是在数学奥林匹克中，都起着重要的作用。

1. 归纳起点有时不止1个，归纳过渡的跨度也不一定是1；
2. 归纳过渡有时往前进，有时往后退；
3. 对于数列题目进行归纳过渡时，去掉的一项不一定是最后一项，而是去掉最该去掉的一项；
4. 在分类证明中，可对其中某些类应用归纳法，而另外类别使用其它更合适的方法；
5. 命题转换加数学归纳法；
6. 递推法加数学归纳法；
7. 关于固定整数的某个命题，有时也可以将该固定整数改为 n 而使用数学归纳法来证明；
8. 构造法 + 归纳法；
9. 螺旋归纳法和反归纳法；
10. 从简入手 + 数学归纳法；

1. 在有限项的实数数列 $\{a_k\}$：

$$a_1, a_2, \cdots, a_m, \cdots, a_n$$

中，如果连续一段数 $a_m, \cdots, a_{m+\ell}$ 的算术平均值大于1988，则把这一段数称为一条"龙"，并把这段数的首项 a_m 称为"龙头"。（如果某个 $a_k > 1988$，那么单独这一项也认为是一条龙）。已知 $\{a_k\}$ 中至少有1条龙，求证 $\{a_k\}$ 中所有可以作为龙头的项的算术均值也大于1988。 (1988年中国数学奥林匹克3题)

证1 当 $n=1$ 时，命题显然成立。设命题对于 $n=k$ 时成立，考察 $n=k+1$ 的情形。

(1) 若 $\{a_k\}$ 中所有项都是龙头，则可将整个数列 $\{a_k\}$ 划分成若干条互不相交的龙。由于每条龙中所有项的算术平均值都大于1988，故数列 $\{a_k\}$ 中所有项的算术平均值也大于1988。

(2) 若 $\{a_k\}$ 中有某些项不能作为龙头，则可从中去掉第1个不能作为龙头的项，记为 a_R。考察数列

$$a_1, a_2, \cdots, a_{R-1}, a_{R+1}, \cdots, a_{k+1} \qquad (*)$$

由于 a_R 不能作为龙头，故有 $a_R \leq 1988$。所以，当从原数列中去掉 a_R 时，它前面的所有项在数列 $(*)$ 中仍然都是龙头项，而对它后面的项可否作为龙头又毫无影响。所以，数列 $\{a_k\}$ 与数列 $(*)$ 中之龙头项的集合完全一致。由于数列 $(*)$ 只有 k 项，故由归纳假设知，所有龙头项的算术均值大于1988，从而原数列 $\{a_k\}$ 中所有龙头项的算术均值也大于1988。

证2 当 $n=1$ 时，命题显然成立。设命题于 $n<k$ 时成立，当 $n=k$ 时，分两种情况来讨论。

(1) 若 a_1 不是龙头，则可去掉 a_1 并象证1中一样地证明命题成立。

(2) 若 a_1 是龙头，则取出以 a_1 为龙头的一条龙：

$$a_1, a_2, \cdots, a_m, \quad m \leq k. \qquad ①$$

因为 $a_1, a_2, \cdots, a_m$ 的算术平均值大于1988而其中不能作为龙头的项均不大于1988，所以 $a_1, \cdots, a_m$ 中所有可以作为龙头的项的算术平均值大于1988。若 $m=k$，则结论已经成立；若 $m<k$，则考察余下的项组成的数列

$$a_{m+1}, a_{m+2}, \cdots, a_k. \qquad ②$$

若②中没有龙，则上面证明已经保证结论成立。若②中也有1条龙，则由归纳假设知②中所有可作为龙头的项的算术均值大于1988。

由①中和②中所有龙头项的算术均值都大于1988，所以原数列 $\{a_k\}$ 中所有龙头项的算术均值也大于1988。

这就完成了归纳证明。

2. 平面上的 n 条直线将平面划分成若干块互不重叠的区域，求证一定可以将每一部分区域都涂上红蓝两色之一，使得任何相邻（指有公共边）两部分都涂有不同的颜色.

证 当 n=1 时，平面被 1 条直线分成两部分，一部分涂红，另一部分涂蓝即满足要求.

设 n=k 时结论成立. 当 n=k+1 时，先拿掉 1 条直线，于是对于余下的 k 条直线由归纳假设知可以实现题中要求的涂色. 然后将去掉的 1 条直线 l_{k+1} 放回去，它把已涂好色的平面分成两部分. 保留 l_{k+1} 一侧的涂色不变而将 l_{k+1} 另一侧的涂色互换，即红改成蓝而蓝改成红，此得到的涂色状态便满足题中的要求，这就完成了归纳证明.

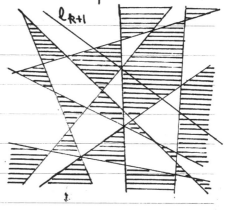

3. 设 $n \geq 2$, $x_i \in \mathbb{R}$, $i = 1, 2, \cdots, n$ 且满足条件 $\sum_{i=1}^{n} x_i = 0$ 和 $\sum_{i=1}^{n} |x_i| = 1$, 求证

$$\left|\sum_{i=1}^{n} \frac{x_i}{i}\right| \leq \frac{1}{2} - \frac{1}{2n}. \quad ① \quad (1989\text{年全国联赛二试2题})$$

证1 由于用数学归纳法直接证明主题时, 不能确保条件 $\sum_{i=1}^{n} |x_i| = 1$ 被满足, 故转而证明主题的 加强命题: 若 n 个实数 $x_1, \cdots, x_n$ 满足条件 $\sum_{i=1}^{n} x_i = 0$ 和 $\sum_{i=1}^{n} |x_i| \leq 1$, 则有 ① 式成立.

当 $n = 2$ 时, $-x_1 = x_2$ 且 $|x_1| = |x_2| \leq \frac{1}{2}$, 于是有

$$|x_1| - \left|\frac{x_2}{2}\right| = \frac{|x_1|}{2} \leq \frac{1}{4} = \frac{1}{2} - \frac{1}{2 \times 2},$$

即 $n = 2$ 时 ① 式成立.

设加强命题于 $n = k$ 时成立. 当 $n = k+1$ 时, 将 $x_k + x_{k+1}$ 视为一个数, 容易看出, 对于 $x_1, \cdots, x_{k-1}, x_k + x_{k+1}$ 这 k 个实数, 加强命题的条件成立, 故由归纳假设有

$$\left|\sum_{i=1}^{k+1} \frac{x_i}{i}\right| = \left|\sum_{i=1}^{k-1} \frac{x_i}{i} + \frac{x_k + x_{k+1}}{k} - \frac{x_{k+1}}{k(k+1)}\right|$$

$$\leq \frac{1}{2} - \frac{1}{2k} + \left|\frac{x_{k+1}}{k(k+1)}\right|. \quad ②$$

由已知条件不难推出 $|x_{k+1}| \leq \frac{1}{2}$, 代入 ② 式即得

$$\left|\sum_{i=1}^{k+1} \frac{x_i}{i}\right| \leq \frac{1}{2} - \frac{1}{2k} + \frac{1}{2k(k+1)} = \frac{1}{2} - \frac{1}{2(k+1)},$$

即当 $n = k+1$ 时结论成立. 从而完成了对加强命题的归纳证明, 所以原题对所有 $n \geq 2$ 都成立.

证2 象在证1中一样地可证命题于 $n=2$ 时成立. 设命题于 $n=k$ 时成立, 当 $n=k+1$ 时, 记
$$M = \sum_{i=1}^{k-1}|x_i| + |x_k + x_{k+1}|,$$
于是 $0 \leq M \leq 1$. 若 $M=0$, 则 $x_1 = x_2 = \cdots = x_{k-1} = 0$, $x_k = -x_{k+1}$ 且 $|x_k| = |x_{k+1}| = \frac{1}{2}$. 容易验证①式成立. 若 $M > 0$, 则令

$$x'_i = \frac{x_i}{M} \quad i=1,\cdots,k-1; \quad x'_k = \frac{x_k + x_{k+1}}{M},$$

于是有 $\sum_{i=1}^{k} x'_i = 0$ 和 $\sum_{i=1}^{k}|x'_i| = 1$. 由归纳假设知

$$\left|\sum_{i=1}^{k} \frac{x'_i}{i}\right| \leq \frac{1}{2} - \frac{1}{2k}.$$

由此可得

$$\left|\sum_{i=1}^{k+1} \frac{x_i}{i}\right| = M\left|\sum_{i=1}^{k+1} \frac{x_i}{Mi}\right| = M\left|\sum_{i=1}^{k} \frac{x'_i}{i} - \frac{x_{k+1}}{Mk(k+1)}\right|$$

$$\leq M\left|\sum_{i=1}^{k} \frac{x'_i}{i}\right| + \frac{|x_{k+1}|}{k(k+1)}$$

$$\leq M\left(\frac{1}{2} - \frac{1}{2k}\right) + \frac{1}{2k(k+1)} \leq \frac{1}{2} - \frac{1}{2(k+1)},$$

即命题于 $n=k+1$ 时成立. 这就完成了归纳证明.

证3 令 $S_k = x_1 + x_2 + \cdots + x_k$, 于是 $x_i = S_i - S_{i-1}$, $i=1,2,\cdots,n$. $|S_i| \leq \frac{1}{2}$, $i=1,2,\cdots,n$ 且 $S_n = 0$.

$$\sum_{i=1}^{n} \frac{x_i}{i} = \sum_{i=1}^{n} \frac{S_i - S_{i-1}}{i} = \sum_{i=1}^{n} \frac{S_i}{i} - \sum_{i=1}^{n-1} \frac{S_i}{i+1} = \sum_{i=1}^{n-1} S_i\left(\frac{1}{i} - \frac{1}{i+1}\right)$$

$$\therefore \left|\sum_{i=1}^{n} \frac{x_i}{i}\right| \leq \sum_{i=1}^{n-1}|S_i|\left(\frac{1}{i} - \frac{1}{i+1}\right) \leq \frac{1}{2}\sum_{i=1}^{n-1}\left(\frac{1}{i} - \frac{1}{i+1}\right) = \frac{1}{2}\left(1 - \frac{1}{n}\right).$$

4. 设 $a_1=1$, $a_2=2$ 且对一切正整数 n, 定义

$$a_{n+2}=\begin{cases}5a_{n+1}-3a_n, & \text{当}\ a_n\cdot a_{n+1}\text{为偶数},\\ a_{n+1}-a_n, & \text{当}\ a_n\cdot a_{n+1}\text{为奇数}.\end{cases} \quad ①$$

求证对所有正整数 n, 均有 $a_n\neq 0$. (1988年全国联赛二试1题)

证 由定义可知, 数列 $\{a_n\}$ 为

$$1, 2, 7, 29, 22, 23, \cdots.$$

当模3来看时, 又有

$$1, 2, 1, 2, 1, 2, \cdots.$$

这表明数列 $\{a_n\}$ 的前6项是模3周期的且模3均不为0, 当然原数也不为0. 证我们用数学归纳法来证明 $\{a_n\}$ 确是模3周期的且周期为 $1,2$。

注意, 当模3来看时, 递推式 ① 化为

$$a_{n+2}\equiv\begin{cases}2a_{n+1}, & \text{当}\ a_n\cdot a_{n+1}\text{为偶},\\ a_{n+1}-a_n, & \text{当}\ a_n\cdot a_{n+1}\text{为奇}.\end{cases} \quad ②$$

设 $n\leq 2m$ 时有

$$a_{2k-1}\equiv 1, \quad a_{2k}\equiv 2 \pmod 3, \quad k\leq m.$$

当 $n=2m+1$ 时, 由 ② 式有

$$a_{2m+1}\equiv 2a_{2m}\equiv 4\equiv 1,$$
$$a_{2m+1}\equiv a_{2m}-a_{2m-1}\equiv 2-1=1. \pmod 3$$

即无论从 ② 中哪个关系式导出, 均有 $a_{2m+1}\equiv 1$. 当 $n=2m+2$ 时,

$$a_{2m+2}\equiv 2a_{2m+1}\equiv 2,$$
$$a_{2m+2}\equiv a_{2m+1}-a_{2m}\equiv 1-2=-1\equiv 2. \pmod 3$$

这就完成了归纳证明。

从简单入手

5. 试证任何不超过 $n!$ 的正整数都可以表示为至多 n 个数之和，使得这些数互不相等且每个数都是 $n!$ 的约数。

(1968年全苏数学奥林匹克)

证 对 n 施用数学归纳法。

当 $n=1$ 时，$1!=1$，结论显然成立。

设命题对于 $m \leq k!$ 时结论成立。当 $k! < m \leq (k+1)!$ 时，用带余除法将 m 写成

$$m = (k+1)d + r, \quad 其中 \ d \leq k!, \ 0 \leq r < k+1. \quad ①$$

由于 $d \leq k!$，故由归纳假设知，d 可以表示成至多 k 个数之和，这些数互不相等且都是 $k!$ 的约数：

$$d = d_1 + d_2 + \cdots + d_h, \quad h \leq k. \quad ②$$

将②代入①，得到

$$m = (k+1)d_1 + (k+1)d_2 + \cdots + (k+1)d_h + r. \quad ③$$

易见，③式右端的 $h+1$ $(\leq k+1)$ 个数互不相同且都是 $(k+1)!$ 的约数，这表明当 $m \leq (k+1)!$ 时命题成立。这就完成了归纳证明。

6. 设 $n \geq 3$, $x_i > 0$, $i=1,2,\cdots,n$, 求证

$$\frac{x_1^2}{x_1^2+x_2x_3} + \frac{x_2^2}{x_2^2+x_3x_4} + \cdots + \frac{x_{n-1}^2}{x_{n-1}^2+x_nx_1} + \frac{x_n^2}{x_n^2+x_1x_2} \leq n-1. \quad ①$$

(1985年IMO候选题)

证 令

$$y_i = \frac{x_i^2}{x_{i+1}x_{i+2}}, \quad i=1,2,\cdots,n,$$

其中 $x_{n+1}=x_1$, $x_{n+2}=x_2$. 容易看出, $y_1 y_2 \cdots y_n = 1$ 且有

$$\frac{y_i}{1+y_i} = \frac{x_i^2}{x_i^2+x_{i+1}x_{i+2}}, \quad i=1,2,\cdots,n.$$

于是①式化为

$$n-1 \geq \frac{y_1}{1+y_1} + \frac{y_2}{1+y_2} + \cdots + \frac{y_n}{1+y_n}$$

$$= n - \left(\frac{1}{1+y_1} + \frac{1}{1+y_2} + \cdots + \frac{1}{1+y_n}\right),$$

此式又等价于 [等价命题]

$$\frac{1}{1+y_1} + \frac{1}{1+y_2} + \cdots + \frac{1}{1+y_n} \geq 1. \quad ②$$

下面我们用数学归纳法来证明不等式②. 当 $n=2$ 时, 由于 $y_1 y_2 = 1$, 故有

$$\frac{1}{1+y_1} + \frac{1}{1+y_2} = \frac{1}{1+y_1} + \frac{y_1}{1+y_1} = 1,$$

即 $n=2$ 时②式成立.

设当 $n=k$ 时②式成立. 当 $n=k+1$ 时, 将 $y_k y_{k+1}$ 视为一个数, 由归纳假设有

$$\frac{1}{1+y_1} + \frac{1}{1+y_2} + \cdots + \frac{1}{1+y_{k-1}} + \frac{1}{1+y_k y_{k+1}} \geq 1. \quad ③$$

因为

$$\frac{1}{1+y_k} + \frac{1}{1+y_{k+1}} - \frac{1}{1+y_k y_{k+1}}$$

$$= \frac{(2+y_k+y_{k+1})(1+y_k y_{k+1}) - (1+y_k)(1+y_{k+1})}{(1+y_k)(1+y_{k+1})(1+y_k y_{k+1})}$$

$$= \frac{1 + y_k y_{k+1}(1+y_k+y_{k+1})}{(1+y_k)(1+y_{k+1})(1+y_k y_{k+1})} \geq 0.$$

[推进到 $k+1$ 的情形]

所以，由此及③便得

$$\frac{1}{1+y_1} + \frac{1}{1+y_2} + \cdots + \frac{1}{1+y_k} + \frac{1}{1+y_{k+1}}$$

$$\geq \frac{1}{1+y_1} + \frac{1}{1+y_2} + \cdots + \frac{1}{1+y_{k-1}} + \frac{1}{1+y_k y_{k+1}} \geq 1.$$

即当 $n=k+1$ 时②式成立，这就完成了归纳证明。

7. 设 $x_1, x_2, \cdots, x_n$ 都是非负实数, $a = \min\{x_1, \cdots, x_n\}$, 并记 $x_{n+1} = x_1$. 求证

$$\sum_{i=1}^{n} \frac{1+x_i}{1+x_{i+1}} \leq n + \frac{1}{(1+a)^2} \sum_{i=1}^{n} (x_i - a)^2, \quad \text{①}$$

其中等号成立当且仅当 $x_1 = x_2 = \cdots = x_n$. (1992年中国数学奥林匹克)

证1 当 $n=1$ 时, 不等式 ① 显然成立.

设当 $n=k$ 时命题成立. 当 $n=k+1$ 时, 由轮换对称性知, 不妨设 x_{k+1} 最大. 于是由归纳假设有

$$\sum_{j=1}^{k-1} \frac{1+x_j}{1+x_{j+1}} + \frac{1+x_k}{1+x_1} \leq k + \frac{1}{(1+a)^2} \sum_{j=1}^{k} (x_j - a)^2. \quad \text{②}$$

由此可见, 为证 $n=k+1$ 时不等式 ①, 只须再证

$$\frac{1+x_k}{1+x_{k+1}} + \frac{1+x_{k+1}}{1+x_1} - \frac{1+x_k}{1+x_1} \leq 1 + \frac{1}{(1+a)^2}(x_{k+1}-a)^2. \quad \text{③}$$

将③式化简, 得到等价的不等式

$$\frac{(x_{k+1}-x_k)(x_{k+1}-x_1)}{(1+x_{k+1})(1+x_1)} \leq \frac{1}{(1+a)^2}(x_{k+1}-a)^2. \quad \text{④}$$

因为 $a = \min\{x_1, x_2, \cdots, x_n\}$, 所以 ④ 式显然成立, 从而 ③ 式成立. 这就证明了 ① 式于 $n=k+1$ 时成立.

此外, 当 $n=k+1$ 时 ① 式中等号成立, 当且仅当 ② 和 ④ 式中同时有等号成立. 由归纳假设知, ② 式中等号成立, 当且仅当 $x_1 = x_2 = \cdots = x_k$. ④ 中等号成立, 当且仅当 $x_1 = x_k = x_{k+1} = a$. 所以, $n=k+1$ 时而 ① 式中等号成立, 当且仅当 $x_1 = x_2 = \cdots = x_{k+1}$.

证2 因为 $\sum_{j=1}^{n} \frac{x_j - x_{j+1}}{1+a} = 0$，故可将不等式①改写为

$$\sum_{j=1}^{n} \frac{1+x_j}{1+x_{j+1}} \leq \sum_{j=1}^{n} 1 + \sum_{j=1}^{n} \frac{x_j - x_{j+1}}{1+a} + \frac{1}{(1+a)^2} \sum_{j=1}^{n} (x_{j+1}-a)^2. \quad ⑤$$

显然，为证⑤，只须证明

$$\frac{1+x_j}{1+x_{j+1}} \leq 1 + \frac{x_j - x_{j+1}}{1+a} + \frac{1}{(1+a)^2}(x_{j+1}-a)^2, \quad j=1,\cdots,n.$$

即证又等价于

$$\frac{(x_j - x_{j+1})(a - x_{j+1})}{(1+a)(1+x_{j+1})} \leq \frac{1}{(1+a)^2}(x_{j+1}-a)^2, \quad j=1,\cdots,n. \quad ⑥$$

当 $x_j \geq x_{j+1}$ 时，⑥式左端非正，显然成立。当 $x_j < x_{j+1}$ 时，因 $a = \min\{x_1, \cdots, x_n\}$，故当用 a 去分别代替⑥式左端分子中的 x_j 和分母中的 x_{j+1} 时，⑥式左端分式的值不减，而这恰好化为⑥式右端的分式，所以⑥式成立，从而①式成立。

显然，①式中等号成立当且仅当⑥式中的 n 个不等式同时有等号成立，即有

$$\frac{x_{j+1} - x_j}{1+x_{j+1}} = \frac{x_{j+1} - a}{1+a}, \quad j=1,\cdots,n.$$

$$x_{j+1} - x_j + ax_{j+1} - ax_j = x_{j+1} - a + x_{j+1}^2 - ax_{j+1}$$

$$(x_{j+1}-a)^2 + (1+a)(x_j - a) = 0, \quad j=1,\cdots,n. \quad ⑦$$

注意，⑦式左端两项均非负，故必须均为 0，所以必有 $x_1 = x_2 = \cdots = x_n = a$。这就完成了全部证明。

8. 在一个圆周上给定1985个点，每个点都标上+1或-1。对于一个给定点A，如果从A算起，依任一方向沿圆周前进到任何一点时，所经过的所有给定点的标数之和都是正的，则称A为"好点"。求证当标有-1的点数少于662时，圆周上至少有1个好点。

(1985年IMO候选题)

证 注意 $1985 = 3 \times 661 + 2$，因此可将1985视为 $\{3n+2\}$ 数列中的一次。下面我们用数学归纳法来证明：当圆周上有 $3n+2$ 个点，每点都标有+1或-1 且标有-1的点数不多于 n 时，圆周上至少有1个好点。令 $n=1$ 时显然成立。

设命题对 $n=k$ 时成立。当 $n=k+1$ 时，圆周上共有 $3k+5$ 个给定点，其中标有-1的点不多于 $k+1$ 个。任取一个标有-1的点，然后在它的两边各取一个离它最近的标有+1的点。将这3点去掉，于是余下的 $3k+2$ 个点中，标有-1的点不多于 k 个。由归纳假设知这时至少有1个好点A。不难看出，当将刚才去掉的3个点放回之后，A仍然是好点。

实际上，点A的标记数仍然为1，所以它不会在去掉的3点之间而仍在3点之外。因而从点A出发计数时，无论沿哪个方向，总是先遇到在去掉的3点中标有+1的一点，然后才会遇到标有-1的点。所以，既然去掉3点后计数时和总是正数，放回3点后也仍然如此。这表明A仍为好点，从而完成了归纳证明，当然也就完成了原题的证明。

特殊到一般 + 数学归纳法 + 一般到特殊

设 $n \geq 2$

9. 在空间中给定 $2n$ 个点，其中任何 4 点都不共面，它们之间连有 n^2+1 条线段，求证这些线段至少构成 n 个不同的三角形。

证 当 $n=2$ 时，$2n=4$，$n^2+1=5$，即 4 点间连有 5 条线段，恰构成两个三角形。可见，命题于 $n=2$ 时成立。

下面先用数学归纳法证明一个 $\boxed{\text{减弱命题}}$：在主题的条件下，这些线段至少构成一个三角形。

设当 $n=k$ 时命题成立。当 $n=k+1$ 时，设 AB 是图中的一条线段，并记 A 和 B 向其余 $2k$ 个点所引出的连线条数分别为 a，b。

(1) 若 $a+b \geq 2k+1$，则由抽屉原理知在后 $2k$ 点中存在一点 C，使得线段 AC，BC 都存在，即存在 $\triangle ABC$。

(2) 若 $a+b \leq 2k$，则去掉 A，B 两点，共去掉至多 $2k+1$ 条连线，于是在余下的 $2k$ 点之间至少还有 k^2+1 条连线。从而由归纳假设知图中存在一个三角形。

综上所知，图中总是存在一个三角形，即减弱命题成立。

回到原题的证明。设当 $n=k$ 时成立。当 $n=k+1$ 时，设 $\triangle ABC$ 是其中的一个三角形，并记从 A，B，C 向其余 $2k-1$ 点所引出的连线条数分别为 α，β，γ。

(a) 若 $\alpha+\beta+\gamma \geq 3k-1$，则分别以 AB，BC，CA 为一边异于三角形 ABC 的不同三角形至少有 k 个，再加上 $\triangle ABC$ 即至少有 $k+1$ 个不同的三角形。

(b) 若 $\alpha+\beta+\gamma \leq 3k-2$，则 $(\alpha+\beta)+(\beta+\gamma)+(\gamma+\alpha) \leq 6k-4$。于是 $\alpha+\beta$，$\beta+\gamma$，$\gamma+\alpha$ 中至少有 1 个数不大于 $2k-2$。不

妨设 $\alpha+\beta \leq 2k-2$. 去掉 A、B 两点, 至多去掉了 $2k-2+3$ 条连线. 于是余下的 $2k$ 点间至少还有 k^2+1 条连线. 由归纳假设知其中至少有 k 个不同的三角形. 加上 $\triangle ABC$, 原图中至少有 $k+1$ 个不同的三角形, 即原题对于 $n=k+1$ 时成立. 这就完成了归纳证明.

注 把 $2n$ 个给定点均分成两组, 每组 n 个点. 凡是异组的两点之间都连一条线段. 于是共连有 n^2 条线段. 再从第1组中任取两点 A 和 B 且连结 A 和 B, 其余的同组两点之间均不连线. 于是这 $2n$ 点之间恰好连有 n^2+1 条线段且这些线段恰构成 n 个不同的三角形. 这说明本题的结果还是最佳的.

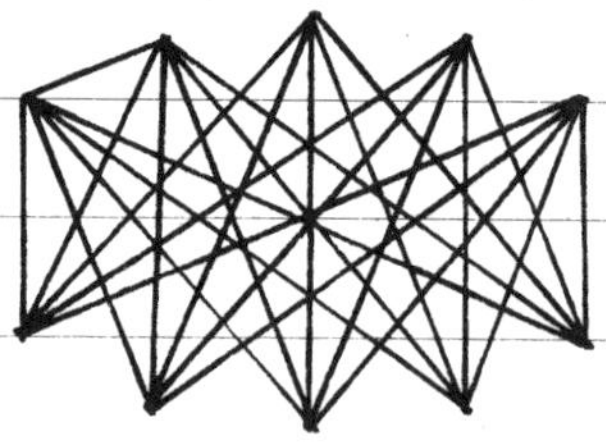

● 211   10. 已知 a 和 b 都是正整数且 $a>b$，$\sin\theta = \dfrac{2ab}{a^2+b^2}$，其中 $0<\theta<\dfrac{\pi}{2}$，$A_n = (a^2+b^2)^n \sin n\theta$，求证对所有正整数 n，A_n 均为整数。

(1990年全国联赛一试3题)

证 由已知可得
$$\cos\theta = \sqrt{1-\sin^2\theta} = \dfrac{a^2-b^2}{a^2+b^2}.$$

令
$$B_n = (a^2+b^2)^n \cos n\theta. \quad \boxed{\text{伴随命题}}$$

下面用数学归纳法证明：对所有正整数 n，A_n 和 B_n 都是整数。

当 $n=1$ 时，$A_1 = 2ab$，$B_1 = a^2-b^2$ 当然都是整数，即命题对于 $n=1$ 时成立。

设命题对于 $n=k$ 时成立，即 A_k 与 B_k 都是整数。当 $n=k+1$ 时，由三角公式有
$$\sin(k+1)\theta = \sin k\theta \cos\theta + \cos k\theta \sin\theta,$$
$$\cos(k+1)\theta = \cos k\theta \cos\theta - \sin k\theta \sin\theta.$$

从而有
$$A_{k+1} = A_k B_1 + B_k A_1, \quad B_{k+1} = B_k B_1 - A_k A_1.$$

由归纳假设知 A_k，B_k 都是整数，从而上式表明 A_{k+1}，B_{k+1} 都是整数，即命题对 $n=k+1$ 也成立。由归纳法知命题对所有正整数 n 都成立，当然所有 A_n 都是整数。

11. 试证对任何 $n \geq 6$，一个正方形总可以划分成 n 个内部互不重叠的正方形。（1965年波兰数学奥林匹克）

证 对于 $n = 6, 7, 8$，可划分如下图所示： 3个归纳起点

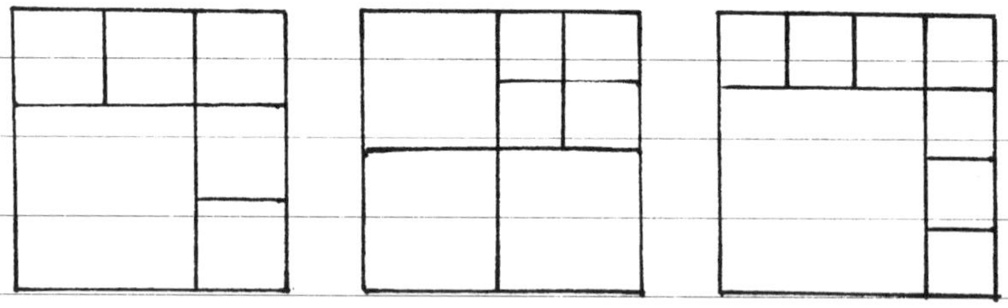

设对 $n < k$ ($k \geq 9$) 命题成立。当 $n = k$ 时，$k - 3 \geq 6$，于是由归纳假设知，可将正方形划分成 $k - 3$ 个正方形。再将其中之一分成 4 个正方形，便得到 k 个内部互不重叠的 k 个正方形，即当 $n = k$ 时命题成立。于是由表示归纳法知命题对于 $n \geq 6$ 时全都成立。

12. 试证任意多个正方形都可以剖开成若干块，使所得的诸块可以拼成一个正方形。

证 当 $n=1$ 时，命题显然成立。当 $n=2$ 时，可按下左图所示将两个正方形拼接后按虚线剖开，然后按下右图所示拼成一个正方形。可见，$n=2$ 时命题成立。

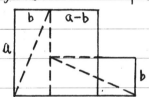
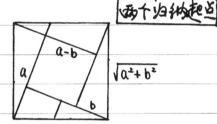

两个归纳起点

设当 $n=k$ 时命题成立（$k\geq 2$）。当 $n=k+1$ 时，先任取其中两个正方形，由归纳起点 $n=2$ 成立知这两个正方形可以剖开后拼成一个正方形，于是 $k+1$ 个正方形化成了 k 个正方形。再由归纳假设知这 k 个正方形可以剖开后拼成一个正方形。两步合起来表明，$k+1$ 个正方形可以剖开后拼成一个正方形，即命题于 $n=k+1$ 时成立。由数学归纳法知命题对所有正整数 n 都成立。

注 由证明过程可见，光是 $n=1$ 成立这一个起点是不够的。

13. 给定一张 $(3n+1)\times(3n+1)$ 的方格纸 ($n\in N$, $n\geq 1$), 试证任意剪去1个方格之后, 余下的纸片可以全部剪成形如 ⌐ 的小纸片.   (1992年中国集训队选拔考试5题)

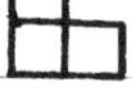

证 当 $n=1$ 时, $3n+1=4$. 从 4×4 方格纸中去掉1个方格, 不妨设去掉的1个方格在左上角的 2×2 正方形中. 这时可将方格纸划分后如右图所示. 可见, $n=1$ 时命题成立.

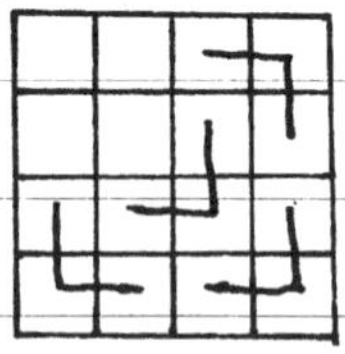

当 $n=2$ 时, $3n+1=7$. 由对称性知可设去掉的一个方格位于左上角的 4×4 正方形的主对角线上及上方的10个方格之中. 于是只要考察下列3种情形: 【多个归纳的起点】

(i) 去掉的方格位于左上角的 2×2 正方形中;

(ii) 去掉的方格位于第1、2行与第3、4列相交的4个方格之中;

(iii) 去掉的方格位于第3、4行与第3、4列相交的4个方格之中.

对于上述3种情形, 可分别划分如下:

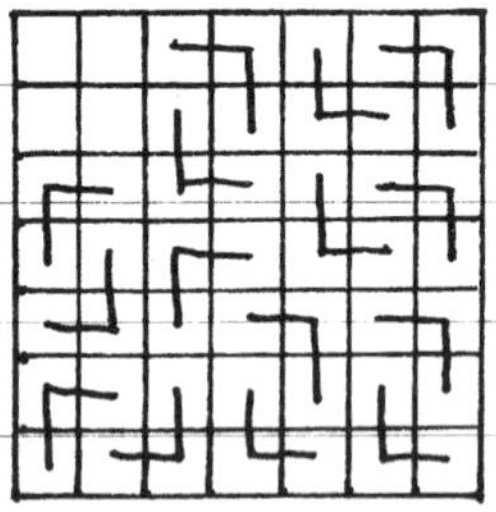

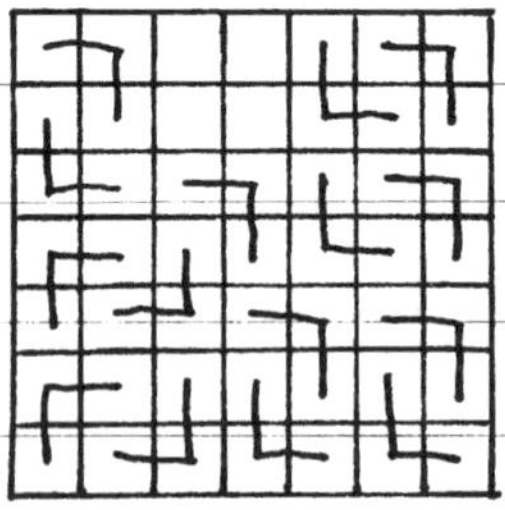

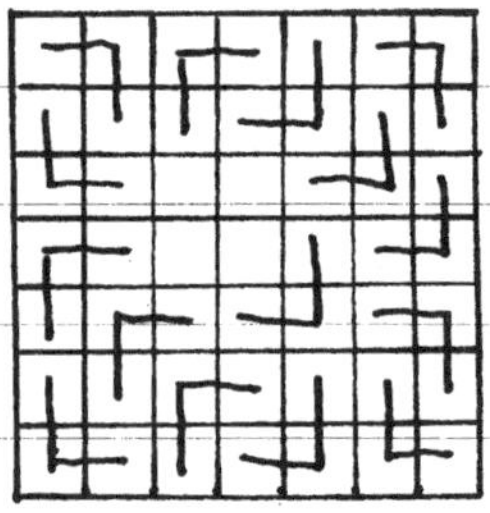

这表明 $n=2$ 时命题成立.

当 $n=3$ 时, $3n+1=10$. 不妨设去掉的1个方格位于左上角的 7×7 正方形中, 于是可将它划分成如图所示, 可见 $n=3$ 时命题

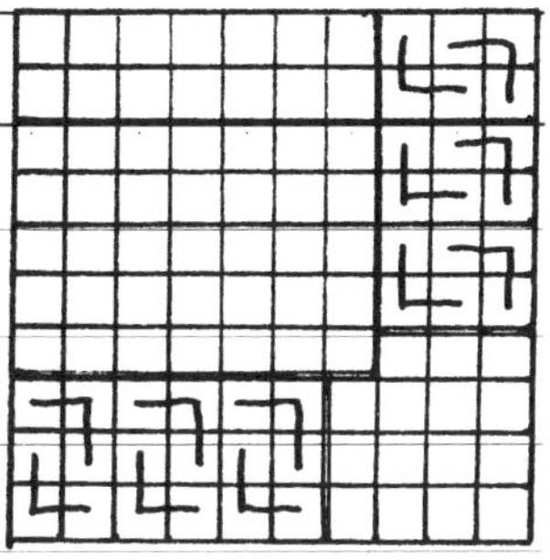

也成立.

引理 对于任何 $n \geq 2$, $6 \times n$ 的方格纸都可以剪成 $2n$ 块形如 ⌐⌐ 的小纸片.

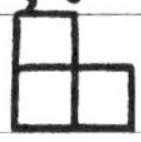

因为 6×2 的矩形方格纸可以划分成两个 3×2 的矩形,而 6×3 的矩形可以划分成 3 块 3×2 的矩形,故由归纳法可证引理成立.

设当 $n \leq k$ 时命题成立. 当 $n = k+1$ 时, $3n+1 = 3k+4$ ($k \geq 3$). 由于 $(3k+4) \times (3k+4)$ 的正方形可被位于 4 角的 4 个 $(3k-2) \times (3k-2)$ 的正方形所覆盖,故可设去掉的一个方格位于左上角的 $(3k-2) \times (3k-2)$ 的正方形中. 由归纳假设知,它可以作出满足要求的划分. 余下部分可划分成 $6 \times (3k-2)$ 和 $(3k+4) \times 6$ 的两个矩形. 由引理知二者均可划分成题中所要求的小纸片. 这就证明了当 $n = k+1$ 时命题成立. 从而由数学归纳法知对于所有正整数 n 命题都成立.

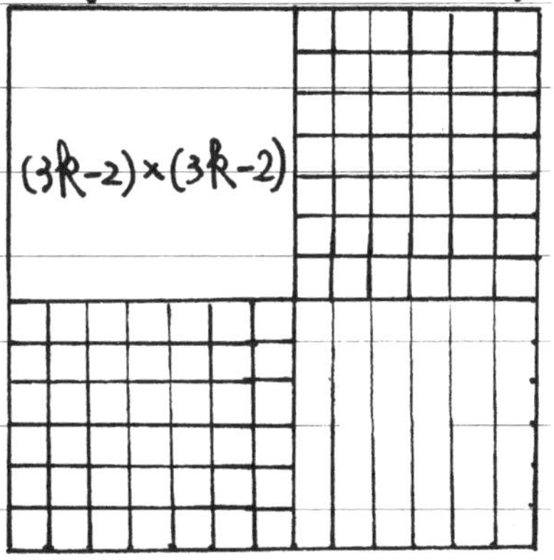

14. 设 $a_i > 0$, $i = 1, 2, \cdots, n$, 求证

$$\frac{a_1 + a_2 + \cdots + a_n}{n} \geq \sqrt[n]{a_1 a_2 \cdots a_n}, \qquad ①$$

且上式中等号成立当且仅当 $a_1 = a_2 = \cdots = a_n$。

证 (1) 先证一个减弱命题: 当 $n = 2^k$ 时, 命题成立。

当 $k = 0, 1$ 时, 命题显然成立。

设命题于 $k = m$ 时成立, 当 $k = m+1$ 时, 应用归纳假设有 【正反归纳法结合】

$$\frac{1}{2^{m+1}}(a_1 + a_2 + \cdots + a_{2^{m+1}})$$

$$= \frac{1}{2}\left\{\frac{1}{2^m}(a_1 + a_2 + \cdots + a_{2^m}) + \frac{1}{2^m}(a_{2^m+1} + a_{2^m+2} + \cdots + a_{2^{m+1}})\right\}$$

$$\geq \frac{1}{2}\left\{(a_1 a_2 \cdots a_{2^m})^{\frac{1}{2^m}} + (a_{2^m+1} a_{2^m+2} \cdots a_{2^{m+1}})^{\frac{1}{2^m}}\right\}$$

$$\geq (a_1 a_2 \cdots a_{2^m} a_{2^m+1} a_{2^m+2} \cdots a_{2^{m+1}})^{\frac{1}{2^{m+1}}}, \qquad ②$$

即 ① 式于 $k = m+1$, $n = 2^{m+1}$ 时成立。由数学归纳法知于所有 $k \in N$, ① 式于 $n = 2^k$ 时都成立, 且当 $a_1 = a_2 = \cdots = a_{2^{m+1}}$ 时 ② 中等号成立。

(2) 再证当 $n = k+1$ 时 ① 式成立, 则 $n = k$ 时 ① 式也成立且等号成立的条件也然。

令 $\sigma_k = \frac{1}{k}(a_1 + a_2 + \cdots + a_k)$, 由于 $n = k+1$ 时 ① 式成立, 故有

$$\frac{1}{k+1}(a_1 + a_2 + \cdots + a_k + \sigma_k) \geq (a_1 a_2 \cdots a_k \cdot \sigma_k)^{\frac{1}{k+1}}.$$

$$\frac{1}{k+1}(k\sigma_k + \sigma_k) \geq (a_1 a_2 \cdots a_k)^{\frac{1}{k+1}} \sigma_k^{\frac{1}{k+1}}. \qquad ③$$

化简即得 $n = k$ 之 ① 式, 且由证明过程可知, ③ 式中等号成立当

且仅当 $a_1 = a_2 = \cdots = a_k$.

将(1)和(2)结合起来即知命题对所有正整数 n 都成立.

15. 能否将 $1, 2, \cdots, n$ 排成一行, 使得其中任何两数的平均值都不等于这两数之间的任何一个数?

解 当 $n = 2$ 时, 只要把两个数排成 $2, 1$ 即可.

设 $n = 2^k$ 时有满足题中要求的排列为 $a_1, a_2, a_3, \cdots, a_{2^k}$. 当 $n = 2^{k+1}$ 时, 可将 $1, 2, \cdots, 2^{k+1}$ 排列如下: 【归纳构造法】

$$2a_1, 2a_2, \cdots, 2a_{2^k}, 2a_1 - 1, 2a_2 - 1, \cdots, 2a_{2^k} - 1.$$

容易验证, 这种排法满足题中要求, 即当 $n = 2^{k+1}$ 时满足要求的排法存在. 由数学归纳法知, 本题对所有 $n = 2^k$ 答案都是肯定的.

对任何一个不是 2 的幂的自然数 n, 存在自然数 k_0, 使得 $2^{k_0} < n < 2^{k_0+1}$. 由上段证明知于 $1, 2, \cdots, 2^{k_0+1}$ 存在着满足题中要求的排法. 然后将其中大于 n 的数全都划掉再将剩下的 n 个数按原序排成一行, 即为满足要求的排列.

综上可知, 对于任何正整数 n, 满足题中要求的排法都是存在的.

解2 当 $n = 1, 2$ 时, 显然, 答案是肯定的.

设 $n \leq k$ 时题中要求的排列可以实现. 当 $n = k+1$ 时, 若 n 为偶数 $n = 2m$, 则 $m \leq k$, 于是由归纳假设知 $1, 2, \cdots, m$ 可以排成 $a_1, a_2, \cdots, a_m$ 满足题中的要求. 从而当将 $1, 2, \cdots, 2m = k+1$

排列如下：

$$2a_1, 2a_2, \cdots, 2a_m, 2a_1-1, 2a_2-1, \cdots, 2a_m-1$$

时，满足题中的要求。若 $k+1$ 为奇数，$n=2m+1$，于是 $m+1 \leq k$。由归纳假设知可将 $\{1,2,\cdots,m\}$ 和 $\{1,2,\cdots,m,m+1\}$ 分别给出满足题中要求的排列

$$a_1, a_2, \cdots, a_m \ ; \quad b_1, b_2, \cdots, b_m, b_{m+1}.$$

从而，当将 $1, 2, \cdots, 2m+1 = k$ 排列如下：

$$2a_1, 2a_2, \cdots, 2a_m, 2b_1-1, 2b_2-1, \cdots, 2b_m-1, 2b_{m+1}-1$$

时，满足题中的要求。

综上，由最强归纳法知，对所有 n，答案都是肯定的。

17. 前面 61 页 7 题，2001 年全国联赛二试三题；

18. 《6·》136 页 4 题，1987 年东北三省邀请赛 4 题；

19. 《8·》220 页 4 题，湖南《奥赛经典》(组合) 181 页例 1；

16. 设 $n \in \mathbb{N}, n \geq 2$. 求证

$$\sqrt{2\sqrt{3\sqrt{4\cdots\sqrt{(n-1)\sqrt{n}}}}} < 3. \quad ①$$

(1987年城市邀请赛)

证 我们证明更一般的命题：对于 $2 \leq m \leq n$，均有

$$\sqrt{m\sqrt{(m+1)\sqrt{(m+2)\cdots\sqrt{(n-1)\sqrt{n}}}}} < m+1. \quad ②$$

对此，我们关于 m 用倒推归纳法来证明。

当 $m = n$ 时，显然有

$$\sqrt{n} < n+1.$$

即当 $m = n$ 时②式成立。设②式于 $m = k$ ($2 < k \leq n$) 时成立。于是当 $m = k-1$ 时，有

$$\sqrt{(k-1)\sqrt{k\sqrt{(k+1)\cdots\sqrt{(n-1)\sqrt{n}}}}} < \sqrt{(k-1)(k+1)} < k,$$

即命题于 $m = k-1$ 时成立。由归纳法知②式于所有 $2 \leq m \leq n$ 都成立。特别地，②式于 $m = 2$ 时成立，即①式成立。

(《代数卷》9·88题)

特殊到一般 + 反向归纳法 + 一般到特殊

注 《5·0》102页2题，《5·0》108页6题（起点证明不易）。《5·0》110页7题（两个归纳起点）

八 扰动法（局部调整法）

1 已知若干个正整数之和为 1976，求其积的最大值。

(1976年IMO 4题)

解 因为和为 1976 的不同的正整数组只有有限多组，故已知所求的最大值必定存在。

设 $x_1, x_2, \cdots, x_n$ 都是正整数，$x_1 + x_2 + \cdots + x_n = 1976$ 且其积 $P = x_1 x_2 \cdots x_n$ 取得最大值。显然，$x_i \geq 2$，$i = 1, 2, \cdots, n$。

(1) $x_i \leq 4$，$i = 1, 2, \cdots, n$。若有 $x_i > 4$，则 $2 + (x_i - 2) = x_i$ 而 $2(x_i - 2) = x_i + (x_i - 4) > x_i$，故当用 2 和 $x_i - 2$ 代替 x_i 时，将使乘积 P 的值变大，矛盾。

(2) 因为 $4 = 2 + 2 = 2 \times 2$，所以若有某 $x_i = 4$，则当用两个 2 来代替它时，和与积都不变。故可设 $x_i \leq 3$，$i = 1, 2, \cdots, n$。

(3) $\{x_1, x_2, \cdots, x_n\}$ 中 2 的个数至多为 2。若有 3 个 2，则因 $2 + 2 + 2 = 6 = 3 + 3$ 而 $2 \times 2 \times 2 = 8 < 9 = 3 \times 3$，故当用两个 3 来代替 3 个 2 时，将使乘积 P 的值变大，矛盾。

综上可知，$P = 2^r \times 3^s$，其中 $r \leq 2$。因为 $1976 = 3 \times 658 + 2$，故知 $r = 1$，$s = 658$。所以，所求的乘积最大值为

$$P = 2 \times 3^{658}$$

2. 在一张 $n \times n$ ($n \geq 4$) 的方格表的每个方格中任意地填写 $+1$ 或 -1. 将表内任何 n 个两两既不同行又不同列的方格中的 n 个数之积称为一个"基本项". 求证方格数表中必数构成的所有基本项之和不能被 4 整除. (1989年全国联赛二试3题)

证 显然,每个基本项的值也都是 $+1$ 或 -1, 表中的数共能构成 $n!$ 个基本项且表中每个数都作为因子恰好出现在 $(n-1)!$ 个基本项中. 将方格数表中第 i 行 j 列的数记为 a_{ij}, 将所有基本项之和记为 S.

如果表中诸 a_{ij} 不全为 $+1$, 则可任取一个数 $a_{kk}=-1$, 并作扰动变换如下: 将 a_{kk} 由 -1 变为 $+1$ 而保持其余的数不变. 于是, 含有 a_{kk} 作为因子的 $(n-1)!$ 个基本项同时变号而其余的所有基本项不变.

因为每个基本项的值都是 $+1$ 或 -1, 设以 a_{kk} 作为因子的 $(n-1)!$ 个基本项中值为 1 的共有 m 项, 值为 -1 的共有 $(n-1)!-m$ 项. 于是这 $(n-1)!$ 个基本项之和为
$$T = m - [(n-1)! - m] = 2m - (n-1)!.$$
当 a_{kk} 变号时, 这 $(n-1)!$ 个基本项之和由 T 变为 $-T$, 故所有基本项之和由 S 变为 $S' = S - 2T$. 因为 $n \geq 4$, 所以 $(n-1)!$ 为偶数, 从而 T 为偶数而在扰动变换之下, S 是模 4 不变的.

当数表中的数不全为 $+1$ 时, 总可经过有限多次这样的扰动变换而将表中的数全变为 $+1$. 这时所有基本项之和为 $n!$, 当然是 4 的倍数. 从而知原数表中所有数之和 S 不能被 4 整除.

不变量

3. 设点 P 为凸 2m 边形内部的一点且不在任何一条对角线上. 考察以多边形的 3 个顶点为顶点的所有三角形, 求证其中含有点 P 的三角形的个数必为偶数.

证 考察当点 P 由某条对角线的一侧越过对角线到另一侧且只越过这一条对角线时, 含有点 P 的三角形个数的变化情形.

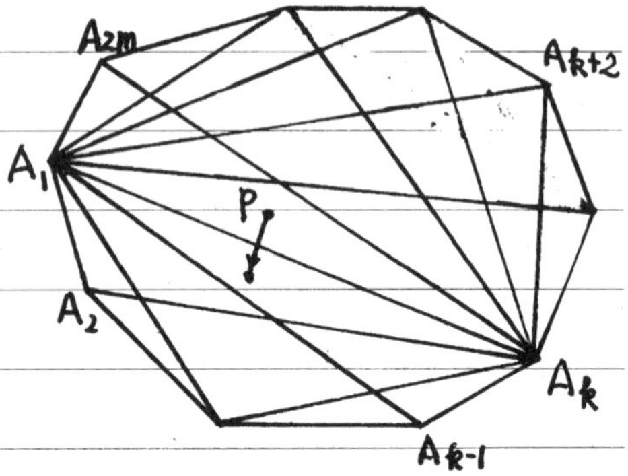

不妨设点 P 越过的对角线是 A_1A_k. 于是在对角线两侧的多边形顶点的个数分别为 $k-2$ 和 $2m-k$. 二者具有相同的奇偶性, 故二者之差为偶数.

注意, 当点 P 仅仅越过对角线 A_1A_k 时, 包含点 P 的三角形的个数的变化只与以 A_1A_k 为一边的那些三角形有关而与其它三角形无关, 而且包含点 P 的三角形个数的改变值恰为两侧顶点数之差. 如上所述, 这个差为偶数. 类似地, 当点 P 由多边形内越过一条边到达多边形之外时, 情况也是如此. 这表明, 当点 P 越过对角线或边时, 包含点 P 的三角形的个数的奇偶性不变.

显然, 不论点 P 在多边形内何处, 总可以经过有限次这样的扰动而使点 P 移动到多边形之外, 这时包含点 P 的三角形个数为 0, 当然是偶数. 从而知点 P 在原处时, 包含点 P 的三角形的个数也是偶数.

4. 在 100×100 的方格表的每个方格中都填写 $-1,0,+1$ 之一，使表中所有数之和的绝对值不超过 400。求证表中存在一个 25×25 的正方形子表，其中所有数之和的绝对值不大于 25。并问结论中的 25 能否更小？

证　将 100×100 的方格表等分成 16 个内部互不重叠的 25×25 的正方形并记它们中所填的所有数字之和分别为 S_i，$i=1,2,\cdots,16$。

若结论不成立，则每个 S_i 都或者大于 25，或者小于 -25。由于已知 100×100 的表格中所有数之和的绝对值不超过 400，故知这 16 个 S_i 不全同号，故必存在两个相邻的 25×25 的正方形 A 和 B，使得 $S_A\geq 26$，$S_B\leq -26$。

让一个移动的 25×25 的正方形从 A 起朝向 B 的方向移动，每步平移 1 格（1 列或 1 行）并在移动 25 步之后重合于 B。依次记其和数为
$$S_A=S_0,S_1,S_2,\cdots,S_{24},S_{25}=S_B.$$
因为 S_0 为正而 S_{25} 为负，且每个 S_i 都或者大于 25 或者小于 -25，故必存在 m，$0\leq m\leq 24$，使得 $S_m>0$，$S_{m+1}<0$。从而有 $S_m\geq 26$，$S_{m+1}\leq -26$。于是 $|S_{m+1}-S_m|\geq 52>50$。另一方面，注意到 S_m 和 S_{m+1} 所对应的两个 25×25 的正方形有 25×24 个方格是重合的，只差 50 个数，故二者之差的绝对值 $|S_{m+1}-S_m|\leq 50$，矛盾。

最后，我们指出，结论中的"25"是最佳的，不能再小。例如，奇数行的方格都填写 $+1$，偶数行都填 -1 时，每个 25×25 的矩形表中的所有数之和都等于 25。若两行两行或 3 行 3 行各填写 $+1$ 和 -1，结果也是一样。

的绝对值）

• 207 5. 已知8个单位正方体的48个表面正方形中，有任意的n个涂成黑色，其余的涂成白色且用这8个单位正方体总可以堆砌成一个2×2×2的大正方体，使其表面上的24个单位正方形中，黑白两色的正方形各占一半，求n的所有可能值。 从举例入手

解 首先，将8个正方体涂色如下：将前3个单位正方体的共18个面全部涂黑，后3个单位正方体的18个面全部涂白。对于余下的两个单位正方体，分别将其一组相对两面涂黑而另4面涂白。于是在48个表面正方形中，有22个黑正方形和26个白正方形。

在用这8个单位正方体砌成大正方体时，不难看出，每个单位正方体的一组相对两面，都是一面在大正方体表面，另一个隐在大正方体内部。按我们上面的涂色状态，22个黑面恰为单位正方体的11组相对面，故恰有11个黑正方形在大正方体的表面，不能满足题中要求。故当 $n \le 22$ 时，不满足题中要求。由对称性知，当 $n \ge 26$ 时，也不满足要求。这表明，仅当 $23 \le n \le 25$ 时，可能满足题中要求。

下面证明，当 $23 \le n \le 25$ 时，总可以堆砌出满足要求的大正方体。

将8个涂好色的单位正方体随意地堆砌成一个大正方体，显然，只须讨论它不满足题中要求的情形。不妨设大正方体表面上黑正方形的个数 $m \le 11$。

注意，将大正方体上任一单位正方体绕其某个轴（过相对两面中心的直线）旋转90°时（或180°），总有1个表面正方形转入内部，

而与之相对的单位正方形则由内部转到表面上来。所以，在这一扰动变换之下，m 的改变值为 -1，0 或 $+1$ 这 3 个数之一。又因对任何一个单位正方体，总可以进行 3 次这样的旋转而将内部 3 面与外部 3 面互换。所以总可经过 24 次这种转动而将全部 24 个表面上的单位正方形与内部 24 个单位正方形互换。这时，大正方体表面上的黑色单位正方形的个数为 $m'=n-m \geq 12$。

若 $m'=12$，问题就解决了。以下设 $m'>12$。记第 i 次转动后大正方体表面上黑色单位正方形的个数为 m_i，于是有
$$|m_{i+1}-m_i| \leq 1, \quad i=0,1,\cdots,23.$$
因为 $m_0=m \leq 11$，$m_{24}=m'>12$，故总存在 m_{i_0}，$1 \leq i_0 \leq 23$，使得 $m_{i_0}=12$。于是经 i_0 次转动后所得到的大正方体便满足题中要求。

综上可知，满足题中要求的 n 的所有可能值为 $\{23, 24, 25\}$。

6. 设 $a_1, a_2, \cdots, a_n, \cdots$ 是一个递增的正整数数列，对于正整数 m，定义
$$b_m = \min\{n \mid a_n \geq m\}, \quad m = 1, 2, \cdots,$$
即 b_m 是使 $a_n \geq m$ 的下标 n 的最小值。已知 $a_{19} = 85$，求表达式
$$S = a_1 + a_2 + \cdots + a_{19} + b_1 + b_2 + \cdots + b_{85}$$
的最大值。 (1985年美国数学奥林匹克第5题)

解 如果 $a_1 = a_2 = \cdots = a_{19} = 85$，则有 $b_1 = b_2 = \cdots = b_{85} = 1$，于是
$$S = 85 \times 19 + 85 = 1700.$$

以下设 $a_1, a_2, \cdots, a_{19}$ 不全相等，这时，存在正整数 i，$1 \leq i \leq 18$，使得
$$k = a_i < a_{i+1} = 85.$$

我们作如下的扰动变换：
$$a'_i = a_i + 1, \quad a'_j = a_j, \ j \neq i. \quad ①$$

于是由 b_m 的定义不难看出：
$$b'_{k+1} = b_{k+1} - 1, \quad b'_m = b_m, \ m \neq k+1. \quad ②$$

由①和②便得
$$S' = a'_1 + a'_2 + \cdots + a'_{19} + b'_1 + b'_2 + \cdots + b'_{85}$$
$$= a_1 + a_2 + \cdots + a_{19} + b_1 + b_2 + \cdots + b_{85} = S,$$

即 S 在扰动变换之下不变。

显然，经若干次形如①的扰动变换，总可以化成 $a_1, a_2, \cdots, a_{19}$ 全为85的情形，故知 $S \equiv 1700$。当然 S 的最大值也是1700。

208

7. 空间中有1989个点，其中任何4点都不共面．把它们分成点数互不相同的30组，在任何3个不同的组中各取一点为顶点作三角形．试问为使这种三角形的个数最多，各组的点数应分别为多少？

(1989年中国数学奥林匹克5题)

解 当把这1989个已知点分成30组，点数分别为 $n_1, n_2, \cdots, n_{30}$ 时，顶点分别在3个不同组中的三角形的个数为

$$S = \sum_{1 \leq i < j < k \leq 30} n_i n_j n_k \qquad ①$$

因此，本题即是在 $n_1 + n_2 + \cdots + n_{30} = 1989$ 且 $n_1, n_2, \cdots, n_{30}$ 互不相同的条件下，问何时能使①式的 S 取得最大值．由于将1989个点分成30组的不同分法只有有限多种，故必有一种满足要求的分法使得 S 取得最大值．

设 $n_1 < n_2 < \cdots < n_{30}$ 为使 S 达到最大值的各组的点数．于是有

(i) $n_{i+1} - n_i \leq 2$，$i = 1, 2, \cdots, 29$．若不然，必有某个 i，使 $n_{i+1} - n_i \geq 3$．不妨设 $i = 1$．这时将①式改写为

$$S = n_1 n_2 \sum_{k=3}^{30} n_k + (n_1 + n_2) \sum_{3 \leq j < k \leq 30} n_j n_k + \sum_{3 \leq i < j < k \leq 30} n_i n_j n_k \qquad ②$$

作扰动变换 $n_1' = n_1 + 1$，$n_2' = n_2 - 1$，$n_i' = n_i$，$i = 3, \cdots, 30$．于是 $n_1' + n_2' = n_1 + n_2$，$n_1' < n_2'$ 且 $n_1' n_2' > n_1 n_2$．由②可知，当用 n_1'，n_2' 代替 n_1, n_2 时，S 值变大，矛盾．

(ii) 使 $n_{i+1} - n_i = 2$ 的 i 值至多1个．若有 i 和 j，$1 \leq i < j \leq 29$，使得 $n_{i+1} - n_i = 2$，$n_{j+1} - n_j = 2$，则当用 $n_i' = n_i + 1$，$n_{j+1}' = n_{j+1} - 1$

代替 n_i 和 n_{j+1} 时, S 的值将变大. 矛盾.

(iii) 使 $n_{i+1} - n_i = 2$ 的 i 值恰有1个. 若30组的点数恰为30个相连自然数, 则可设它们依次为 $k-14, k-13, \cdots, k-1, k, k+1, \cdots, k+14, k+15$. 于是应有

$$1984 = (k-14) + \cdots + (k-1) + k + (k+1) + \cdots + (k+14) + (k+15)$$
$$= 30k + 15. \qquad ③$$

注意, ③式右端是5的倍数, 当然不能等于1984. 矛盾.

(iv) 设
$$\begin{cases} n_j = m+j-1, & j=1,\cdots,i, \\ n_j = m+j, & j=i+1,\cdots,30. \end{cases}$$

于是有
$$\sum_{j=1}^{i}(m+j-1) + \sum_{j=i+1}^{30}(m+j) = 1984.$$

$$30m - i = 1524. \quad 1 \leq i \leq 29. \qquad ④$$

由④解得 $m=51, i=6$. 所以, 使 S 取得最大值的30组的点数分别为 $51, 52, 53, 54, 55, 56, 58, 59, 60, \cdots, 81$.

8. 设两个全等的正方形相交成一个八边形，其中一个正方形的边是蓝色的，而另一个正方形的边是红色的。求证八边形的蓝边的长度之和等于红边的长度之和。　　(1986年全苏数学奥林匹克)

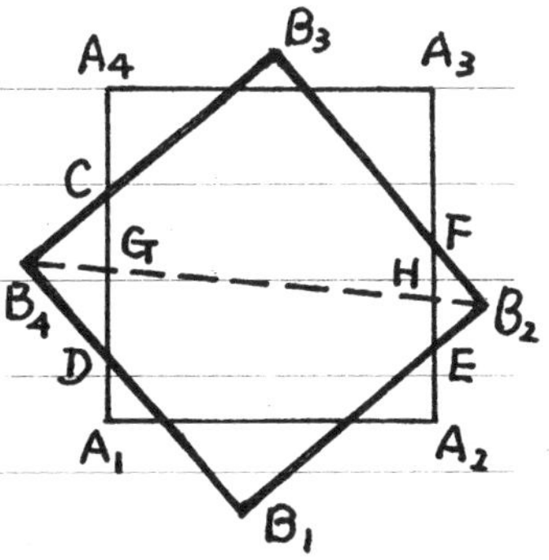

证　设正方形 $A_1A_2A_3A_4$ 是蓝色的，正方形 $B_1B_2B_3B_4$ 是红色的，红正方形的对角线 B_4B_2 分别交两条蓝边 A_1A_4、A_2A_3 于点 G 和 H（如图）。

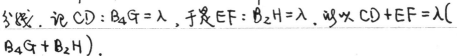

显然，$\triangle B_4DC \sim \triangle B_2FE$ 且 B_4G 和 B_2H 分别为这两个三角形中直角的平分线。记 $CD:B_4G = \lambda$，于是 $EF:B_2H = \lambda$，所以 $CD+EF = \lambda(B_4G + B_2H)$。

当蓝正方形 $A_1A_2A_3A_4$ 沿直线 A_1A_2 平行移动时，B_4G+B_2H 保持不变，λ 也保持不变，从而 $CD+EF$ 也保持不变，4条蓝边的长度之和也保持不变，当然，4条红边的长度之和也保持不变。

通过这样的平移，我们可以使得两个正方形的中心重合，这时由对称性便知八边形的4条蓝边长度之和等于4条红边的长度之和。从而原来八边形中亦是如此。

9. 设 $n \geq 3$，平面上给定红点和蓝点各 n 个，其中任何 3 点都不共线且凸包多边形的顶点同色。求证可以作一条直线，将 $2n$ 个点分在直线的两侧，使得直线两侧的点数均不为 0 且每侧的红蓝点数都相等。   （1986年中国集训队训练题）

证 不妨设凸包多边形的顶点全是红点。将红点和蓝点分别对应于 $+1$ 和 -1。

因为 $2n$ 个给定点中两点的连线只有有限多条，故可以作一条直线与任何两个给定点间的连线都不平行且使 $2n$ 个给定点都在直线的右侧。然后在这条直线 l 上取点 O 并过点 O 作 l 的垂线作为 x 轴，O 为原点。

将直线 l 向右平移，并将 l 左侧所有给定点对应的整数之和记为 $f(x)$。因为在 l 作平移运动的过程中，第 1 个进入 l 左侧的给定点必然是凸包多边形的顶点为红点，这时 $f(x)=1$。而最后 1 个留在 l 右侧的给定点也必为红点，这时 $f(x)=-1$。又因任何两个给定点的连线都不与 l 平行，所以在 l 平移的过程中，每次只有 1 个给定点越过 l，即 $f(x)$ 的值在变化时，每次都是改变 ± 1。从而必有中间点 x_0，使得 $f(x_0)=0$。这表明当直线 l 平移到垂足为 x_0 时，l 两侧的给定点数均不为 0 且每侧的红蓝点数都相等。

10. 给定平面点集 $S=\{P_1, P_2, \cdots, P_{1994}\}$，其中任何3点都不共线。将 S 中所有点任意分成83组，使得每组至少有3点，且 S 中每点恰属于其中1组。然后将同组中两点间都连一条线段，而不在同一组内任何两点间都不连线。这样得到一个图 G，不同的分组方法得到不同的图 G。将图 G 中所含的以 S 中点为顶点的三角形的个数记为 $m(G)$，求 $m(G)$ 的最小值 m。（1994年全国联赛二试4题）

解 由于将点集 S 分成83组的不同分组方法只有有限多种，故其中必有一种分组方法使连成的三角形的个数最少，设相应的图为 G_0。于是 $m(G_0) = m$。

设在图 G_0 中的分组为 $X_1, X_2, \cdots, X_{83}$，其中 X_i 表示第 i 组点的集合。记 $x_i = |X_i|$，$i = 1, 2, \cdots, 83$，于是有 $x_1 + x_2 + \cdots + x_{83} = 1994$ 且有

$$m_0 = C_{x_1}^3 + C_{x_2}^3 + \cdots + C_{x_{83}}^3.$$

若有 x_i, x_j，使得 $|x_i - x_j| \geq 2$，$1 \leq i < j \leq 83$，不妨设 $x_i > x_j$。则当将 X_i 中1点取出并划归 X_j 而其它点不动时，记所得的分组方法以对应的图为 G'，$m(G') = m_1$，于是有

$$m_0 - m_1 = C_{x_i}^3 + C_{x_j}^3 - C_{x_i-1}^3 - C_{x_j+1}^3$$
$$= \frac{1}{2}[(x_i-1)(x_i-2) - x_j(x_j-1)] > 0.$$

此与 m_0 的最小性矛盾。由此可知，对于任何 $1 \leq i < j \leq 83$，均有 $|x_i - x_j| \leq 1$。

因为 $1994 = 83 \times 24 + 2 = 81 \times 24 + 2 \times 25$，所以83组中必有81组各含24点而另两组各有25点。故得 $m_0 = 81 C_{24}^3 + 2 C_{25}^3 = 168544$。

11. 已知100个实数 $x_1, x_2, \cdots, x_{100}$ 的和等于1，其中任何两个相邻数之差的绝对值都小于 $\frac{1}{50}$. 求证可以从中选出50个数，使之们的和数与 $\frac{1}{2}$ 的差的绝对值小于 $\frac{1}{100}$. (1959年莫斯科)

证 令
$$A = \{x_1, x_3, x_5, \cdots, x_{99}\},\quad B = \{x_2, x_4, x_6, \cdots, x_{100}\}.$$
如果A中50个数之和与 $\frac{1}{2}$ 的差的绝对值小于 $\frac{1}{100}$，则问题就解决了。若不然，不妨设A中50个数之和不大于 $\frac{1}{2} - \frac{1}{100}$，于是B中50个数之和不小于 $\frac{1}{2} + \frac{1}{100}$.

下面开始作扰动变换。首先将A中的 x_1 换成 x_2，得到的集合记为 A_1. 然后将 A_1 中的 x_3 换成 x_4，得到的集合记为 A_2. 一般地，将 A_i 中的 x_{2i+1} 换成 x_{2i+2}，得到的集合记为 A_{i+1}，$i = 1, 2, \cdots, 49$. 最后将 A_{49} 中的 x_{99} 换成 x_{100}，得到的集合 $A_{50} = B$.

从A开始，$A_1, A_2, \cdots, A_{49}$，最后变到B。集合中的50个数之和从不大于 $\frac{1}{2} - \frac{1}{100}$ 变到最后的不小于 $\frac{1}{2} + \frac{1}{100}$. 但每次变化都恰为一对相邻数之差，绝对值小于 $\frac{1}{50}$. 从而 $A_1, A_2, \cdots, A_{49}$ 中必有一个集合满足题中的要求。

● 206   12. 设 $a_1, a_2, \cdots, a_{10}$ 是任意10个互不相同的正整数且 $a_1+a_2+\cdots+a_{10}=1995$，试求 $a_1a_2+a_2a_3+\cdots+a_9a_{10}+a_{10}a_1$ 的最小值。

(1995年中国数学奥林匹克5题)

解 将 $a_1, a_2, \cdots, a_{10}$ 依顺时针顺序写在一个圆周上，于是所记的表达式即为两相邻两数之积的和，记之为 $S(m)$，其中 $m=a_1+a_2+\cdots+a_{10}$。 从简单入手

显然，10个互不相同的正整数之和的最小值为55。因此，我们先来考察 $m=55$ 的情形。这时 $\{a_1, a_2, \cdots, a_{10}\} = \{1, 2, \cdots, 10\}$。让我们来证明，当 $a_1=10, a_2=1, a_3=9, a_4=3, a_5=7, a_6=5, a_7=6, a_8=4, a_9=8, a_{10}=2$ 时，$S(55)$ 的值最小。

对于这10个自然数的任一排列，不妨设 $a_1=10$。若 $a_2\neq 1$，不妨设 $a_j=1$，$3\leq j\leq 10$。这时，我们将弧 $a_2 a_j$ 上的所有数整个地按反序排列，即将 $\{a_2, a_3, \cdots, a_{j-1}, a_j=1\}$ 反序排成 $\{1, a_{j-1}, \cdots, a_3, a_2\}$。于是乘积之和 S 仅在两处发生变化且变化值为

$$10a_2 + 1\cdot a_{j+1} - (1\times 10 + a_2 a_{j+1}) = (a_2-1)(10-a_{j+1})\geq 0.$$

这表明在上述扰动变换之下，S 之值不增，但变换之后有 $a_1=10$，$a_2=1$。

接着，若 $a_{10}\neq 2$，则可设 $a_i=2$，$3\leq i\leq 9$。象前面一样地将弧 $a_i a_{10}$ 上的所有数整个地反序排列，即将 $\{a_i, a_{i+1}, \cdots, a_{10}\}$

反序排成 $\{a_{10}, a_9, \cdots, a_{i+1}, a_i = 2\}$。这个过程中，乘积之和 S 的变化值为

$$a_{i-1}a_i + a_{10} \cdot 10 - a_i \cdot 10 - a_{i-1}a_{10} = (10-a_{i-1})(a_{10}-2) > 0,$$

即变换之后使 S 的值变小，且有 $a_1 = 10, a_2 = 1, a_{10} = 2$。

若 $a_3 \neq 9$，则又可类似地进行扰动变换而使 $a_3 = 9$ 且使和 S 变小。这样进行下去即可得所欲证。

这样，乘积之和 $S(55)$ 的最小值为

$$S_0(55) = 10 \times (1+2) + 9 \times (1+3) + 8 \times (2+4) + 7 \times (3+5) + 6 \times (5+4)$$
$$= 224.$$ ①

下面来考察 $S(k)$ 与 $S(k-1)$ ($k > 55$) 之间的关系。将和为 k 的 10 个正整数按大小排列为 $b_1 > b_2 > \cdots > b_{10}$。令 $b_{11} = 0$ 并令

$$d_i = b_i - b_{i+1}, \quad i = 1, 2, \cdots, 10,$$

于是 $d_i \geq 1$。因为 $b_1 + b_2 + \cdots + b_{10} = k > 55$，所以存在 i, $1 \leq i \leq 10$，使得 $d_i > 1$。将 b_i 所代表的 a_j 减去 1，则 10 个正整数仍然互不相同且和为 $k-1$，故有

$$S(k) \geq S(k-1) + 3.$$

因上式对任一排列都成立，故对最小值亦然，即有

$$S_0(k) \geq S_0(k-1) + 3.$$ ②

从而由①和②有

$$S_0(1995) \geq S_0(55) + 3 \times 1940 = 6044.$$ ③

另一方面，当 $a_1 = 1950, a_2 = 1, a_3 = 9, a_4 = 3, a_5 = 7, a_6 = 5, a_7 = 6, a_8 = 4, a_9 = 8, a_{10} = 2$ 时有

$$S(1995) = 6044. \qquad ④$$

由③和④知所求的最小值为6044。

1. 扰动法可以用来寻求或证明不变量。
2. 扰动法可以用来求解或证明最值问题。
3. 扰动法可以用来证明某些中间值的存在性。
4. 扰动法可以与抽屉原理搭配。

九 磨光法

1 设 A, B, C 为 $\triangle ABC$ 的 3 个内角，求 $\sin A + \sin B + \sin C$ 的最大值。

解 由三角公式有
$$\sin A + \sin B = 2\sin\frac{A+B}{2}\cos\frac{A-B}{2}.$$

由此可见，在 C 固定的条件下，当 $A=B$ 时，$\sin A + \sin B + \sin C$ 取得最大值。因此可以看出，当 $A=B=C$ 时取最大值。

由对称性知，可设 $A \leq B \leq C$。若 A, B, C 不全相等，则有 $A < \frac{\pi}{3} < C$。令
$$A' = \frac{\pi}{3}, \quad B' = B, \quad C' = A + C - \frac{\pi}{3},$$

于是 $|A' - C'| < C - A$，从而有
$$\sin A + \sin C = 2\sin\frac{A+C}{2}\cos\frac{A-C}{2}$$
$$< 2\sin\frac{A'+C'}{2}\cos\frac{A'-C'}{2} = \sin A' + \sin C'.$$

若 $C' \neq \frac{\pi}{3}$，则因 $B' + C' = \frac{2\pi}{3}$，故有
$$\sin A + \sin B + \sin C < \sin A' + \sin B' + \sin C'$$
$$= \sin\frac{\pi}{3} + 2\sin\frac{B'+C'}{2}\cos\frac{B'-C'}{2}$$
$$< 3\sin\frac{\pi}{3} = \frac{3\sqrt{3}}{2}.$$

这就证明了 $\sin A + \sin B + \sin C$ 的最大值为 $\frac{3\sqrt{3}}{2}$，当且仅当 $A=B=C$ 时取得。

2. 设 x, y, z 都是非负实数且 $x+y+z=1$，求证 $yz+zx+xy-2xyz \leq \dfrac{7}{27}$.　　　（1984年IMO1题）

证　容易看出，当 $x=y=z=\dfrac{1}{3}$ 时，所求证的不等式中等号成立. 由对称性知可设 $x \geq y \geq z$，于是 $x \geq \dfrac{1}{3} \geq z$. 令

$$x'=\dfrac{1}{3},\ y'=y,\ z'=x+z-\dfrac{1}{3}.$$

于是有 $x'+z'=x+z$，$x'\cdot z' \geq xz$. 因此,

$$\begin{aligned}
yz+zx+xy-2xyz &= y(x+z)+xz(1-2y) \\
&\leq y'(x'+z')+x'z'(1-2y') \\
&= y'z'+z'x'+x'y'-2x'y'z' \\
&= \dfrac{1}{3}(y'+z')+\dfrac{1}{3}y'z' \\
&\leq \dfrac{2}{9}+\dfrac{1}{27}=\dfrac{7}{27}.
\end{aligned}$$

3. 已知二次三项式 $f(x) = ax^2 + bx + c$ 的所有系数都是正的且 $a+b+c=1$, 求证对于任何满足 $x_1 x_2 \cdots x_n = 1$ 的正数组 $x_1, x_2, \cdots, x_n$, 都有

$$f(x_1) f(x_2) \cdots f(x_n) \geq 1. \quad \text{①}$$

(1990年全苏数学奥林匹克11-3)

证 显然, $f(1) = 1$. 当 $x_1 = x_2 = \cdots = x_n = 1$ 时, 不等式①中等号成立.

若 $x_1, x_2, \cdots, x_n$ 不全相等, 则其中必有 $x_i < 1$, $x_j > 1$, 由对称性知可设 $i=1, j=2$, 于是有

$$f(x_1) f(x_2) = (ax_1^2 + bx_1 + c)(ax_2^2 + bx_2 + c)$$
$$= a^2 x_1^2 x_2^2 + b^2 x_1 x_2 + c^2 + ab(x_1^2 x_2 + x_1 x_2^2)$$
$$+ ac(x_1^2 + x_2^2) + bc(x_1 + x_2). \quad \text{②}$$

$$f(1) f(x_1 x_2) = (a+b+c)(ax_1^2 x_2^2 + bx_1 x_2 + c)$$
$$= a^2 x_1^2 x_2^2 + b^2 x_1 x_2 + c^2 + ab(x_1^2 x_2^2 + x_1 x_2)$$
$$+ ac(x_1^2 x_2^2 + 1) + bc(x_1 x_2 + 1). \quad \text{③}$$

②－③即得

$$f(x_1) f(x_2) - f(1) f(x_1 x_2)$$
$$= abx_1 x_2 (x_1 + x_2 - x_1 x_2 - 1) + ac(x_1^2 + x_2^2 - x_1^2 x_2^2 - 1) + bc(x_1 + x_2 - x_1 x_2 - 1)$$
$$= -abx_1 x_2 (x_1 - 1)(x_2 - 1) - ac(x_1^2 - 1)(x_2^2 - 1) - bc(x_1 - 1)(x_2 - 1) > 0.$$

注意, 上式右端的每项的两个括号中的因式都是异号的. 由此可见, 在变换

$$x_1' = 1, \quad x_2' = x_1 x_2, \quad x_k' = x_k, \quad k = 3, \cdots, n$$

之下, 就有

$$f(x_1)f(x_2)\cdots f(x_n) > f(x_1')f(x_2')\cdots f(x_n').$$

如果 $x_1', x_2', \cdots, x_n'$ 不全相等，则又可进行类似的变换，而且每次变换之后都可使 $x_1, x_2, \cdots, x_n$ 中1的个数至少增加1个。所以，至多进行 $n-1$ 次这样的变换，必可使得 $x_1, x_2, \cdots, x_n$ 全部化为1。从而有

$$f(x_1)f(x_2)\cdots f(x_n) > [f(1)]^n = 1,$$

即恒有①式成立。

15. $\triangle ABC$ 的3条边长分别为 a, b, c，周长 $a+b+c=1$，求证不等式 $5(a^2+b^2+c^2)+18abc \geq \dfrac{7}{3}$. （《长水一中》158页例3）

※证 容易验证，当 $a=b=c=\dfrac{1}{3}$ 时，所论不等式中等号成立。

由对称性不妨设 $a \geq b \geq c$，于是 $a \geq \dfrac{1}{3} \geq c$. 令
$$a' = \dfrac{1}{3},\ b' = b,\ c' = a+c-\dfrac{1}{3}.$$

于是 $a'+c' = a+c$，$a \geq a'$，$c' \geq c$. 所以 $a'c' \geq ac$. 从而有

$$5(a^2+b^2+c^2)+18abc = 5(a+c)^2+5b^2-10ac+18abc$$
$$= 5(a+c)^2+5b^2-2ac(5-9b).$$

因为 $b < \dfrac{1}{2}$，所以 $5-9b > 0$. 从而有

$$5(a^2+b^2+c^2)+18abc \geq 5(a'+c')^2+5b'^2-2a'c'(5-9b')$$
$$= 5(a'^2+b'^2+c'^2)+18a'b'c' = \dfrac{5}{9}+5(b'^2+c'^2)+6b'c'$$
$$= \dfrac{5}{9}+5(b'+c')^2-4b'c' = \dfrac{5}{9}+\dfrac{20}{9}-4b'c'$$
$$\geq \dfrac{25}{9}-\dfrac{4}{9} = \dfrac{21}{9} = \dfrac{7}{3}.$$

(2004.3.10)

注：三角形3条边长的条件未来用到！

磨光法的要点如下：

(1) 通过观察和分析，半科学地推测并判断出最值点的坐标 $(x_1^0, x_2^0, \cdots, x_n^0)$；

(2) 选取两个适当的变量而固定其余变量不动，在保证约束条件不变的前提下引入新的自变量，变换后的新变量之一等于最值点的相应分量的值；

(3) 验证在上述变换之下，函数值是向着符合题中要求的方向变化；

(4) 至多进行 n-1 次这样的变换即可使自变量达到最值点，从而完成全部证明。

在(2)中引入的自变量之局部变换，称为磨光变换，这样解题的方法称之为磨光法。

磨光法是中国人创造的求最值或证明不等式的一种独特的，行之有效的方法。

4. 已知非负实数 $x_1, x_2, \cdots, x_n$ 满足不等式 $x_1+x_2+\cdots+x_n \leq \frac{1}{2}$，求 $(1-x_1)(1-x_2)\cdots(1-x_n)$ 的最小值。

解 当 $x_1, x_2, \cdots, x_{n-2}, x_{n-1}+x_n$ 都为定值时，由关系式
$$(1-x_{n-1})(1-x_n) = 1-(x_{n-1}+x_n)+x_{n-1}x_n$$
可知，$|x_{n-1}-x_n|$ 越大，上式的值就越小。令
$$x_i' = x_i, \ i=1,2,\cdots,n-2, \ x_{n-1}' = x_{n-1}+x_n, \ x_n' = 0,$$
于是 $x_{n-1}'+x_n' = x_{n-1}+x_n$，$x_{n-1}'x_n' = 0 \leq x_{n-1}x_n$，所以有
$$(1-x_1)(1-x_2)\cdots(1-x_n) \geq (1-x_1')(1-x_2')\cdots(1-x_{n-1}'),$$
其中 $x_1'+x_2'+\cdots+x_{n-1}' = x_1+x_2+\cdots+x_n \leq \frac{1}{2}$。至多再进行 $n-2$ 次这样的磨光变换，即得
$$(1-x_1)(1-x_2)\cdots(1-x_n) \geq 1-(x_1+x_2+\cdots+x_n) \geq \frac{1}{2},$$
其中等号当 $x_1 = \frac{1}{2}$，$x_2 = x_3 = \cdots = x_n = 0$ 时取得。所以，所求的最小值为 $\frac{1}{2}$。

- 213

5. 设 $\theta_1, \theta_2, \cdots, \theta_n$ 都非负且 $\theta_1+\theta_2+\cdots+\theta_n=\pi$，求表达式 $\sin^2\theta_1+\sin^2\theta_2+\cdots+\sin^2\theta_n$ 的最大值。（1985年IMO候选题）

解 先考察 $\theta_1+\theta_2$ 为常数的情形，这时，
$$\sin^2\theta_1+\sin^2\theta_2=(\sin\theta_1+\sin\theta_2)^2-2\sin\theta_1\sin\theta_2$$
$$=4\sin^2\frac{\theta_1+\theta_2}{2}\cos^2\frac{\theta_1-\theta_2}{2}-\cos(\theta_1-\theta_2)+\cos(\theta_1+\theta_2)$$
$$=2\cos^2\frac{\theta_1-\theta_2}{2}\left(2\sin^2\frac{\theta_1+\theta_2}{2}-1\right)+1+\cos(\theta_1+\theta_2). \quad ①$$

注意，①式右端后两项及第1次括号中的因子都是常数且有

$$2\sin^2\frac{\theta_1+\theta_2}{2}-1 \begin{cases} <0, & \text{当 } \theta_1+\theta_2<\frac{\pi}{2}, \\ =0, & \text{当 } \theta_1+\theta_2=\frac{\pi}{2}, \\ >0, & \text{当 } \theta_1+\theta_2>\frac{\pi}{2}. \end{cases} \quad ②$$

因此，当 $\theta_1+\theta_2 \leq \frac{\pi}{2}$ 时，θ_1 与 θ_2 中有1个为0时，①式取最大值；当 $\theta_1+\theta_2>\frac{\pi}{2}$ 时，$|\theta_1-\theta_2|$ 越小，①式的值越大。

当 $n \geq 4$ 时，$\theta_1, \theta_2, \cdots, \theta_n$ 中总有两角之和不超过 $\frac{\pi}{2}$，故可将该两角之一变为0，而另一个变为原来两角之和而使两角正弦平方之和不减。这样一来，求 n 个正弦平方之和的最大值问题就化为求3个正弦平方之和的最大值问题了。

设 $n=3$，若 $\theta_1, \theta_2, \theta_3$ 中有两个角各等于 $\frac{\pi}{2}$，而另一个为0，则由②知可将3者改为 $\frac{\pi}{2}, \frac{\pi}{4}, \frac{\pi}{4}$。设 $\theta_1 \leq \theta_2 \leq \theta_3$，$\theta_1<\theta_3$，则 $\theta_1<\frac{\pi}{3}<\theta_3$，$\theta_1+\theta_3>\frac{\pi}{2}$。令
$$\theta_1'=\frac{\pi}{3}, \quad \theta_2'=\theta_2, \quad \theta_3'=\theta_1+\theta_3-\frac{\pi}{3}.$$
于是 $\theta_1'+\theta_3'=\theta_1+\theta_3$，$|\theta_1'-\theta_3'|<|\theta_1-\theta_3|$。因而由①和②有
$$\sin^2\theta_1+\sin^2\theta_2+\sin^2\theta_3<\sin^2\theta_1'+\sin^2\theta_2'+\sin^2\theta_3'. \quad ③$$

因为 $\theta_2' + \theta_3' = \frac{2\pi}{3}$,故由①和②有
$$\sin^2\theta_2' + \sin^2\theta_3' \le 2\sin^2\frac{2\pi}{3} = \frac{3}{2}. \qquad ④$$

由③和④得到
$$\sin^2\theta_1 + \sin^2\theta_2 + \sin^2\theta_3 \le \frac{9}{4},$$
其中等号成立当且仅当 $\theta_1 = \theta_2 = \theta_3 = \frac{\pi}{3}$。可见,当 $n \ge 3$ 时,所求的最大值为 $\frac{9}{4}$。

当 $n = 2$ 时,由于 $\theta_1 + \theta_2 = \pi$,故有
$$\sin^2\theta_1 + \sin^2\theta_2 = 2\sin^2\theta_1 \le 2,$$
其中等号成立当且仅当 $\theta_1 = \theta_2 = \frac{\pi}{2}$。可见,这时所求的最大值为 2。

6. 设 x_1, x_2, x_3, x_4 都是正实数且 $x_1+x_2+x_3+x_4=\pi$，求表达式

$$\left(2\sin^2 x_1 + \frac{1}{\sin^2 x_1}\right)\left(2\sin^2 x_2 + \frac{1}{\sin^2 x_2}\right)\left(2\sin^2 x_3 + \frac{1}{\sin^2 x_3}\right)\left(2\sin^2 x_4 + \frac{1}{\sin^2 x_4}\right)$$

的最小值。（1991年中国集训队测验题）

解 设 x_1+x_2 为常数。因为

$$\sin x_1 \sin x_2 = \frac{1}{2}[\cos(x_1-x_2)-\cos(x_1+x_2)],$$

故知 $\sin x_1 \sin x_2$ 的值随着 $|x_1-x_2|$ 的变小而增大。记以上述表达式为 $f(x_1,x_2,x_3,x_4)$。若 x_1, x_2, x_3, x_4 不全相等，不妨设 $x_1 > \frac{\pi}{4} > x_2$，令

$$x_1' = \frac{\pi}{4}, \quad x_2' = x_1+x_2-\frac{\pi}{4}, \quad x_3' = x_3, \quad x_4' = x_4,$$

于是有 $x_1'+x_2' = x_1+x_2$，$|x_1'-x_2'| < x_1-x_2$。我们写

$$\left(2\sin^2 x_1 + \frac{1}{\sin^2 x_1}\right)\left(2\sin^2 x_2 + \frac{1}{\sin^2 x_2}\right)$$

$$= 2\left(2\sin^2 x_1 \sin^2 x_2 + \frac{1}{2\sin^2 x_1 \sin^2 x_2}\right) + 2\left(\frac{\sin^2 x_1}{\sin^2 x_2} + \frac{\sin^2 x_2}{\sin^2 x_1}\right).$$

因为 $x_2 < \frac{\pi}{4}$，故 $\sin x_2 < \frac{\sqrt{2}}{2}$，$2\sin^2 x_1 \sin^2 x_2 < 1$。又因在区间 $[0,1]$ 上，函数 $g(t) = t + \frac{1}{t}$ 严格递减，故有

$$\left(2\sin^2 x_1 + \frac{1}{\sin^2 x_1}\right)\left(2\sin^2 x_2 + \frac{1}{\sin^2 x_2}\right)$$

$$> 2\left(2\sin^2 x_1' \sin^2 x_2' + \frac{1}{2\sin^2 x_1' \sin^2 x_2'}\right) + 2\left(\frac{\sin^2 x_1'}{\sin^2 x_2'} + \frac{\sin^2 x_2'}{\sin^2 x_1'}\right)$$

$$= \left(2\sin^2 x_1' + \frac{1}{\sin^2 x_1'}\right)\left(2\sin^2 x_2' + \frac{1}{\sin^2 x_2'}\right).$$

从而有

$$f(x_1,x_2,x_3,x_4) > f(x_1',x_2',x_3',x_4').$$

如果 x_2', x_3', x_4' 不全相等，则又可仿上作磨光变换而证得，当 x_1, x_2, x_3, x_4 不全相等时，总有
$$f(x_1, x_2, x_3, x_4) > f\left(\frac{\pi}{4}, \frac{\pi}{4}, \frac{\pi}{4}, \frac{\pi}{4}\right).$$
可见，欲求函数 $f(x_1, x_2, x_3, x_4)$ 的最小值为
$$f\left(\frac{\pi}{4}, \frac{\pi}{4}, \frac{\pi}{4}, \frac{\pi}{4}\right) = 81. \quad (《代数卷》9.60题)$$

解2 由均值不等式有
$$2\sin^2 x + \frac{1}{\sin^2 x} = 2\sin^2 x + \frac{1}{2\sin^2 x} + \frac{1}{2\sin^2 x} \geq 3\sqrt[3]{\frac{1}{2\sin^2 x}}.$$

由此可得
$$\prod_{i=1}^{4}\left(2\sin^2 x_i + \frac{1}{\sin^2 x_i}\right) \geq 81\left(4\sin x_1 \sin x_2 \sin x_3 \sin x_4\right)^{-\frac{2}{3}}. \quad ①$$

因为
$$(\ln\sin x)'' = (\operatorname{ctg} x)' = -\csc^2 x < 0, \quad 0 < x < \pi,$$
所以 $\ln\sin x$ 在 $[0, \pi]$ 上是上凸（凹）函数，再由 $\ln t$ 的递增性有
$$\sin x_1 \sin x_2 \sin x_3 \sin x_4 \leq \sin^4 \frac{x_1 + x_2 + x_3 + x_4}{4} = \frac{1}{4}. \quad ②$$

将②代入①，得到
$$\prod_{i=1}^{4}\left(2\sin^2 x_i + \frac{1}{\sin^2 x_i}\right) \geq 81,$$

且当 $x_1 = x_2 = x_3 = x_4 = \frac{\pi}{4}$ 时，上式中等号成立。

综上分析，欲求之表达式的最小值为 81。

7. 已知 P 为 △ABC 内一点，求证 ∠PAB，∠PBC，∠PCA 中至少有1个不超过30°。　　(1991年 IMO 5题)

证　记 ∠PAB = α，∠PBC = β，∠PCA = γ。分别在 △PAB，△PBC，△PCA 中应用正弦定理便有

$$PA\sin\alpha = PB\sin(B-\beta),$$
$$PB\sin\beta = PC\sin(C-\gamma),$$
$$PC\sin\gamma = PA\sin(A-\alpha).$$

3 式相乘，得到

$$\sin\alpha\sin\beta\sin\gamma = \sin(A-\alpha)\sin(B-\beta)\sin(C-\gamma). \quad ①$$

因为

$$\sin(A-\alpha)\sin\alpha = \frac{1}{2}[\cos(A-2\alpha)-\cos A]$$
$$\leq \frac{1}{2}[1-\cos A] = \sin^2\frac{A}{2},$$

所以由 ① 可得

$$\sin^2\alpha\sin^2\beta\sin^2\gamma$$
$$= \sin(A-\alpha)\sin\alpha\sin(B-\beta)\sin\beta\sin(C-\gamma)\sin\gamma$$
$$\leq \sin^2\frac{A}{2}\sin^2\frac{B}{2}\sin^2\frac{C}{2}. \quad ②$$

设 $A \leq B \leq C$，于是 $A \leq 60° \leq C$。令

$$A' = 60°，B' = B，C' = A+C-60°，$$

显然有 $A'+C' = A+C$，$|A'-C'| \leq C-A$。从而有

$$\sin\frac{A}{2}\sin\frac{C}{2} = \frac{1}{2}\left[\cos\frac{1}{2}(C-A)-\cos\frac{1}{2}(A+C)\right]$$
$$\leq \frac{1}{2}\left[\cos\frac{1}{2}(C'-A')-\cos\frac{1}{2}(A'+C')\right] = \sin\frac{A'}{2}\sin\frac{C'}{2}.$$

因此有

$$\sin\frac{A}{2}\sin\frac{B}{2}\sin\frac{C}{2} \leq \sin\frac{A'}{2}\sin\frac{B'}{2}\sin\frac{C'}{2} = \frac{1}{2}\sin\frac{B'}{2}\sin\frac{C'}{2}$$
$$= \frac{1}{4}\left[\cos\frac{1}{2}(B'-C') - \cos\frac{1}{2}(B'+C')\right]$$
$$\leq \frac{1}{4}\left(1 - \frac{1}{2}\right) = \frac{1}{8}. \qquad ③$$

将估计式③代入②，得到
$$\sin^2\alpha \sin^2\beta \sin^2\gamma \leq \frac{1}{64}.$$

可见，$\sin\alpha$，$\sin\beta$，$\sin\gamma$ 中至少有1个不大于 $\frac{1}{2}$。不妨设 $\sin\alpha \leq \frac{1}{2}$，于是 $\alpha \leq 30°$ 或 $\alpha \geq 150°$。若为后者，则 $\beta < 30°$，$\gamma < 30°$。故 α，β，γ 中至少有1个不大于 $30°$。

注　由角元塞瓦定理可直接得到①式。

●214 8. 设有 2^n 个由数字0和1组成的有限数列，其中没有任何一个数列是另一个数列的前缀。数列的位数称为长度。求这组数列的长度之和的最小值。

解 满足题中要求的 2^n 个数列称为"数列的合格组"，简称"合格组"。组中的数列按其长度大于、等于或小于 n，分别称之为长数列、标准数列和短数列。如果一个合格组中的所有数列都是标准的，则称之为"标准组"，否则就称之为"非标准组"。由0和1排成长度为 n 的标准数列，恰能排出 2^n 个不同的标准数列，它们恰构成一个标准组，长度之和为 $n2^n$。可见，此求的最小值不超过 $n2^n$。

下面我们来证明一个合格组中所有数列长度之和的最小值就是 $n2^n$，即证明任一合格组中所有数列的长度之和都不小于 $n2^n$。

对于任一合格组，如果其中没有短数列，结论显然成立。如果其中有短数列，则其中也没有长数列。若不然，任一短数列之外有两种可能在其尾部补上一些0或1而成为标准数列但仍然保持全组的合格性，从而得到一个由多于 2^n 个数列组成的标准正规组，此不可能。可见，只须对既含短数列又含长数列的非标准合格组来证明。

对于任一数列 a，记其长度为 $\|a\|$。设合格组中有短数列 S 和长数列 ℓ，$\|S\|<n<\|\ell\|$，于是 $\|\ell\|-\|S\|\geq 2$。从合格组中去掉 S 和 ℓ，添上数列 $S0\cdots0$ 和 $S1$，其中 $S0\cdots0$ 为标准数列，则新组仍为合格组且组中所有数列的长度之和不增，但组中至少增加了一个标准数列且减少了一个长数列。

　　如果变换后的新组中仍有短数列，又可重复上述如麻之变换，直到组中不再含有短数列为止。由于每次变换都保持合格组中所有数列长度之和不增，这就证明了任一合格组中所有数列长度之和都不小于 $n2^n$。

　　综上可知，此求的最小值为 $n2^n$。

9. 设正实数 $x_1, x_2, \cdots, x_n$ 满足 $x_1 x_2 \cdots x_n = 1$，求证
$$\frac{1}{n-1+x_1} + \frac{1}{n-1+x_2} + \cdots + \frac{1}{n-1+x_n} \leq 1. \quad \text{①}$$

证 显然，当 $x_1 = x_2 = \cdots = x_n = 1$ 时，①式中等号成立。当 $x_1, x_2, \cdots, x_n$ 不全为 1 时，其中存在 $x_i < 1 < x_j$，不妨设 $i=1, j=2$。

(1) 若 $\dfrac{1}{n-1+x_1} + \dfrac{1}{n-1+x_2} \leq \dfrac{1}{n-1}$，则有
$$\frac{1}{n-1+x_1} + \frac{1}{n-1+x_2} + \frac{1}{n-1+x_3} + \cdots + \frac{1}{n-1+x_n}$$
$$\leq \underbrace{\frac{1}{n-1} + \frac{1}{n-1} + \frac{1}{n-1} + \cdots + \frac{1}{n-1}}_{n-1 \text{个}} = 1,$$

即有①式成立。

(2) 若 $\dfrac{1}{n-1+x_1} + \dfrac{1}{n-1+x_2} > \dfrac{1}{n-1}$，于是有
$$\frac{1}{n-1+x_1} > \frac{1}{n-1} - \frac{1}{n-1+x_2} = \frac{x_2}{(n-1)(n-1+x_2)},$$
$$x_2(n-1+x_1) < (n-1)(n-1+x_2),$$
$$(n-1)x_2 + x_1 x_2 < (n-1)^2 + (n-1)x_2,$$
$$x_1 x_2 < (n-1)^2. \quad \text{②}$$

由于 $x_1 \leq 1 \leq x_2$，令
$$x_1' = 1, \quad x_2' = x_1 x_2, \quad x_i' = x_i, \quad i = 3, \cdots, n,$$
于是 $x_1' x_2' = x_1 x_2$，$x_1 \leq x_1'$，$x_2' \leq x_2$，从而有 $x_1' + x_2' \leq x_1 + x_2$。这时就有
$$\frac{1}{n-1+x_1} + \frac{1}{n-1+x_2} = \frac{n-1+x_2+n-1+x_1}{(n-1+x_1)(n-1+x_2)}$$
$$= \frac{2(n-1)+(x_1+x_2)}{(n-1)^2+(n-1)(x_1+x_2)+x_1 x_2} = \frac{2(n-1)+(x_1+x_2)}{(n-1)[2(n-1)+(x_1+x_2)]-(n-1)^2+x_1 x_2}$$

$$= \frac{1}{(n-1) - \frac{(n-1)^2 - x_1 x_2}{2(n-1) + (x_1+x_2)}} \le \frac{1}{(n-1) - \frac{(n-1)^2 - x_1' x_2'}{2(n-1) + (x_1'+x_2')}}$$

$$= \frac{1}{n-1+x_1'} + \frac{1}{n-1+x_2'}.$$

从而有

$$\frac{1}{n-1+x_1} + \frac{1}{n-1+x_2} + \cdots + \frac{1}{n-1+x_n} \le \frac{1}{n-1+x_1'} + \frac{1}{n-1+x_2'} + \cdots + \frac{1}{n-1+x_n'}.$$

若 $x_1', x_2', \cdots, x_n'$ 仍然不全为1，则又可进行上述的磨光变换，每次变换都使 $x_1, x_2, \cdots, x_n$ 中1的个数至少增加1个，故至多进行 $n-1$ 次变换，便可化成 $x_1, x_2, \cdots, x_n$ 全都是1的情形，从而知①式成立。

10. 在圆周上标定 $4n$ 个点，将这些点相间地染上红色与蓝色。将所有蓝点分成 n 对，每对两点之间连一条蓝线，对 $2n$ 个红点也照此处理。求证最少有 n 对红蓝线段分别相交（即 n 对中每对的一条红线与一条蓝线相交），且有多个不相同法（1991 年苏联冬令营 7 题）

证 将蓝点依次标号为 $1, 3, \cdots, 4n-1$，红点依次标号为 $2, 4, \cdots, 4n$。将 $2j-1$ 与 $4n-(2j-1)$ 之间连一条蓝线，$j=1, \cdots, n$；将 $2j$ 与 $4n-2j$ 之间连一条红线，$j=1, \cdots, n-1$；将 $2n$ 与 $4n$ 之间连一条红线。（见右图，其中实线表示蓝线，虚线表示红线）。显然，其中恰有 n 对红蓝线段相交。

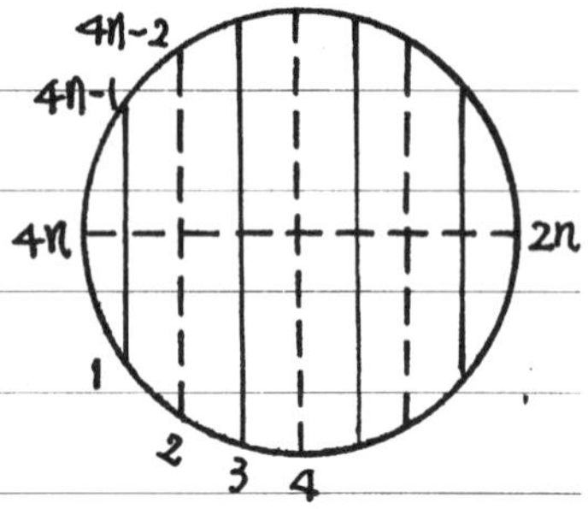

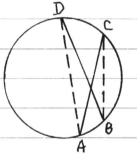

下面我们证明，无论怎样连线，相交的红蓝线段对数都不小于 n。注意，上图中连线保证将点在于 n 条蓝线段互不相交。因此我们用虚线来逐步减少蓝线段的交点个数。

如果两条蓝线段相交，即图中的 AC 与 BD 相交，则用图中虚线表示的两条蓝线段 AD 和 BC 来代替。易见，凡是与 1 条或 2 条虚线所示的蓝线段相交的红弦或蓝弦，都恰与同样条数的实线所示的蓝线段相交。这意味着蓝线段变化之后，相交的红蓝线段对数不增而两条蓝线段相交的对数至少减少 1 对。从而可经过若干次这种变换后，使得 n 条蓝弦两两不交。

当 n 条蓝弦互不相交时，每条蓝弦都把圆周分成两部分，每部

分中蓝点数均为偶数，红点比蓝点多1个，当然都是奇数，所以必有1条红弦与此蓝弦相交。这表明相交的红蓝线段的对数至少为n。

综上可知，最少有n对红蓝线段分别相交，即n对中的红线段与蓝线段相交。

11. 设 a, b, c, d 都是非负实数且 $a+b+c+d=1$，求证不等式
$$abc+bcd+cda+dab \leq \frac{1}{27}+\frac{176}{27}abcd. \quad \text{①}$$
(1993年IMO预选题)

证 由对称性不妨设 $a \geq b \geq c \geq d$，于是 $a \geq \frac{1}{4} \geq d$. 令
$$F(a,b,c,d)=abc+bcd+cda+dab-\frac{176}{27}abcd,$$

并写
$$F(a,b,c,d)=bc(a+d)+ad\left(b+c-\frac{176}{27}bc\right). \quad \text{②}$$

当 $a=b=c=d=\frac{1}{4}$ 时，①式中等号成立，这时有
$$F\left(\frac{1}{4},\frac{1}{4},\frac{1}{4},\frac{1}{4}\right)=\frac{1}{27}.$$

当 a,b,c,d 不全相等时，$a > \frac{1}{4} > d$.

(1) 若 $b+c-\frac{176}{27}bc \leq 0$，则由②及均值不等式有
$$F(a,b,c,d) \leq bc(a+d) \leq \left(\frac{1}{3}\right)^3 = \frac{1}{27},$$

即所求证之不等式①成立.

(2) 若 $b+c-\frac{176}{27}bc > 0$，则引入磨光变换如下：
$$a'=\frac{1}{4},\ b'=b,\ c'=c,\ d'=a+d-\frac{1}{4}.$$

于是 $a'+d'=a+d$，$a \leq a'$，$d' < d$，$a'd' > ad$. 因此有
$$F(a,b,c,d)=bc(a+d)+ad\left(b+c-\frac{176}{27}bc\right)$$
$$< b'c'(a'+d')+a'd'\left(b'+c'-\frac{176}{27}b'c'\right)$$
$$=F(a',b',c',d'). \quad \text{③}$$

至多进行3次这样的磨光变换，由③式即得
$$F(a,b,c,d) \leq F\left(\frac{1}{4},\frac{1}{4},\frac{1}{4},\frac{1}{4}\right)=\frac{1}{27}.$$

综上可知，不等式①成立.

12. 设 $x_1, x_2, \cdots, x_n$ 都是非负实数且 $x_1+x_2+\cdots+x_n=1$，求 $\sum_{i=1}^{n}(x_i^4-x_i^5)$ 的最大值。　　（1999年中国集训队选拔考试1题）

解　设 $x, y > 0$，$x+y$ 为常数，让我们来考察 $x^4-x^5+y^4-y^5$ 的变化情形。

$(x^4-x^5)+(y^4-y^5) = (x^4+y^4)-(x^5+y^5)$
$= (x+y)^4-(4x^3y+6x^2y^2+4xy^3)-(x+y)^5$
$\quad +(5x^4y+10x^3y^2+10x^2y^3+5xy^4)$
$= (x+y)^4-(x+y)^5-xy(4x^2+6xy+4y^2)$
$\quad +5xy(x^3+2x^2y+2xy^2+y^3)$
$= (x+y)^4-(x+y)^5-xy\left(\frac{7}{2}x^2+6xy+\frac{7}{2}y^2+\frac{1}{2}(x^2+y^2)\right)$
$\quad +5xy(x^3+2x^2y+2xy^2+y^3)$
$\leq (x+y)^4-(x+y)^5-xy\left(\frac{7}{2}x^2+7xy+\frac{7}{2}y^2\right)$
$\quad +5xy(x^3+3x^2y+3xy^2+y^3)$
$= (x+y)^4-(x+y)^5-\frac{7}{2}xy(x+y)^2+5xy(x+y)^3$
$= (x+y)^4-(x+y)^5-\frac{1}{2}xy(x+y)^2(7-10(x+y))$. ①

可见，当 $x+y \leq \frac{7}{10}$ 时，由①便得
$$(x^4-x^5)+(y^4-y^5) \leq (x+y)^4-(x+y)^5.\quad ②$$

若 $n \geq 3$ 且 $x_1, x_2, \cdots, x_n$ 中至少有3个数为正，例如设 $x_i > 0$，$x_j > 0$，$x_k > 0$。由 $x_i+x_j+x_k \leq 1$，故3个数中必有两数之和不大于 $\frac{2}{3}$，不妨设 $x_j+x_k \leq \frac{2}{3} < \frac{7}{10}$。于是由②知，当用
$$x_j' = x_j+x_k, \quad x_k' = 0$$
去代替 x_j, x_k 时，所讨论的和式的值不减。这样一来，至多进行 $n-2$

次这样的变换，就可以化成只有两个数非0，其他的数均为0的情形。

设 $x, y > 0$，$x+y=1$. 这时化简并利用均值不等式即得

$$(x^4-x^5)+(y^4-y^5) = x^4(1-x)+y^4(1-y) = x^4y+y^4x$$
$$= xy(x^3+y^3) = xy(x+y)^3 - 3x^2y^2(x+y) = xy - 3x^2y^2$$
$$= xy(1-3xy) = \frac{1}{3}(3xy)(1-3xy) \leq \frac{1}{3}\left(\frac{1}{2}\right)^2 = \frac{1}{12}.$$

当且仅当 $3xy = \frac{1}{2}$ 时，上式中等号成立。

综上可知，所求的和式的最大值为 $\frac{1}{12}$.

$$\begin{cases} x+y=1, \\ xy=\frac{1}{6}. \end{cases} \quad x(1-x)=\frac{1}{6}, \quad x-x^2=\frac{1}{6}, \quad 6x^2-6x+1=0.$$

解得 $x = \frac{1}{6}(3\pm\sqrt{3})$.

当且仅当 $\{x_1, x_2, \cdots, x_n\} = \left\{\frac{1}{6}(3+\sqrt{3}), \frac{1}{6}(3-\sqrt{3}), 0, 0, \cdots, 0\right\}$ 时，所求的和数取得最大值。

13. 设 $x_1, x_2, \cdots, x_n$ 都是非负实数且 $x_1+x_2+\cdots+x_n=1$，求 $\sum_{1\leq i<j\leq n} x_i x_j(x_i+x_j)$ 的最大值。（1991年IMO预选题）

解 设 $x_1>0, x_2>0$，x_1+x_2 为常数，令

$$f(x_1,x_2)=x_1x_2(x_1+x_2)+\sum_{i=3}^{n}x_1x_i(x_1+x_i)+\sum_{i=3}^{n}x_2x_i(x_2+x_i).$$

$$f(x_1,x_2)=x_1x_2(x_1+x_2)+\sum_{i=3}^{n}(x_1^2x_i+x_1x_i^2+x_2^2x_i+x_2x_i^2)$$

$$=x_1x_2(x_1+x_2)+(x_1+x_2)\sum_{i=3}^{n}x_i^2+(x_1^2+x_2^2)\sum_{i=3}^{n}x_i$$

$$=x_1x_2(x_1+x_2)+(x_1+x_2)\sum_{i=3}^{n}x_i^2+(x_1+x_2)^2\sum_{i=3}^{n}x_i-2x_1x_2\sum_{i=3}^{n}x_i$$

$$=x_1x_2\{(x_1+x_2)-2(1-x_1-x_2)\}+(x_1+x_2)\sum x_i^2+(x_1+x_2)^2\sum x_i$$

$$=x_1x_2\{3(x_1+x_2)-2\}+(x_1+x_2)\sum_{i=3}^{n}x_i^2+(x_1+x_2)^2\sum_{i=1}^{n}x_i. \quad ①$$

对①式右端花括号中的表达式，我们有

$$3(x_1+x_2)-2 \begin{cases} \leq 0, & \text{当 } x_1+x_2\leq \frac{2}{3}. \\ > 0, & \text{当 } x_1+x_2 > \frac{2}{3}. \end{cases} \quad ②$$

由①和②便知

$$f(x_1,x_2)\leq \begin{cases} f(x_1+x_2, 0), & \text{当 } x_1+x_2\leq \frac{2}{3}. \\ f\left(\frac{x_1+x_2}{2}, \frac{x_1+x_2}{2}\right), & \text{当 } x_1+x_2>\frac{2}{3}. \end{cases} \quad ③$$

由③中第1式可知，$\{x_1,x_2,\cdots,x_n\}$ 总可以化成 $\{x_1',x_2',0,\cdots,0\}$ 的情形且使讨论之和式之值不减。由③中第2式又知，当 $\{x_1,x_2,\cdots,x_n\}$ 中已有两个数等于0时，两数相等时取得最大值。设 α，故论和式之最大值为 $\frac{1}{4}$。　　（《代表卷》9.59题）

14. 设固定的整数 $n \geq 2$.

(i) 求最小常数 C, 使得不等式
$$\sum_{1 \leq i < j \leq n} x_i x_j (x_i^2 + x_j^2) \leq C \left(\sum_{i=1}^{n} x_i\right)^4 \quad ①$$
对所有非负实数组 $\{x_1, x_2, \cdots, x_n\}$ 都成立.

(ii) 对于这个常数 C, 确定不等式①中等号成立的充分必要条件.
(1999年IMO 2题)

解 注意, 不等式①是齐次的, 故可设 $x_1 + x_2 + \cdots + x_n = 1$. 这样一来, 求①中的最小常数 C 的问题就化为求函数
$$F(x_1, x_2, \cdots, x_n) = \sum_{1 \leq i < j \leq n} x_i x_j (x_i^2 + x_j^2)$$

的最大值的问题.

设 $x_1 > 0$, $x_2 > 0$, $x_1 + x_2$ 为常数. 让我们来考察表达式
$$f(x_1, x_2) = x_1 x_2 (x_1^2 + x_2^2) + x_1 \sum_{i=3}^{n} x_i (x_1^2 + x_i^2) + x_2 \sum_{i=3}^{n} x_i (x_2^2 + x_i^2)$$

的变化情形. 化简并整理, 有
$$f(x_1, x_2) = x_1 x_2 (x_1^2 + x_2^2) + (x_1^3 + x_2^3) \sum x_i + (x_1 + x_2) \sum x_i^3$$
$$= x_1 x_2 (x_1^2 + x_2^2) + (x_1 + x_2)^3 \sum x_i - 3 x_1 x_2 (x_1 + x_2) \sum x_i + (x_1 + x_2) \sum x_i^3$$
$$= (x_1 + x_2) \sum x_i ((x_1 + x_2)^2 + x_i^2) + x_1 x_2 (x_1^2 + x_2^2) - 3 x_1 x_2 (x_1 + x_2)(1 - x_1 - x_2)$$
$$= f(x_1 + x_2, 0) + x_1 x_2 (x_1 + x_2)^2 - 2 x_1^2 x_2^2 - 3 x_1 x_2 (x_1 + x_2) + 3 x_1 x_2 (x_1 + x_2)^2$$
$$= f(x_1 + x_2, 0) + 4 x_1 x_2 (x_1 + x_2)^2 - 3 x_1 x_2 (x_1 + x_2) - 2 x_1^2 x_2^2$$
$$\leq f(x_1 + x_2, 0) + x_1 x_2 (x_1 + x_2)(4(x_1 + x_2) - 3) \quad ②$$

易见，当 $x_1+x_2 \leq \frac{3}{4}$ 时，由②式便得
$$f(x_1, x_2) \leq f(x_1+x_2, 0). \quad ③$$

由于不等式①关于 $x_1, x_2, \cdots, x_n$ 对称，故可设 $x_1 \geq x_2 \geq \cdots \geq x_n$。不妨设 $x_1 \geq x_2 \geq \cdots \geq x_k > 0$，$x_{k+1} = \cdots = x_n = 0$。当 $k \geq 3$ 时，由于 $x_1+x_2+\cdots+x_k = 1$，所以 $x_{k-1}+x_k \leq \frac{2}{3} < \frac{3}{4}$。于是由③便知，令
$$x'_i = x_i, \quad i \neq k-1, k, \quad x'_{k-1} = x_{k-1}+x_k, \quad x'_k = 0$$
时，便有
$$F(x_1, x_2, \cdots, x_n) < F(x'_1, x'_2, \cdots, x'_n). \quad ④$$

注意，在④式中，在右端的 n 个自变量中 0 的个数比左端的 n 个变量中 0 的个数多 1 个。因此，经过有限多次这样的置换变换，可以使得 n 个变量中至多两个不为 0，且函数 F 的值不减。

设 $x_1 = a, x_2 = b, a+b = 1, a > 0, b \geq 0$，$x_3 = x_4 = \cdots = x_n = 0$。于是有
$$F(a, b, 0, \cdots, 0) = ab(a^2+b^2) = ab[(a+b)^2 - 2ab]$$
$$= ab(1-2ab) = \frac{1}{2} \cdot 2ab(1-2ab)$$
$$\leq \frac{1}{8},$$

其中等号成立当且仅当 $2ab = \frac{1}{2}$，亦即 $a = b = \frac{1}{2}$。

可见，函数 F 的最大值为 $\frac{1}{8}$，即使①成立的最小常数 C 是 $\frac{1}{8}$，且当①中常数 C 为 $\frac{1}{8}$ 时，使①成立的 $(x_1, x_2, \cdots, x_n)$ 的值应为其中两个变量为 $\frac{1}{2}$，而其余 $n-2$ 个变量均为 0。（《代数卷》9.67）

十 梅涅劳斯定理

(i) 直线 FED 截 △ABC，
$\dfrac{AF}{FB} \cdot \dfrac{BD}{DC} \cdot \dfrac{CE}{EA} = 1$；

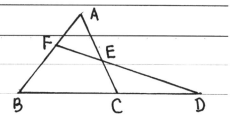

(ii) 直线 AEC 截 △FBD，
$\dfrac{FA}{AB} \cdot \dfrac{BC}{CD} \cdot \dfrac{DE}{EF} = 1$；

(iii) 直线 BCD 外截 △AFE，$\dfrac{AB}{BF} \cdot \dfrac{FD}{DE} \cdot \dfrac{EC}{CA} = 1$；

(iv) 直线 AFB 外截 △ECD，$\dfrac{EA}{AC} \cdot \dfrac{CB}{BD} \cdot \dfrac{DF}{FE} = 1$。

经常与梅涅劳斯定理联合使用的定理有
止弦定理、塞瓦定理、相交弦定理、切割线定理、
内角平分线定理和外角平分线定理、
相似三角形中对应线段成比例定理、
面积比以及几个有关结果。

梅涅劳斯定理的逆定理也成立，其主要用途是证明三点共线，且为证明三点共线的首选方法。在解题或证题时能否使用梅涅劳斯定理，主要判断来自题目的图形有否一条直线截三角形的图形。

1. 在四边形 ABCD 中，$S_{\triangle ABD}:S_{\triangle BCD}:S_{\triangle ABC}=3:4:1$，在 AC 和 CD 上分别取点 M 和 N，使得 AM:AC = CN:CD 且 B, M, N 三点共线，求证 M 与 N 分别是 AC 和 CD 的中点。

(1983年全国联赛二试3题)

※证 设 AM:AC = CN:CD = r，直线 BMN 截 $\triangle CDE$，由梅涅劳斯定理有

$$\frac{DB}{BE} \cdot \frac{EM}{MC} \cdot \frac{CN}{ND} = 1. \quad ①$$

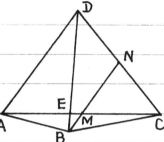

∵ $S_{\triangle ABD}:S_{\triangle BCD}:S_{\triangle ABC}=3:4:1$,

∴ $\dfrac{DB}{BE} = \dfrac{S_{\triangle ABCD}}{S_{\triangle ABC}} = \dfrac{S_{\triangle ABD}+S_{\triangle BCD}}{S_{\triangle ABC}} = 7.$ ②

又∵ $\dfrac{EM}{MC} = \dfrac{r-\frac{3}{7}}{1-r}$, $\dfrac{CN}{ND} = \dfrac{r}{1-r}$. ③

将②和③代入①，得到

$$7 \cdot \frac{r-\frac{3}{7}}{1-r} \cdot \frac{r}{1-r} = 1.$$

$$7r^2 - 3r = (1-r)^2 = r^2 - 2r + 1$$

$$6r^2 - r - 1 = 0.$$

解得 $r_1 = \dfrac{1}{2}$, $r_2 = -\dfrac{1}{3}$. 将负值舍去，得到 $r = \dfrac{1}{2}$，即 M 和 N 分别为 AC 和 CD 的中点。

2. 如图，在四边形ABCD中，对角线AC平分∠BAD，在边CD上取一点E，BE∩AC=F，DF∩BC=G，求证∠GAC=∠EAC。 (1999年全国联赛二试1题)

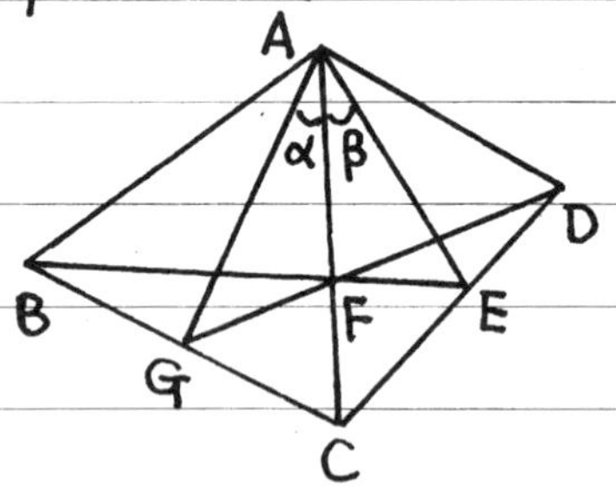

证1 记∠BAC=∠CAD=θ，∠GAC=α，∠EAC=β。直线GFD截△BCE，由梅涅劳斯定理有

$$1 = \frac{BG}{GC} \cdot \frac{CD}{DE} \cdot \frac{EF}{FB}$$

$$= \frac{S_{\triangle ABG}}{S_{\triangle AGC}} \cdot \frac{S_{\triangle ACD}}{S_{\triangle ADE}} \cdot \frac{S_{\triangle AEF}}{S_{\triangle AFB}}$$

$$= \frac{AB \cdot \sin(\theta-\alpha)}{AC \cdot \sin\alpha} \cdot \frac{AC \cdot \sin\theta}{AE \cdot \sin(\theta-\beta)} \cdot \frac{AE \sin\beta}{AB \sin\theta} = \frac{\sin(\theta-\alpha)\sin\beta}{\sin\alpha \sin(\theta-\beta)}$$

∴ $\sin\alpha \sin(\theta-\beta) = \sin(\theta-\alpha)\sin\beta$，

$\sin\alpha \sin\theta \cos\beta - \cos\theta \sin\alpha \sin\beta = \sin\theta \cos\alpha \sin\beta - \cos\theta \sin\alpha \sin\beta$

∴ $\sin\alpha \cos\beta = \cos\alpha \sin\beta$ ∴ $\tan\alpha = \tan\beta$ ∴ $\alpha = \beta$。

证2 直线CED外截△BGF，由梅涅劳斯定理有

$$1 = \frac{BC}{CG} \cdot \frac{GD}{DF} \cdot \frac{FE}{EB} = \frac{S_{\triangle ABC}}{S_{\triangle ACG}} \cdot \frac{S_{\triangle AGD}}{S_{\triangle ADF}} \cdot \frac{S_{\triangle AFE}}{S_{\triangle AEB}}$$

$$= \frac{AB \sin\theta}{AG \sin\alpha} \cdot \frac{AG \sin(\theta+\alpha)}{AF \sin\theta} \cdot \frac{AF \sin\beta}{AB \sin(\theta+\beta)} = \frac{\sin(\theta+\alpha)\sin\beta}{\sin\alpha \sin(\theta+\beta)}$$

∴ $\sin(\theta+\alpha)\sin\beta = \sin\alpha \sin(\theta+\beta)$。

3. 如图，⊙O_1 与 ⊙O_2 和 △ABC 的 3 边所在的直线都相切，E、F、G、H 是切点，直线 EG 与 FH 交于点 P，求证 PA⊥BC。

(1996年全国联赛二试3题)

证1 延长 PA 交 BC 于点 D，连结 O_1O_2，因为 O_1O_2 为两圆的对称轴，故两圆的两条内公切线的交点 A 在 O_1O_2 上。连结 O_1E、O_1G、O_2F、O_2H，于是
$O_1E⊥BC$，$O_2F⊥BC$，
$O_1G⊥AC$，$O_2H⊥AB$。

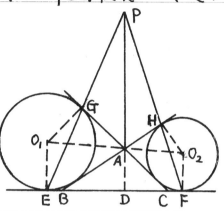

直线 PHF 外截 △ABD，直线 PGE 外截 △ADC，由梅涅劳斯定理有

$$1 = \frac{BF}{FD} \cdot \frac{DP}{PA} \cdot \frac{AH}{HB} = \frac{DP}{PA} \cdot \frac{AH}{FD}, \quad 1 = \frac{CE}{ED} \cdot \frac{DP}{PA} \cdot \frac{AG}{GC} = \frac{DP}{PA} \cdot \frac{AG}{ED}.$$

∴ $\frac{AH}{FD} = \frac{AG}{ED}$。 ∴ $\frac{ED}{DF} = \frac{AG}{AH}$。

∵ $\angle O_1AG = \angle O_2AC = \angle O_2AH$，$\angle O_1GA = 90° = \angle O_2HA$，

∴ △O_1AG ∽ △O_2AH。 ∴ $\frac{O_1A}{AO_2} = \frac{AG}{AH} = \frac{ED}{DF}$。

∴ AD∥O_1E∥O_2F。

∵ $O_1E⊥BC$，∴ AD⊥BC。∴ PA⊥BC。

证2 过 A 作 AD⊥BC 于点 D，延长 DA 交直线 HF 于点 P'，由梅涅劳斯定理有

$$1 = \frac{AH}{HB} \cdot \frac{BF}{FD} \cdot \frac{DP'}{P'A} = \frac{AH}{FD} \cdot \frac{DP'}{P'A}. \quad ①$$

$\because AD \parallel O_1E \parallel O_2F$, $\therefore \dfrac{ED}{DF} = \dfrac{O_1A}{AO_2}$.

$\because \triangle O_1AG \sim \triangle O_2AH$,

$\therefore \dfrac{AG}{AH} = \dfrac{O_1A}{AO_2} = \dfrac{ED}{DF}$. $\therefore \dfrac{AH}{FD} = \dfrac{AG}{DE}$. ②

同一法

将②代入①，并注意 $CE = CG$，得到

$$1 = \frac{AH}{FD} \cdot \frac{DP'}{P'A} = \frac{AG}{DE} \cdot \frac{DP'}{P'A} \cdot \frac{CE}{CG} = \frac{AG}{GC} \cdot \frac{CE}{ED} \cdot \frac{DP'}{P'A}.$$

由梅涅劳斯定理的逆定理知，P', G, E 三点共线，即 P' 为直线 EG 和 FH 的交点。

$\therefore$ 点 P' 与 P 重合。

$\therefore PA \perp BC$.

4. 图中阴影线所示的4个三角形的面积都是1，不带阴影线的3个四边形也都等积，求一个四边形的面积。

(1983年全苏数学奥林匹克)

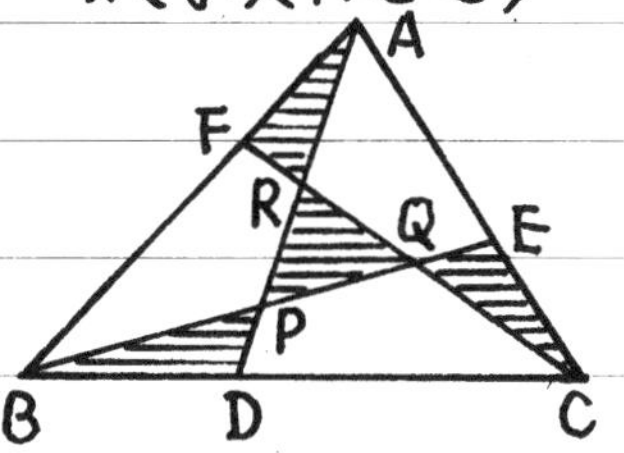

※ **解1** 设四边形的面积为 x，于是有

$S_{\triangle ABP} = 1+x = S_{\triangle APE}$.

$\therefore BP = PE$.

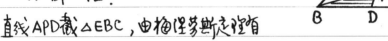

直线 APD 截 $\triangle EBC$，由梅涅劳斯定理有

$$1 = \frac{BD}{DC} \cdot \frac{CA}{AE} \cdot \frac{EP}{PB} = \frac{BD}{DC} \cdot \frac{CA}{AE}.$$

$\therefore \dfrac{BD}{DC} = \dfrac{S_{\triangle ABD}}{S_{\triangle ADC}} = \dfrac{2+x}{2+2x}$, $\dfrac{CA}{AE} = \dfrac{S_{\triangle ABC}}{S_{\triangle ABE}} = \dfrac{4+3x}{2+2x}$,

$\therefore (2+x)(4+3x) = (2+2x)^2$, $3x^2 + 10x + 8 = 4x^2 + 8x + 4$,

$x^2 - 2x - 4 = 0$,

解得 $x = 1 \pm \sqrt{5}$. 负值舍去，即得 $x = 1+\sqrt{5}$，即四边形的面积为 $1+\sqrt{5}$.

※ **解2** 由解1知 $BP = PE$，所以 $BE = 2PE$. 直线 AEC 外截 $\triangle PBD$，由梅涅劳斯定理有

$$1 = \frac{BC}{CD} \cdot \frac{DA}{AP} \cdot \frac{PE}{EB} = \frac{BC \cdot DA}{2CD \cdot AP}.$$

$\therefore \dfrac{BC}{CD} = \dfrac{S_{\triangle ABC}}{S_{\triangle ACD}} = \dfrac{4+3x}{2+2x}$, $\dfrac{DA}{AP} = \dfrac{S_{\triangle ABD}}{S_{\triangle ABP}} = \dfrac{2+x}{1+x}$,

$\therefore 2(2+2x)(1+x) = (4+3x)(2+x)$.

$x^2 - 2x - 4 = 0$.

5. 在凸四边形ABCD的边AB和BC上分别取点E和F，使线段DE和DF把对角线AC三等分，已知$S_{\triangle ADE}=S_{\triangle CDF}=\frac{1}{4}S_{ABCD}$，求证四边形ABCD是平行四边形。（1990年全俄数学奥林匹克）

证 记$DE\cap AC=P$，$DF\cap AC=Q$，连结DB交AC于点M。

$\because AP=PQ=QC=\frac{1}{3}AC$，

$\therefore S_{\triangle DAP}=S_{\triangle DQC}$。

$\because S_{\triangle DAE}=S_{\triangle DFC}$，

$\therefore S_{\triangle AEP}=S_{\triangle QFC}$，$\therefore EF\parallel AC$。

$\therefore \dfrac{AE}{EB}=\dfrac{CF}{FB}$。

直线EPD截△ABM，直线FQD截△BCM，由梅涅劳斯定理有

$$\dfrac{AE}{EB}\cdot\dfrac{BD}{DM}\cdot\dfrac{MP}{PA}=1, \qquad \dfrac{CF}{FB}\cdot\dfrac{BD}{DM}\cdot\dfrac{MQ}{QC}=1$$

对比上述两式，得到

$MP=MQ$，$\therefore AM=MC$，即M为AC中点。

$\therefore S_{\triangle ABD}=\dfrac{1}{2}S_{ABCD}=2S_{\triangle AED}$，$\therefore AE=EB$。

$\therefore 1=\dfrac{AE}{EB}\cdot\dfrac{BD}{DM}\cdot\dfrac{MP}{PA}=\dfrac{1}{2}\cdot\dfrac{BD}{DM}$，$\therefore BD=2DM$。

$\therefore M$为BD中点。

$\therefore$ 四边形ABCD为平行四边形。

证2 像证1中一样地可得 EF∥AC.

$$\therefore \frac{BA}{BE}=\frac{BC}{BF}, \quad \frac{DE}{DP}=\frac{DF}{DQ}.$$

直线 BMD 外截 △AEP 和 △CFQ，由梅涅劳斯定理有

$$\frac{AB}{BE}\cdot\frac{ED}{DP}\cdot\frac{PM}{MA}=1,\quad ① \qquad \frac{CB}{BF}\cdot\frac{FD}{DQ}\cdot\frac{QM}{MC}=1 \quad ②.$$

比较上述两式，即得

$$\frac{PM}{MA}=\frac{QM}{MC}.$$

由分比定理有

$$\frac{AP}{MA}=\frac{MA-MP}{MA}=\frac{MC-MQ}{MC}=\frac{QC}{MC}.$$

$\therefore AM=MC$，即 M 为对角线 AC 的中点.

$\therefore S_{\triangle ABD}=\frac{1}{2}S_{ABCD}=2S_{\triangle AED}.$

$\therefore AE=EB=\frac{1}{2}AB.$

又 $\because PM:MA=\frac{1}{3},$

$\therefore 1=\frac{AB}{BE}\cdot\frac{ED}{DP}\cdot\frac{PM}{MA}=2\cdot\frac{ED}{DP}\times\frac{1}{3}. \quad \therefore DP=\frac{2}{3}DE.$

直线 AEB 外截 △DPM，由梅涅劳斯定理有

$$1=\frac{DE}{EP}\cdot\frac{PA}{AM}\cdot\frac{MB}{BD}=3\times\frac{2}{3}\times\frac{MB}{BD}.$$

$\therefore BD=2BM$，即 M 为 BD 中点.

$\therefore$ 四边形 ABCD 为平行四边形.

6. 凸四边形 $E_1F_1G_1H_1$ 的 4 个顶点 E,F,G,H 分别在凸四边形 $ABCD$ 的 4 条边 AB,BC,CD,DA 上且满足 $\dfrac{AE}{EB}\cdot\dfrac{BF}{FC}\cdot\dfrac{CG}{GD}\cdot\dfrac{DH}{HA}=1$. 点 A,B,C,D 分别在凸四边形 $E_1F_1G_1H_1$ 的 4 条边 H_1E_1,E_1F_1,F_1G_1 和 G_1H_1 上，满足 $E_1F_1\parallel EF, F_1G_1\parallel FG, G_1H_1\parallel GH, H_1E_1\parallel HE$. 已知 $\dfrac{E_1A}{AH_1}=\lambda$，求 $\dfrac{F_1C}{CG_1}$ 之值.

(2004年中国数学奥林匹克)

解: (1) 若 $EF\parallel AC$，则 $\dfrac{AE}{EB}=\dfrac{CF}{FB}$.

$\therefore \dfrac{AE}{EB}\cdot\dfrac{BF}{FC}=1$.

由已知又有

$\dfrac{CG}{GD}\cdot\dfrac{DH}{HA}=1$. $\therefore \dfrac{DH}{HA}=\dfrac{DG}{GC}$.

$\therefore HG\parallel AC$, $\therefore H_1G_1\parallel HG\parallel AC\parallel EF\parallel E_1F_1$.

$\therefore \dfrac{F_1C}{CG_1}=\dfrac{E_1A}{AH_1}=\lambda$.

(2) 若 $EF\nparallel AC$, 设直线 $EF\cap AC=T$. 于是由梅涅劳斯定理有

$\dfrac{AE}{EB}\cdot\dfrac{BF}{FC}\cdot\dfrac{CT}{TA}=1$.

$\therefore \dfrac{AE}{EB}\cdot\dfrac{BF}{FC}\cdot\dfrac{CG}{GD}\cdot\dfrac{DH}{HA}=1$,

$\therefore \dfrac{AT}{TC}\cdot\dfrac{CG}{GD}\cdot\dfrac{DH}{HA}=1$.

关于 $\triangle ACD$ 应用梅涅劳斯定理的逆定理知 T,H,G 三点共线. 连结 TH,CH,CE,TE 并记 $TE\cap E_1A=M, TH\cap AH_1=N, TC\cap EH=P$.

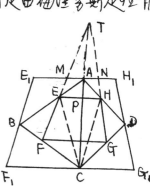

$\because ME\parallel E_1B$, $\therefore \dfrac{AE_1}{AM}=\dfrac{AB}{AE}$, $AE_1=\dfrac{AM\cdot AB}{AE}$.

同理 $AH_1=\dfrac{AD\cdot AN}{AH}$.

$$\therefore \frac{E_1A}{AH_1} = \frac{AM}{AN} \cdot \frac{AB}{AE} \cdot \frac{AH}{AD} = \frac{EP}{PH} \cdot \frac{AB}{AE} \cdot \frac{AH}{AD}.$$

$$\therefore \frac{EP}{PH} = \frac{S_{\triangle ECA}}{S_{\triangle HAC}}, \quad \frac{AB}{AE} = \frac{S_{\triangle ABC}}{S_{\triangle AEC}}, \quad \frac{AH}{AD} = \frac{S_{\triangle AHC}}{S_{\triangle ADC}},$$

$$\therefore \frac{E_1A}{AH_1} = \frac{S_{\triangle ABC}}{S_{\triangle ADC}}.$$

同理 $\dfrac{F_1C}{CG_1} = \dfrac{S_{\triangle ABC}}{S_{\triangle ADC}}.$

$$\therefore \frac{F_1C}{CG_1} = \frac{E_1A}{AH_1} = \lambda.$$

综上可知 $\dfrac{F_1C}{CG_1} = \lambda.$

7 在矩形ABCD的外接圆的$\overset{\frown}{AB}$上取异于A，B的点M，由M分别作边AB，BC，CD，DA的垂线，垂足依次为P，Q，R，S。求证PQ⊥RS且PQ，RS与矩形的某条对角线三线共点。

(1983年南斯拉夫数学奥林匹克)

证1 记PQ∩SR=T，直线MR与圆的另一交点为E，于是MP=RE，MR=PE。

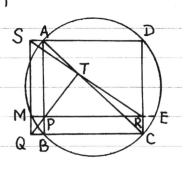

∵ SM=AP=DR，MQ=PB，

∴ SM·MQ=AP·PB=MP·PE=MP·MR。

∴ SM:MP=MR:MQ。 ∴ △SRM∽△PQM。

∴ ∠QTR=∠RSM+∠SQT=∠RSM+∠SRM=90°，

即 PQ⊥RS。

直线QPT截△SMR，由梅涅劳斯定理有

$$\frac{SQ}{QM}\cdot\frac{MP}{PR}\cdot\frac{RT}{TS}=1.$$

∵ SQ=DC，MP=SA，MQ=RC，PR=AD，

∴ $\frac{DC}{CR}\cdot\frac{RT}{TS}\cdot\frac{SA}{AD}=\frac{SQ}{QM}\cdot\frac{RT}{TS}\cdot\frac{MP}{PR}=1.$

由梅涅劳斯定理的逆定理知C，T，A三点共线，即PQ，SR，AC三线共点。

8. (蝴蝶定理) 过⊙O的弦AB的中点M任意作两条弦CD和EF，连接CF和ED分别交AB于点P和Q，求证PM=MQ。

证 若CF∥ED，则结论显然成立。以下设CF∦ED。

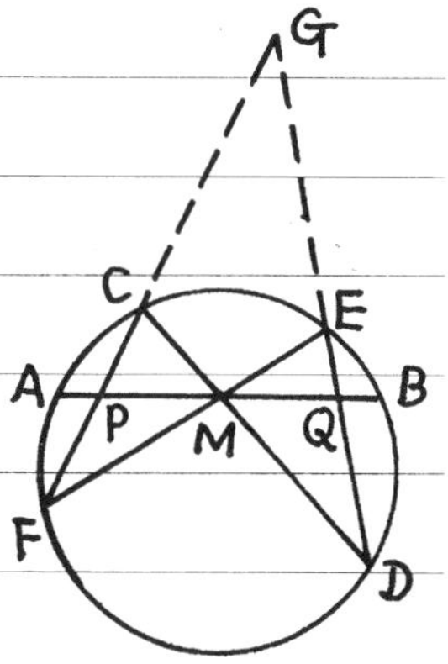

延长FC和DE交于点G。直线CMD和EMF分别截△GPQ，由梅涅劳斯定理有

$\dfrac{PM}{MQ}\cdot\dfrac{QD}{DG}\cdot\dfrac{GC}{CP}=1$，$\dfrac{PM}{MQ}\cdot\dfrac{QE}{EG}\cdot\dfrac{GF}{FP}=1$。

∵ $GC\cdot GF = GE\cdot GD$，

∴ $\left(\dfrac{PM}{MQ}\right)^2 = \dfrac{DG\cdot CP}{QD\cdot GC}\cdot\dfrac{EG\cdot FP}{QE\cdot GF} = \dfrac{CP\cdot FP}{QD\cdot QE}$。

∵ $CP\cdot PF = AP\cdot PB = (AM-PM)(BM+PM) = AM^2 - PM^2$，

$EQ\cdot QD = AQ\cdot QB = (AM+MQ)(BM-MQ) = AM^2 - QM^2$，

∴ $\dfrac{PM^2}{QM^2} = \dfrac{AM^2-PM^2}{AM^2-QM^2} = \dfrac{AM^2}{AM^2} = 1$. ∴ PM=MQ。

9. 设在两条直线上各取一点A和B,线段AB中点为M,过M在两条直线间任作两条线段CD和EF,C和E在一条直线上,而D和F在另一条直线上,连结CF和ED分别交AB于点P和Q,求证PM=MQ.

※ 证 若两条直线平行,则结论容易证明.以下设两条直线交于点S.

为证PM=MQ,只须证明

$$\frac{MP}{PA}=\frac{MQ}{QB} \Longleftrightarrow \frac{PM}{AM}=\frac{MQ}{MB}.$$ ①

直线CPF截△MAD,直线EQD截△MBC,由梅涅劳斯定理有

$$\frac{MP}{PA}\cdot\frac{AF}{FD}\cdot\frac{DC}{CM}=1, \quad \frac{MQ}{QB}\cdot\frac{BE}{EC}\cdot\frac{CD}{DM}=1.$$

∴ $\frac{MP}{PA}=\frac{FD}{AF}\cdot\frac{CM}{CD}$, $\frac{MQ}{QB}=\frac{EC}{BE}\cdot\frac{DM}{CD}$.

可见,为证①式,只须证明

$$\frac{FD\cdot CM}{AF}=\frac{EC\cdot DM}{BE}, \quad \frac{FD\cdot CM\cdot BE}{AF\cdot EC\cdot DM}=1.$$ ②

$$\frac{FD}{AF}\cdot\frac{CM}{DM}\cdot\frac{BE}{EC}=\frac{S_{\triangle MFD}}{S_{\triangle MAF}}\cdot\frac{CM}{DM}\cdot\frac{S_{\triangle MBE}}{S_{\triangle MEC}}$$

$$=\frac{MD\sin\angle FMD}{MA\sin\angle AMF}\cdot\frac{CM}{DM}\cdot\frac{MB\sin\angle BME}{MC\sin\angle EMC}=1,$$

即②成立,从而①成立,故又有PM=MQ.

10. 设 AB 是 ⊙O 的直径，l 为过点 A 的 ⊙O 的切线，在 l 上依次取 3 点 C, M, D，使得 CM=MD，直线 BC, BD 分别交 ⊙O 于点 P 和 Q，求证在直线 BM 上存在一点 R，使得 RP 和 RQ 均与 ⊙O 相切。

(2003 年中国国家队训练题)

证1 过点 P 作 ⊙O 的切线交 BM 于点 R，交 AM 于点 E，过点 Q 作 ⊙O 的切线，交 BM 于点 R'，交 AM 于点 F。可见，只须证明点 R' 与 R 重合。为此，我们只须证明

$$\frac{MR}{RB}=\frac{MR'}{R'B} \Longleftrightarrow \frac{MR}{MB}=\frac{MR'}{MB}. \quad ①$$

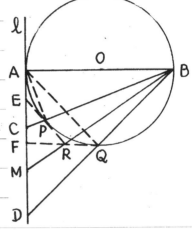

图一陆

直线 RPE 截 △BCM, 直线 QR'F 截 △BMD, 由梅涅劳斯定理有

$$\frac{MR}{RB}\cdot\frac{BP}{PC}\cdot\frac{CE}{EM}=1, \qquad \frac{MR'}{R'B}\cdot\frac{BQ}{QD}\cdot\frac{DF}{FM}=1.$$

$$\frac{MR}{RB}=\frac{PC}{BP}\cdot\frac{EM}{CE}, \qquad \frac{MR'}{R'B}=\frac{QD}{BQ}\cdot\frac{FM}{DF}.$$

可见，为证 ① 式，只须证明

$$\frac{PC}{BP}\cdot\frac{EM}{CE}=\frac{QD}{BQ}\cdot\frac{FM}{DF}. \quad ②$$

连结 AP, AQ, 于是 $\angle APC=90°=\angle AQD$.

∴ $CE=\frac{1}{2}AC$, $DF=\frac{1}{2}AD$, $EM=\frac{1}{2}AD$, $FM=\frac{1}{2}AC$.

∴ $EM:CE=AD:AC=DF:FM$.

又 $\because \triangle PCA \sim \triangle ACB \sim \triangle PAB$，

$\therefore \dfrac{CP}{PB} = \dfrac{CP}{AP} \cdot \dfrac{AP}{PB} = \dfrac{AC^2}{AB^2}$．同理 $\dfrac{DQ}{QB} = \dfrac{AD^2}{AB^2}$．

$\therefore \dfrac{MR}{RB} = \dfrac{AC^2}{AB^2} \cdot \dfrac{AD}{AC} = \dfrac{AD^2}{AB^2} \cdot \dfrac{AC}{AD} = \dfrac{MR'}{R'B}$，即④成立．

※ 证2　分别过点P和Q作⊙O的切线，分别交AD于点E和F，两条切线交于点R，连结BR并延长，交AD于点M'．可见，只须证明点M'与M重合．

直线RPE截△BCM'，直线QRF截△BM'D，由梅涅劳斯定理有

$$\dfrac{BR}{RM'} \cdot \dfrac{M'F}{FD} \cdot \dfrac{DQ}{QB} = 1 = \dfrac{BR}{RM'} \cdot \dfrac{M'E}{EC} \cdot \dfrac{CP}{PB} \quad ④$$

连结AP，AQ，于是 $\angle APB = 90° = \angle AQB$．

$\because \triangle ACB \sim \triangle PCA \sim \triangle PAB$，

$\therefore \dfrac{CP}{PB} = \dfrac{CP}{PA} \cdot \dfrac{PA}{PB} = \dfrac{AC^2}{AB^2}$．同理 $\dfrac{DQ}{QB} = \dfrac{AD^2}{AB^2}$．

又 $\because EC = \dfrac{1}{2}AC$，$DF = \dfrac{1}{2}AD$，代入④式即得

$M'F \cdot AD = M'E \cdot AC$．

$\therefore \dfrac{M'E}{M'F} = \dfrac{AD}{AC}$，$\dfrac{EF}{M'F} = \dfrac{CD}{AC}$．

$\because EF = AF - AE = \dfrac{1}{2}(AD - AC) = \dfrac{1}{2}CD$，$\therefore M'F = \dfrac{1}{2}AC$．

$\therefore DM' = DF - FM' = \dfrac{1}{2}CD$，即M'为CD中点．

$\therefore$ 点M'与M重合．$\therefore$ 点R在BM上．

证3 过点P作⊙O的切线交AD于点E，交BM于点R，过点Q作⊙O的切线交AD于点F，于是只须证明Q、R、F三点共线。由梅涅劳斯定理的逆定理知，这又只须证明

$$\frac{BR}{RM} \cdot \frac{MF}{FD} \cdot \frac{DQ}{QB} = 1. \quad ③$$

直线RPE截△BCM，由梅涅劳斯定理有

$$\frac{BR}{RM} \cdot \frac{ME}{EC} \cdot \frac{CP}{PB} = 1. \quad ④$$

比较③和④，只须再证

$$\frac{MF}{FD} \cdot \frac{DQ}{QB} = \frac{ME}{EC} \cdot \frac{CP}{PB}. \quad ⑤$$

∵ PE和QF分别为直角△ACP和△ADQ的中线，M为CD中点，

∴ $MF = \frac{1}{2}AC$, $FD = \frac{1}{2}AD$, $ME = \frac{1}{2}AD$, $EC = \frac{1}{2}AC$. ⑥

∵ △ACP∽△BAP∽△BCA,

∴ $\frac{CP}{PB} = \frac{CP}{AP} \cdot \frac{AP}{PB} = \frac{AC^2}{AB^2}$. 同理 $\frac{DQ}{QB} = \frac{AD^2}{AB^2}$. ⑦

由⑥和⑦即得

$$\frac{MF}{FD} \cdot \frac{DQ}{QB} = \frac{AC}{AD} \cdot \frac{AD^2}{AB^2} = \frac{AC \cdot AD}{AB^2} = \frac{AD}{AC} \cdot \frac{AC^2}{AB^2} = \frac{ME}{EC} \cdot \frac{CP}{PB},$$

即⑤式成立，从而③成立，所以Q、R、F三点共线。

11. 如图，在凸四边形ABCD中，AD=CD，∠DAB=∠ABC<90°，M为BC中点，直线DM与AB交于点E，求证∠BEC=∠DAC。

证 延长AD与BC交于点F，延长EC交FD于点G。

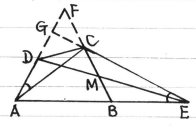

∵ ∠DAB=∠ABC，∴ FA=FB。直线GCE截△FDM，直线ABE外截△FDM，由梅涅劳斯定理有

$$\frac{FG}{GD} \cdot \frac{DE}{EM} \cdot \frac{MC}{CF} = 1, \quad \frac{FA}{AD} \cdot \frac{DE}{EM} \cdot \frac{MB}{BF} = 1.$$

$$\frac{FG}{GD} = \frac{EM}{DE} \cdot \frac{CF}{MC} = \frac{MB}{AD} \cdot \frac{CF}{MC}.$$

∵ MC=MB，AD=CD，

∴ $\frac{FG}{GD} = \frac{CF}{CD}$．∴ CG平分∠FCD。

∴ ∠ACG=∠ACD+∠DCG=$\frac{1}{2}$∠FDC+$\frac{1}{2}$∠DCF

   =90°−$\frac{1}{2}$∠F=∠FAB。

∴ ∠BEC=180°−∠FAB−∠AGE=180°−∠ACG−∠AGC

   =∠DAC。 (《奥赛导引(下)》46页)

12. 设 D 是 △ABC 的边 BC 上的一点,点 P 在线段 AD 上,过点 D 作一直线与线段 AB, PB 交于点 M, E,与线段 AC, PC 的延长线交于点 F, N,如果 DE = DF,求证 DM = DN.

(2005年首届中国东南地区数学奥林匹克)

证 直线 BEP 截 △AMD, 直线 NCP 截 △ADF, 直线 BDC 截 △AMF, 由梅涅劳斯定理有

$\dfrac{ME}{ED} \cdot \dfrac{DP}{PA} \cdot \dfrac{AB}{BM} = 1$ ①

$\dfrac{AP}{PD} \cdot \dfrac{DN}{NF} \cdot \dfrac{FC}{CA} = 1$ ②

$\dfrac{AC}{CF} \cdot \dfrac{FD}{DM} \cdot \dfrac{MB}{BA} = 1$ ③

① × ② × ③,得到

$\dfrac{ME}{ED} \cdot \dfrac{DN}{NF} \cdot \dfrac{FD}{DM} = 1 \qquad \dfrac{ME}{DM} = \dfrac{NF}{DN}$

∴ $\dfrac{DE}{DM} = \dfrac{DM - ME}{DM} = \dfrac{DN - NF}{DN} = \dfrac{DF}{DN}$

∴ DM = DN.

十一 塞瓦定理

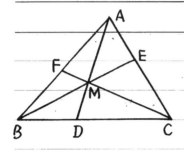

(i) △ABC 与点 M.

$$\frac{AF}{FB} \cdot \frac{BD}{DC} \cdot \frac{CE}{EA} = 1;$$

(ii) △MBC 与点 A,

$$\frac{BD}{DC} \cdot \frac{CF}{FM} \cdot \frac{ME}{EB} = 1;$$

(iii) △MCA 与点 B,

$$\frac{CE}{EA} \cdot \frac{AD}{DM} \cdot \frac{MF}{FC} = 1;$$

(iv) △MAB 与点 C,

$$\frac{AF}{FB} \cdot \frac{BE}{EM} \cdot \frac{MD}{DA} = 1.$$

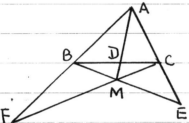

(v) △ABC 与点 M,

$$\frac{AF}{FB} \cdot \frac{BD}{DC} \cdot \frac{CE}{EA} = 1.$$

(vi) 角之塞瓦定理

$$\frac{\sin\angle CAM}{\sin\angle MAB} \cdot \frac{\sin\angle ABM}{\sin\angle MBC} \cdot \frac{\sin\angle BCM}{\sin\angle MCA} = 1.$$

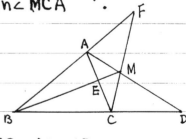

(vii) $\dfrac{BD}{DC} \cdot \dfrac{CE}{EA} \cdot \dfrac{AF}{FB} = 1.$

(viii) $\dfrac{\sin\angle ACM}{\sin\angle MCB} \cdot \dfrac{\sin\angle CBM}{\sin\angle MBA} \cdot \dfrac{\sin\angle BAM}{\sin\angle MAC} = 1.$

(ix) $\dfrac{BD}{DC} \cdot \dfrac{CE}{EA} \cdot \dfrac{AF}{FB} = 1.$

(x) $\dfrac{\sin\angle CBM}{\sin\angle MBA} \cdot \dfrac{\sin\angle BAM}{\sin\angle MAC} \cdot \dfrac{\sin\angle ACM}{\sin\angle MCB} = 1.$

1 如图，在四边形 ABCD 中，对角线 AC 平分 ∠BAD，在 CD 上取一点 E，BE∩AC=F，DF∩BC=G，求证 ∠GAC=∠EAC.
（1999年全国联赛二试1题）

证1 连结 BD 交 AC 于点 H，由塞瓦定理有

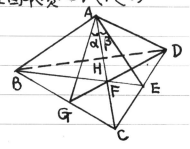

$$1 = \frac{BG}{GC} \cdot \frac{CE}{ED} \cdot \frac{DH}{HB}$$

$$= \frac{BG}{GC} \cdot \frac{CE}{ED} \cdot \frac{DA}{AB}.$$

设 ∠BAC=∠DAC=θ，∠GAC=α，∠EAC=β，于是又有

$$1 = \frac{S_{\triangle ABG}}{S_{\triangle AGC}} \cdot \frac{S_{\triangle ACE}}{S_{\triangle AED}} \cdot \frac{DA}{AB} = \frac{AB\sin(\theta-\alpha)}{AC\sin\alpha} \cdot \frac{AC\sin\beta}{AD\sin(\theta-\beta)} \cdot \frac{AD}{AB}$$

$$= \frac{\sin(\theta-\alpha)\sin\beta}{\sin\alpha \sin(\theta-\beta)}.$$

∴ $\sin\alpha \sin(\theta-\beta) = \sin(\theta-\alpha)\sin\beta$.

$\sin\alpha\sin\theta\cos\beta - \sin\alpha\cos\theta\sin\beta = \sin\theta\cos\alpha\sin\beta - \cos\theta\sin\alpha\sin\beta$.

∴ $\sin\alpha\cos\beta = \cos\alpha\sin\beta$. ∴ $\tan\alpha = \tan\beta$. ∴ $\alpha = \beta$.

※ 证2 连结 GE 交 AC 于点 K，由塞瓦定理有

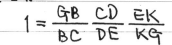

$$1 = \frac{GB}{BC} \cdot \frac{CD}{DE} \cdot \frac{EK}{KG}$$

$$= \frac{S_{\triangle AGB}}{S_{\triangle ABC}} \cdot \frac{S_{\triangle ACD}}{S_{\triangle ADE}} \cdot \frac{S_{\triangle AEK}}{S_{\triangle AKG}}$$

$$= \frac{AG\sin(\theta-\alpha)}{AC\sin\theta} \cdot \frac{AC\sin\theta}{AE\sin(\theta-\beta)} \cdot \frac{AE\sin\beta}{AG\sin\alpha} = \frac{\sin(\theta-\alpha)\sin\beta}{\sin(\theta-\beta)\sin\alpha}.$$

2. 在 $\triangle ABC$ 中，$\angle BAC=40°$，$\angle ABC=60°$，在边 AC，AB 上各取一点 D 和 E，使得 $\angle CBD=40°$，$\angle BCE=70°$，$BD\cap CE=F$，求证 $AF\perp BC$。　　（1998年加拿大数学奥林匹克）

证：$\because \angle ABC=60°$，$\angle CBD=40°$，
$\angle BAC=40°$，$\angle BCE=70°$，
$\therefore \angle ABD=20°$，$\angle ACB=80°$，$\angle ACE=10°$。
设 $\angle BAF=x$，于是 $\angle FAC=40°-x$。由角元塞瓦定理有

$$\frac{\sin x}{\sin(40°-x)}\cdot\frac{\sin 10°}{\sin 70°}\cdot\frac{\sin 40°}{\sin 20°}=1.$$

$$\therefore \frac{\sin x}{\sin(40°-x)}=\frac{\sin 70°\sin 20°}{\sin 10°\sin 40°}=\frac{\cos 20°\sin 20°}{\sin 10°\sin 40°}=\frac{1}{2\sin 10°}$$

$$=\frac{\sin 30°}{\sin(40°-30°)}.$$

因为上式左端作为 x 的函数在 $0<x<40°$ 的范围内严格递增，所以 $x=30°$，即 $\angle BAF=30°$。

$\therefore \angle ABC+\angle BAF=90°$。$\therefore AF\perp BC$。

3. AD, BE, CF 是 $\triangle ABC$ 的 3 条内角平分线，已知 $\angle EDF = 90°$，求 $\angle BAC$ 的所有可能值。（1987年美国数学奥林匹克）

解 记 $\angle CDE = \alpha$，$\angle EDA = \beta$，$\angle ADF = \gamma$，$\angle FDB = \delta$。由塞瓦定理有

$$1 = \frac{AF}{FB} \cdot \frac{BD}{DC} \cdot \frac{CE}{EA}$$

$$= \frac{S_{\triangle AFD}}{S_{\triangle FBD}} \cdot \frac{BD}{DC} \cdot \frac{S_{\triangle DCE}}{S_{\triangle ADE}}$$

$$= \frac{AD \sin\gamma}{BD \sin\delta} \cdot \frac{BD}{DC} \cdot \frac{CD \sin\alpha}{DA \sin\beta} = \frac{\sin\gamma \sin\alpha}{\sin\delta \sin\beta}. \quad ①$$

$\because \beta + \gamma = \angle EDF = 90°$，$\therefore \alpha + \delta = 90°$。

$\therefore \sin\gamma = \cos\beta$，$\sin\delta = \cos\alpha$。 ②

将②代入①，得到

$$\cos\beta \sin\alpha = \cos\alpha \sin\beta, \quad \tan\alpha = \tan\beta. \therefore \alpha = \beta.$$

即 DE 平分 $\angle ADC$。又因 BE 平分 $\angle ABD$，所以点 E 为 $\triangle ABD$ 的旁心。所以 AC 平分 $\triangle ABD$ 的 $\angle BAD$ 的外角。

$\therefore \angle BAD = \angle DAC = \frac{1}{2}(180° - \angle BAD)$。

$\therefore \angle BAD = 60°$。 $\therefore \angle BAC = 120°$。

4 以 △ABC 的底边 BC 为直径作半圆，分别交 AB、AC 于点 D 和 E，分别过 D 和 E 作 BC 的垂线，垂足分别为 F、G，线段 DG 和 EF 交于点 M，求证 AM⊥BC。（1996 年中国集训队选拔考试 1）

※ **证 1** 连结 BE、CD，作高 AK，于是 3 条高共点 H。

∵ DF∥AK∥EG，

∴ $\dfrac{BK}{FK} = \dfrac{AB}{AD}$， $\dfrac{KC}{KG} = \dfrac{AC}{AE}$。

由此反塞瓦定理有

$$1 = \dfrac{AD}{DB} \cdot \dfrac{BK}{KC} \cdot \dfrac{CE}{EA}$$

$$= \dfrac{AD}{DB} \cdot \dfrac{AB \cdot FK}{AD} \cdot \dfrac{AE}{AC \cdot KG} \cdot \dfrac{CE}{AE} = \dfrac{FK}{KG} \cdot \dfrac{AB}{AC} \cdot \dfrac{CE}{DB}$$

$$= \dfrac{FK}{KG} \cdot \dfrac{CE \sin C}{BD \sin B} = \dfrac{FK}{KG} \cdot \dfrac{EG}{DF}. \quad \boxed{同一法}$$

∴ $\dfrac{FK}{KG} = \dfrac{DF}{EG} = \dfrac{DM}{MG}$。 ∴ MK∥DF。

∵ DF⊥BC， ∴ MK⊥BC。

∴ 直线 AK 与 MK 重合。 ∴ AM⊥BC。

※ **证 2** 作高 AK，连结 BE、CD，于是 3 条高共点 H，连结 DE 交 AK 于点 L。

关于 △ADE 及点 H 运用塞瓦定理有

$$1 = \dfrac{DL}{LE} \cdot \dfrac{EC}{CA} \cdot \dfrac{AB}{BD} = \dfrac{DL}{LE} \cdot \dfrac{S_{\triangle EBC}}{S_{\triangle ABC}} \cdot \dfrac{S_{\triangle ABC}}{S_{\triangle BCD}}$$

$$= \frac{DL}{LE} \cdot \frac{S_{\triangle EBC}}{S_{\triangle DBC}} = \frac{DL}{LE} \cdot \frac{EG}{DF}.$$

$\therefore \dfrac{DL}{LE} = \dfrac{DF}{EG} = \dfrac{DM}{MG}.$ 同一法

$\therefore LM \parallel EG.$ $\because EG \perp BC$ $\therefore LM \perp BC.$

$\therefore$ 直线 AK 与 LM 重合. $\therefore AM \perp BC.$

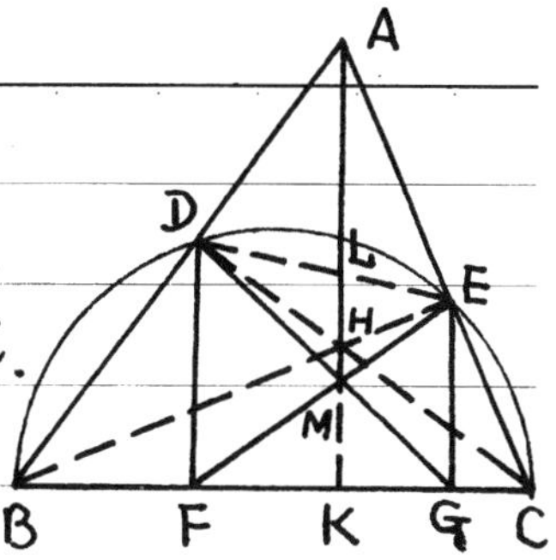

5. 设凸四边形 ABCD 的两组对边所在的直线分别交于两点 E 和 F，对角线 AC 和 BD 的交点 P 在直线 EF 上的射影为点 O，求证 $\angle BOC = \angle AOD$. （2002 年中国集训队选拔考试 1 题）

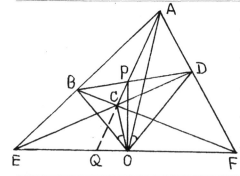

证 我们证明的思路是证明 OP 既是 $\angle AOC$ 的平分线又是 $\angle BOD$ 的平分线。

延长 AC 交 EF 于点 Q. 关于 $\triangle AEC$ 与点 F 运用塞瓦定理有

$$\frac{AB}{BE} \cdot \frac{ED}{DC} \cdot \frac{CQ}{QA} = 1. \quad ①$$

直线 BPD 截 $\triangle AEC$，由梅涅劳斯定理有

$$\frac{AB}{BE} \cdot \frac{ED}{DC} \cdot \frac{CP}{PA} = 1. \quad ②$$

比较 ① 和 ②，得到

$$\frac{CP}{PA} = \frac{CQ}{QA}, \quad \frac{AP}{AQ} \cdot \frac{CQ}{CP} = 1.$$

$$\therefore 1 = \frac{AP}{AQ} \cdot \frac{CQ}{CP} = \frac{S_{\triangle OAP}}{S_{\triangle OAQ}} \cdot \frac{S_{\triangle OCQ}}{S_{\triangle OCP}}$$

$$= \frac{OP \sin \angle AOP}{OQ \sin \angle AOQ} \cdot \frac{OQ \sin \angle COQ}{OP \sin \angle COP} = \frac{\sin \angle AOP \cos \angle COP}{\cos \angle AOP \sin \angle COP}$$

$$= \tan \angle AOP \cdot \cot \angle COP.$$

$\therefore \tan \angle AOP = \tan \angle COP.$ $\therefore \angle AOP = \angle COP.$

记 $\angle AOP = \angle COP = \varphi$, $\angle BOP = \theta_1$, $\angle DOP = \theta_2$, 关于 $\triangle AEC$ 和点 F 运用塞瓦定理有

用②式、梅涅劳斯定理或直线CPA截△BED的梅涅劳斯定理亦可证出.

$$1 = \frac{AB}{BE} \cdot \frac{ED}{DC} \cdot \frac{CQ}{QA} = \frac{S_{\triangle ABO}}{S_{\triangle BEO}} \cdot \frac{S_{\triangle EDO}}{S_{\triangle DCO}} \cdot \frac{S_{\triangle CQO}}{S_{\triangle QAO}}$$

$$= \frac{OA\sin\angle AOB}{OE\sin\angle BOE} \cdot \frac{OE\sin\angle DOE}{OC\sin\angle COD} \cdot \frac{OC\sin\angle COQ}{OA\sin\angle AOQ}$$

$$= \frac{\sin(\theta_1+\varphi)}{\sin(90°-\theta_1)} \cdot \frac{\sin(90°+\theta_2)}{\sin(\theta_2+\varphi)} \cdot \frac{\sin(90°-\varphi)}{\sin(90°+\varphi)} = \frac{\sin(\varphi+\theta_1)\cos\theta_2}{\sin(\varphi+\theta_2)\cos\theta_1}.$$

∴ $\sin(\varphi+\theta_1)\cos\theta_2 = \sin(\varphi+\theta_2)\cos\theta_1$.

$\sin\varphi\cos\theta_1\cos\theta_2 + \cos\varphi\sin\theta_1\cos\theta_2 = \sin\varphi\cos\theta_2\cos\theta_1 + \cos\varphi\sin\theta_2\cos\theta_1$

∴ $\tan\theta_1 = \tan\theta_2$. ∴ $\theta_1 = \theta_2$, 即 $\angle BOP = \angle DOP$.

∴ $\angle BOC = \angle AOD$.

※ 证2 关于△ABD和点C应用塞瓦定理有

$$1 = \frac{AE}{EB} \cdot \frac{BP}{PD} \cdot \frac{DF}{FA} = \frac{S_{\triangle AEO}}{S_{\triangle EBO}} \cdot \frac{S_{\triangle BPO}}{S_{\triangle PDO}} \cdot \frac{S_{\triangle DFO}}{S_{\triangle FAO}}$$

$$= \frac{OA\sin\angle AOE}{OB\sin\angle BOE} \cdot \frac{OB\sin\angle BOP}{OD\sin\angle DOP} \cdot \frac{OD\sin\angle DOF}{OA\sin\angle AOF}$$

∵ $\angle AOE + \angle AOF = 180°$, $\angle BOE + \angle BOP = 90°$, $\angle DOP + \angle DOF = 90°$.

∴ $1 = \frac{\sin\angle BOP}{\cos\angle BOP} \cdot \frac{\cos\angle DOP}{\sin\angle DOP} = \tan\angle BOP \cdot \cot\angle DOP$.

∴ $\tan\angle BOP = \tan\angle DOP$. ∴ $\angle BOP = \angle DOP$.

记 $\angle BOP = \angle DOP = \theta$, $\angle COP = x$, $\angle AOP = y$. 关于△AEC和点F的由塞瓦定理有

$$1 = \frac{AB}{BE} \cdot \frac{ED}{DC} \cdot \frac{CQ}{QA} = \frac{S_{\triangle ABO}}{S_{\triangle BEO}} \cdot \frac{S_{\triangle EDO}}{S_{\triangle DCO}} \cdot \frac{S_{\triangle CQO}}{S_{\triangle QAO}}$$

$$= \frac{OA\sin\angle AOB}{OE\sin\angle BOE} \cdot \frac{OE\sin\angle EOD}{OC\sin\angle DOC} \cdot \frac{OC\sin\angle COQ}{OA\sin\angle AOQ}$$

$$= \frac{\sin(\theta+y)}{\sin(90°-\theta)} \cdot \frac{\sin(90°+\theta)}{\sin(\theta+x)} \cdot \frac{\sin(90°-x)}{\sin(90°+y)} = \frac{\sin(\theta+y)\cos x}{\sin(\theta+x)\cos y}.$$

∴ $\tan x = \tan y$. ∴ $x = y$, 即 $\angle COP = \angle AOP$.

6 AD是锐角△ABC的底边BC上的高，H是AD上任意一点，BH和CH的延长线分别交AC、AB于点E、F，求证∠EDH=∠FDH.
(1994年加拿大数学奥林匹克)

证1 由塞瓦定理有

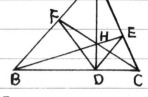

$$1 = \frac{AF}{FB} \cdot \frac{BD}{DC} \cdot \frac{CE}{EA}$$

$$= \frac{S_{\triangle AFD}}{S_{\triangle FBD}} \cdot \frac{BD}{DC} \cdot \frac{S_{\triangle EDC}}{S_{\triangle EAD}}$$

$$= \frac{DA\sin\angle ADF}{BD\sin\angle BDF} \cdot \frac{BD}{DC} \cdot \frac{DC\sin\angle CDE}{AD\sin\angle ADE}$$

$$= \frac{\sin\angle ADF}{\sin\angle BDF} \cdot \frac{\sin\angle CDE}{\sin\angle ADE}.$$

∵ ∠ADF+∠BDF=90°，∠CDE+∠ADE=90°，

∴ sin∠BDF=cos∠ADF，sin∠CDE=cos∠ADE.

∴ 1=tan∠ADF·cot∠ADE，tan∠ADF=tan∠ADE.

∴ ∠EDH=∠FDH.

证2 关于△HBC和点A应用塞瓦定理有

$$1 = \frac{BD}{DC} \cdot \frac{CF}{FH} \cdot \frac{HE}{EB} = \frac{BD}{DC} \cdot \frac{S_{\triangle DCF}}{S_{\triangle DFH}} \cdot \frac{S_{\triangle DHE}}{S_{\triangle DEB}}$$

$$= \frac{BD}{DC} \cdot \frac{DC\sin\angle CDF}{DH\sin\angle FDH} \cdot \frac{DH\sin\angle EDH}{DB\sin\angle EDB}$$

$$= \frac{\sin\angle CDF}{\sin\angle FDH} \cdot \frac{\sin\angle EDH}{\sin\angle EDB} = \cot\angle FDH \cdot \tan\angle EDH.$$

∴ tan∠EDH=tan∠FDH. ∴ ∠EDH=∠FDH.

注 此题的逆命题也成立.

7. 在 △ABC 的边 AB 上取一点 O，以 O 为心在三角形内作半圆，分别切 BC，CA 于点 D 和 E，AD∩BE=F，过 F 作 FG⊥AB 于点 G，求证 FG 平分 ∠EGD。　　(1994年IMO 预选题)

证 连结 OD，OE，作 △ABC 的高 CH，于是有
$\angle AEO = 90° = \angle AHC$，
$\angle BDO = 90° = \angle BHC$。
∴ △AEO ∽ △AHC，
△BDO ∽ △BHC。

又 ∵ OE = OD，∴ $\dfrac{AH}{AE} = \dfrac{CH}{OE} = \dfrac{CH}{OD} = \dfrac{BH}{BD}$。

∵ CE = CD，∴ $\dfrac{AH}{HB} \cdot \dfrac{BD}{DC} \cdot \dfrac{CE}{EA} = \dfrac{AH}{HB} \cdot \dfrac{BD}{EA} = 1$。

由塞瓦定理的逆定理知 AD，BE，CH 三线共点，即 C，F，H 三点共线，所以点 H 与 G 重合，FH 与 FG 重合。

∵ $\angle CEO = 90° = \angle CDO = \angle CGO$，
∴ C，E，O，G，D 五点共圆，且 OC 为此圆的直径。
∴ $\angle CGD = \angle COD = \angle COE = \angle CGE$，即 FG 平分 ∠EGD。

注 由 6 题的结果知，只须证明点 F 在边 AB 的高 CH 上。
证 2 用塞瓦定理的逆定理证明点 F 在 CH 上。

8. AD是锐角△ABC的顶角平分线，交BC于点D，过点D分别作DE⊥AC于点E，DF⊥AB于点F，BE∩CF=H，△AFH的外接圆交BE于点G，求证以线段BG、GE和BF为3边组成的三角形是直角三角形。（2003年中国集训队选拔考试1题）

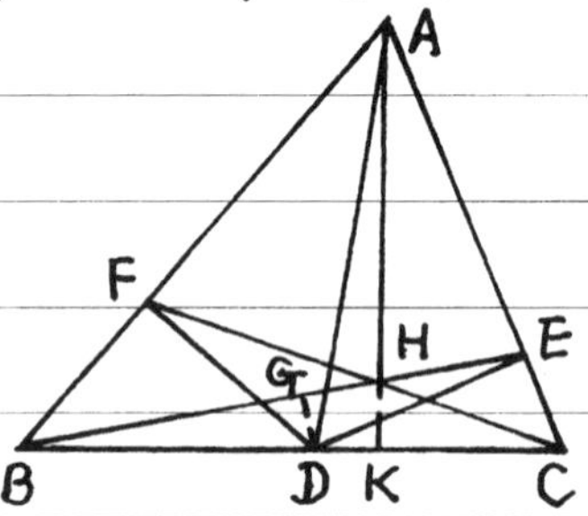

证：连结DG，作△ABC的高AK。

∵ AD平分∠BAC，DE⊥AC，DF⊥AB，

∴ DF=DE，AF=AE。

∵ AK⊥BC，DF⊥AB，DE⊥AC，

∴ △BDF∽△BAK，△CDE∽△CAK。

∴ $\frac{BK}{BF} = \frac{AK}{DF} = \frac{AK}{DE} = \frac{CK}{CE}$。

∴ $\frac{AF}{FB} \cdot \frac{BK}{KC} \cdot \frac{CE}{EA} = 1$。

由塞瓦定理的逆定理知AK、BE、CF三线共点，即点H在AK上。

∵ ∠AFD=90°=∠AKD，∴ A、F、D、K四点共圆。

∴ BD·BK=BA·BF=BG·BH，∴ G、D、K、H四点共圆。

∴ ∠DGH=180°-∠DKH=90°。

∴ $BD^2 - BG^2 = DG^2 = DE^2 - GE^2$。

∴ $BG^2 - GE^2 = BD^2 - DE^2 = BD^2 - DF^2 = BF^2$。

∴ 以线段BG、GE和BF为3边的三角形为直角三角形。

9. 在 △ABC 内给定 3 点 D, E, F, 使得 ∠BAE = ∠CAF, ∠ABD = ∠CBF, 求证 AD, BE, CF 三线共点的充分必要条件是 ∠ACD = ∠BCE.

(《中等数学》99-2-23)

证1 记 ∠BAE = ∠CAF = α, ∠ABD = ∠CBF = β, ∠ACD = x, ∠BCE = y, AD∩BC = L, BE∩CA = M, CF∩AB = N, 于是有

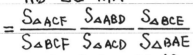

$$\frac{AN}{NB} \cdot \frac{BL}{LC} \cdot \frac{CM}{MA}$$

$$= \frac{S_{\triangle ACF}}{S_{\triangle BCF}} \cdot \frac{S_{\triangle ABD}}{S_{\triangle ACD}} \cdot \frac{S_{\triangle BCE}}{S_{\triangle BAE}}$$

$$= \frac{AC \cdot AF \sin\alpha}{BC \cdot BF \sin\beta} \cdot \frac{BA \cdot BD \sin\beta}{CA \cdot CD \sin x} \cdot \frac{CB \cdot CE \sin y}{AB \cdot AE \sin\alpha}$$

$$= \frac{AF}{BF} \cdot \frac{BD}{CD} \cdot \frac{CE}{AE} \cdot \frac{\sin y}{\sin x}$$

$$= \frac{\sin(B-\beta)}{\sin(A-\alpha)} \cdot \frac{\sin(C-x)}{\sin(B-\beta)} \cdot \frac{\sin(A-\alpha)}{\sin(C-y)} \cdot \frac{\sin y}{\sin x} = \frac{\sin(C-x) \sin y}{\sin(C-y) \sin x}.$$

若 ∠ACD = ∠BCE, 即 x = y, 则上式右端为 1, 由塞瓦定理逆定理知 AD, BE, CF 三线共点, 即充分性成立.

反之, 若已知 AD, BE, CF 三线共点, 则由塞瓦定理知上式左端为 1, 于是有

$$\sin(C-x)\sin y = \sin(C-y)\sin x.$$

$\sin C \cos x \sin y - \cos C \sin x \sin y = \sin C \cos y \sin x - \cos C \sin y \sin x.$

∴ tan x = tan y. ∴ x = y, 即 ∠ACD = ∠BCE.

证2 使用证1中的记号，由角元塞瓦定理有

$$1 = \frac{\sin\angle ABE}{\sin\angle EBC} \cdot \frac{\sin\angle BCE}{\sin\angle ECA} \cdot \frac{\sin\angle CAE}{\sin\angle EAB}$$

$$= \frac{\sin\angle ABE}{\sin\angle EBC} \cdot \frac{\sin y}{\sin(C-y)} \cdot \frac{\sin(A-\alpha)}{\sin\alpha},$$

$$1 = \frac{\sin\angle CAD}{\sin\angle DAB} \cdot \frac{\sin\angle ABD}{\sin\angle DBC} \cdot \frac{\sin\angle BCD}{\sin\angle DCA}$$

$$= \frac{\sin\angle CAD}{\sin\angle DAB} \cdot \frac{\sin\beta}{\sin(B-\beta)} \cdot \frac{\sin(C-x)}{\sin x},$$

$$1 = \frac{\sin\angle BCF}{\sin\angle FCA} \cdot \frac{\sin\angle CAF}{\sin\angle FAB} \cdot \frac{\sin\angle ABF}{\sin\angle FBC}$$

$$= \frac{\sin\angle BCF}{\sin\angle FCA} \cdot \frac{\sin\alpha}{\sin(A-\alpha)} \cdot \frac{\sin(B-\beta)}{\sin\beta}.$$

3式相乘，得到

$$\frac{\sin\angle ABE}{\sin\angle EBC} \cdot \frac{\sin\angle BCF}{\sin\angle FCA} \cdot \frac{\sin\angle CAD}{\sin\angle DAB} = \frac{\sin(C-y)}{\sin y} \cdot \frac{\sin x}{\sin(C-x)}.$$

由角元塞瓦定理及其逆定理知，AD、BE、CF 三线共点的充分必要条件是 $x = y$，即是 $\angle ACD = \angle BCE$。

10. 设 △ABC 的 3 边中点分别为 D, E, F, ∠BDA 和 ∠CDA 的平分线分别交 AB, AC 于点 M, N, MN∩AD=O, EO∩AB=P, FO∩AC=Q. 求证 AD=PQ. (1992年保加利亚数学奥林匹克)

证 连结 EF 交 AD 于点 G, 于是 EF∥BC 且 $EF=\frac{1}{2}BC$, G 为 EF 中点. 记 PQ∩AD=H. 关于 △AFE 和点 O 应用塞瓦定理有

$$1 = \frac{AP}{PF} \cdot \frac{FG}{GE} \cdot \frac{EQ}{QA} = \frac{AP}{PF} \cdot \frac{EQ}{QA}.$$

∴ $\frac{AP}{FP} = \frac{AQ}{EQ}$. ∴ PQ∥EF∥BC.

∵ DM 平分 ∠ADB, DN 平分 ∠ADC, BD=DC,

∴ $\frac{AM}{MB} = \frac{AD}{DB} = \frac{AD}{CD} = \frac{AN}{NC}$. ∴ MN∥BC 且 O 为 MN 中点.

∴ $\frac{MO}{PQ} + \frac{ON}{EF} = \frac{FO}{FQ} + \frac{OQ}{FQ} = 1$. ∴ $\frac{1}{PQ} + \frac{1}{EF} = \frac{2}{MN}$. ①

∵ $\frac{DB}{AD} = \frac{BM}{MA}$,

∴ $\frac{DB}{AD} + 1 = \frac{BM}{MA} + 1 = \frac{BM+MA}{MA} = \frac{AB}{MA} = \frac{BC}{MN} = \frac{2EF}{MN}$.

又 ∵ $DB = \frac{1}{2}BC = EF$, ∴ $\frac{1}{AD} + \frac{1}{EF} = \frac{2}{MN}$. ②

比较 ① 和 ② 即得
$$AD = PQ.$$

11. P 为 $\triangle ABC$ 内一点，AP，BP，CP 延长后分别交 BC，CA，AB 于点 D，E，F，在 BF 与 CE 上各取一点 M，N，使得 $BM:MF=EN:NC$，$MN\cap BE=Q$，$MN\cap CF=R$，求证 $MQ:RN=BD:DC$.

证 关于 $\triangle PBC$ 和点 A 应用塞瓦定理有

$$\frac{BD}{DC}\cdot \frac{CF}{FP}\cdot \frac{PE}{EB}=1.$$

$$\therefore \frac{BD}{DC}=\frac{FP}{FC}\cdot\frac{BE}{PE}. \quad ①$$

直线 BQP 截 $\triangle FMR$，直线 QPE 外截 $\triangle RCN$，由梅涅劳斯定理

$$\frac{MQ}{QR}\cdot\frac{RP}{PF}\cdot\frac{FB}{BM}=1=\frac{NQ}{QR}\cdot\frac{RP}{PC}\cdot\frac{CE}{EN}.$$

$$\therefore \frac{MQ}{QN}=\frac{PF}{FB}\cdot\frac{BM}{PC}\cdot\frac{CE}{EN}. \quad ②$$

$$\because \frac{BM}{MF}=\frac{EN}{NC},\quad \therefore \frac{BM}{BF}=\frac{EN}{CE} \text{（合比定理）}. \quad ③$$

将③代入②，得到

$$\frac{MQ}{QN}=\frac{PF}{PC}.\quad \therefore \frac{MQ}{MN}=\frac{PF}{CF}\text{（合比定理）}. \quad ④$$

同理 $\dfrac{RN}{MN}=\dfrac{PE}{BE}. \quad ⑤$

由④和⑤得到

$$\frac{MQ}{RN}=\frac{FP}{FC}\cdot\frac{BE}{PE}. \quad ⑥$$

由①和⑥即得所欲证.

12. 如图，在 $\triangle ABC$ 中，O 为外心，3条高 AD, BE, CF 交于点 H，直线 ED 和 AB 交于点 M，FD 和 AC 交于点 N，求证：

(i) $OB \perp DF$，$OC \perp DE$；(ii) $OH \perp MN$。

(2001年全国联赛二试一题)

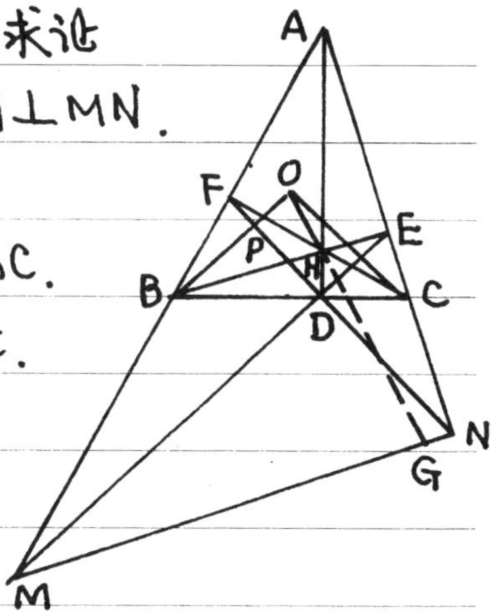

证 $\because O$ 是外心，$\therefore \angle BOC = 2\angle BAC$。

$\therefore \angle OBC = 90° - \frac{1}{2}\angle BOC = 90° - \angle BAC$。

又 $\because A, F, D, C$ 四点共圆，

$\therefore \angle BDF = \angle BAC$。

$\therefore \angle BPD = 180° - \angle BDF - \angle OBD$
$\qquad = 90°$。

$\therefore OB \perp DF$。同理 $OC \perp DE$。

再证 (ii). 过 O 作 $OG \perp MN$ 于 G。

$\because AD \perp BC$，$BE \perp AC$，$CF \perp AB$，

$\therefore \angle COG = \angle EMN$，$\angle BOG = \angle FNM$，$\angle OBE = \angle ANF$，

$\angle EBC = \angle CAD$，$\angle BCF = \angle BAD$，$\angle FCO = \angle AME$。

关于 $\triangle AMN$ 和点 D 应用角元塞瓦定理有

$1 = \dfrac{\sin\angle MAD}{\sin\angle DAN} \cdot \dfrac{\sin\angle ANF}{\sin\angle FNM} \cdot \dfrac{\sin\angle NME}{\sin\angle EMA}$

$= \dfrac{\sin\angle BCF}{\sin\angle EBC} \cdot \dfrac{\sin\angle OBE}{\sin\angle BOG} \cdot \dfrac{\sin\angle COG}{\sin\angle FCO}$

$= \dfrac{\sin\angle COG}{\sin\angle GOB} \cdot \dfrac{\sin\angle OBE}{\sin\angle EBC} \cdot \dfrac{\sin\angle BCF}{\sin\angle FCO}$。

由角元塞瓦定理的逆定理知 OG，BE，CF 三线共点。

$\because BE \cap CF = H$，$\therefore$ 点 H 在 OG 上，$\therefore OH \perp MN$。

十二 三点共线

主要方法

1. 梅涅劳斯定理的逆定理;
2. 同一法;
3. 面积法;
4. 坐标法;
5. 复数法;
6. 位似法;
7. 化为三线共点问题.

1. $\triangle ABC$ 的边 BC 与它的内切圆切于点 D，内心为 I，找段 BC 和 AD 的中点分别为 M，N，求证 M，I，N 三点共线。

(1977年英国数学奥林匹克)

证1 连结 AI，CI，延长 AI 交 BC 于点 E。因为 I 为内心，故由角平分线定理有

$$\frac{AI}{IE} = \frac{AC}{EC}, \quad \frac{BE}{EC} = \frac{c}{b}.$$

$$\therefore CE = \frac{ab}{b+c}.$$

又 $\because CD = \frac{a+b-c}{2}$,

$$\therefore MD = MC - DC = \frac{a}{2} - \frac{a+b-c}{2} = \frac{c-b}{2},$$

$$ME = MC - EC = \frac{a}{2} - \frac{ab}{b+c} = \frac{a(c-b)}{2(b+c)}.$$

$\because AN = ND$,

$$\therefore \frac{AI}{IE} \cdot \frac{EM}{MD} \cdot \frac{DN}{NA} = \frac{AC}{CE} \cdot \frac{EM}{MD} = \frac{b}{\frac{ab}{b+c}} \cdot \frac{\frac{a(c-b)}{2(b+c)}}{\frac{c-b}{2}} = 1.$$

梅涅劳斯定理

由梅涅劳斯定理的逆定理知 M，I，N 三点共线。

证2 作 $\triangle ABC$ 的边 BC 之外的旁切圆 $\odot O$，分别切 BC，AB，AC 于点 E，M，N，作 $\odot I$ 的直径 DF，过 F 作 $\odot I$ 的切线，分别交 AB，AC 于点 B'，C'，于是 $B'C' \parallel BC$。

$\because \odot I$ 和 $\odot O$ 分别为内切圆与旁切圆，

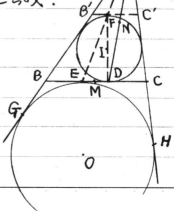

∴ 2CD = AC+BC−AB,
∴ 2BE = BE+BG = BC−CE+AG−AB = BC−CH+AH−AB
      = BC+AC−AB = 2CD.
∴ M 为 ED 中点.

在将⊙I变成⊙O的位似变换之下, A 为位似中心, F 和 E 为对应点, 所以 A, F, E 三点共线. M, I, N 分别为线段 ED, FD 和 AD 的中点, 所以 M, I, N 三点共线.

证 3 连结 AI, BI, CI, DI,
FI, BN, CN, 于是有
$S_{\triangle BMN} = \frac{1}{2} S_{\triangle BCN} = \frac{1}{4} S_{\triangle ABC}$.
$S_{\triangle BMI} = \frac{1}{2} S_{\triangle BCI}$
       $= \frac{1}{2}(S_{\triangle BDI} + S_{\triangle DCI})$.

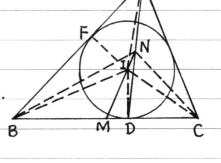

引理 在梯形中, 两条对角线中点连线之长等于下底与上底之差的一半.

注意, △ABI, △NBI 和 △DBI 都以 BI 为底面三者之高恰满足引理的条件, 所以有 [面积法]
$S_{\triangle NBI} = \frac{1}{2}(S_{\triangle ABI} - S_{\triangle DBI}) = \frac{1}{2} S_{\triangle AFI}$.

∴ $S_{\triangle BMI} + S_{\triangle BNI} = \frac{1}{2}(S_{\triangle BDI} + S_{\triangle DCI} + S_{\triangle AFI})$
                    $= \frac{1}{4} S_{\triangle ABC} = S_{\triangle BMN}$.

∴ M, I, N 三点共线.

2. 在 $\triangle ABC$ 中, $\angle ABC = 70°$, $\angle ACB = 30°$, P 和 Q 为形内两点, 使得 $\angle QBC = \angle QCB = 10°$, $\angle PBQ = \angle PCB = 20°$. 求证 $A、P、Q$ 三点共线. (《中等数学》2000-4-49)

证1 为证 $A、P、Q$ 三点共线, 只须证明 $AQ、BP、CP$ 三线共点. 由角元塞瓦定理的逆定理知, 这又只须证明

$$\frac{\sin\angle BAQ}{\sin\angle QAC} \cdot \frac{\sin\angle ACP}{\sin\angle PCB} \cdot \frac{\sin\angle CBP}{\sin\angle PBA} = 1. \quad ①$$

$\because \angle QBC = \angle QCB = 10°$, $\angle ABC = 70°$, $\angle ACB = 30°$,

$\therefore \angle BQC = 160°$, $\angle BAC = 80°$. $QB = QC$.

$\therefore$ 点 Q 为 $\triangle ABC$ 的外心. $\therefore \triangle ABQ$ 为正三角形.

$\therefore \angle BAQ = 60°$, $\angle CAQ = 20°$.

三线共点导致三点共线

这样一来, ①式变化为

$$\frac{\sin 60°}{\sin 20°} \cdot \frac{\sin 10°}{\sin 20°} \cdot \frac{\sin 30°}{\sin 40°} = 1$$

$$2\sin 20° \cos 10° \sin 40° = \frac{\sqrt{3}}{4}. \quad ②$$

由积化和差公式有

$2\sin 20° \cos 10° \sin 40° = (\sin 30° + \sin 10°)\sin 40°$

$= \frac{1}{2}\sin 40° + \frac{1}{2}(\cos 30° - \cos 50°) = \frac{1}{2}\cos 30° = \frac{\sqrt{3}}{4}$,

即②成立, 从而①成立. 所以 $AQ、BP、CP$ 三线共点. 所以 $A、P、Q$ 三点共线.

若看不出 Q 为外心, 关于点 Q 应用角元塞瓦定理也可得到

$$\frac{\sin\angle BAQ}{\sin\angle QAC} = \frac{\sin 60°}{\sin 20°}. \quad (2004.7.23)$$

证2 ∵ ∠BQC = 160°, ∠BPC = 130°, 设 BC = 1, 由正弦定理有

$$BQ = \frac{\sin 10°}{\sin 160°} = \frac{1}{2\cos 10°},$$

$$BP = \frac{\sin 20°}{\sin 50°},$$

$$AB = \frac{\sin 30°}{\sin 80°} = \frac{1}{2\cos 10°} = BQ.$$

$$\therefore 2S_{\triangle ABP} = AB \cdot BP \sin 40° = AB \frac{\sin 20° \sin 40°}{\sin 50°},$$

$$2S_{\triangle BPQ} = BQ \cdot BP \sin 20° = BQ \frac{\sin 20° \sin 20°}{\sin 50°},$$

$$2S_{\triangle ABQ} = AB \cdot BQ \sin 60° = AB \frac{\sin 60°}{2\cos 10°}.$$

可见, 为证 （画栏框）

$$S_{\triangle ABP} + S_{\triangle BPQ} = S_{\triangle ABQ}, \quad ①$$

只须验证

$$\sin 40° + \sin 20° = \frac{\sin 60° \sin 50°}{2\cos 10° \sin 20°}, \quad ②$$

∵ $\sin 40° + \sin 20° = 2\sin 30° \cos 10° = \cos 10°,$ ③

∴ $2\cos^2 10° \sin 20° = \sin 60° \sin 50°.$ ②'

$(1 + \cos 20°)\sin 20° = \frac{1}{2}(\cos 10° - \cos 110°)$

$2\sin 20° + \sin 40° = \cos 10° + \cos 70° = \cos 10° + \sin 20°$

$\sin 20° + \sin 40° = \cos 10°.$

由③式知此式成立, 设从②式成立, 从而①式成立.

※ 证3 取以点B为原点，BC为X轴，BC=2的直角坐标系，于是点Q的坐标为$(1, \tan 10°)$. 由正弦定理有

$$AB = \frac{2\sin 30°}{\sin 80°} = \frac{1}{\sin 80°}, \quad BP = \frac{2\sin 20°}{\sin 50°}.$$

于是点A和P的坐标分别为

$$A\left(\frac{\cos 70°}{\sin 80°}, \frac{\sin 70°}{\sin 80°}\right), \quad P\left(\frac{2\sin 20°\cos 30°}{\sin 50°}, \frac{\sin 20°}{\sin 50°}\right).$$

下面我们分别计算k_{AQ}和k_{PQ}并验证二者相等，从而证明A, P, Q三点共线。

$$k_{AQ} = \frac{y_A - y_Q}{x_A - x_Q} = \frac{\sin 70° - \tan 10°\sin 80°}{\cos 70° - \sin 80°} = \frac{\sin 70° - \sin 10°}{\sin 20° - \sin 80°}$$

$$= \frac{2\sin 30°\cos 40°}{-2\sin 30°\cos 50°} = -\tan 50°.$$

$$k_{PQ} = \frac{y_P - y_Q}{x_P - x_Q} = \frac{\sin 20° - \tan 10°\sin 50°}{2\sin 20°\cos 30° - \sin 50°} = \frac{\sin 20° - \tan 10°\sin 50°}{-\sin 10°}$$

$$= -2\cos 10° + \frac{\sin 50°}{\cos 10°} = -2\cos 10° + \frac{\cos 40°}{\sin 80°}$$

$$= -2\cos 10° + \frac{1}{2\sin 40°} = \frac{-4\cos 10°\sin 40° + 1}{2\sin 40°} \quad \boxed{坐标法}$$

$$= \frac{-2(\sin 50° + \sin 30°) + 1}{2\sin 40°} = -\tan 50°.$$

$\therefore k_{AQ} = k_{PQ}$. $\therefore A, P, Q$ 三点共线。

※ 证4 连结AQ, PQ。

$\because \angle BQC = 160°, \angle BAC = 80°, BQ = QC$，

$\therefore$ 点Q为$\triangle ABC$的外心。$\therefore \triangle ABQ$为正三角形，$\angle BQA = 60°$。

另一方面，设$\angle CPQ = x$，于是$\angle BPQ = 130° - x$。在$\triangle PBC$中应用角元塞瓦定理有

$$1 = \frac{\sin X}{\sin(130°-X)} \cdot \frac{\sin 20°}{\sin 10°} \cdot \frac{\sin 10°}{\sin 10°} = \frac{\sin X}{\sin(130°-X)} \cdot \frac{\sin 20°}{\sin 10°}.$$

$$\therefore \frac{\sin X}{\sin(130°-X)} = \frac{\sin 10°}{\sin 20°} = \frac{1}{2\cos 10°} = \frac{\sin 30°}{\sin 80°} = \frac{\sin 30°}{\sin 100°}$$

$$= \frac{\sin 30°}{\sin(130°-30°)}. \qquad \boxed{\text{同-}\stackrel{\text{法}}{\text{页}}}$$

$$\therefore \frac{\sin X}{\sin(130°-X)} = \frac{\sin X}{\sin 130° \cos X - \cos 130° \sin X} = \frac{1}{\sin 130° \cot X - \cos 130°}.$$

又 $\because \cot X$ 在第1象限递减,所以 $\dfrac{\sin X}{\sin(130°-X)}$ 在第1象限中严格递增.

$\therefore X = 30°$,即 $\angle CPQ = 30°$. $\therefore \angle BPQ = 100°$. $\therefore \angle BQP = 60°$.

$\therefore \angle BQP = \angle BQA$. $\therefore A、P、Q$ 三点共线.

证5 $\because Q$ 为 $\triangle ABC$ 的外心, $\therefore \triangle ABQ$ 为正三角形.

$\therefore \angle BAQ = 60°$.

可见,为证 $A、P、Q$ 三点共线,只须再证 $\angle BAP = 60°$.连结 AP,设 $\angle BAP = X$,于是 $\angle CAP = 80°-X$.由角元塞瓦定理有

$$\frac{\sin X}{\sin(80°-X)} \cdot \frac{\sin 10°}{\sin 20°} \cdot \frac{\sin 30°}{\sin 40°} = 1.$$

$$\frac{\sin X}{\sin(80°-X)} = \frac{\sin 20° \sin 40°}{\sin 10° \sin 30°} = 4\cos 10° \sin 40°$$

$$= \frac{\sin 60°}{\sin 20°} \cdot \frac{4\cos 10° \sin 60° \sin 20°}{\sin 60°} \qquad \boxed{\text{同-}\stackrel{\text{法}}{\text{页}}}$$

$$= \frac{\sin 60°}{\sin 20°} = \frac{\sin 60°}{\sin(80°-60°)} \quad (\text{见证1之(2)式})$$

由于 $\dfrac{\sin X}{\sin(80°-X)}$ 在 $0<X<80°$ 范围内严格递增,故得

$\angle BAP = X = 60°$. $\therefore A、P、Q$ 三点共线.

3. 设 H 是锐角 △ABC 的垂心，由 A 向以 BC 为直径的圆作切线 AP, AQ，切点分别为 P 和 Q，求证 P, H, Q 三点共线.

(1996年中国数学奥林匹克1题)

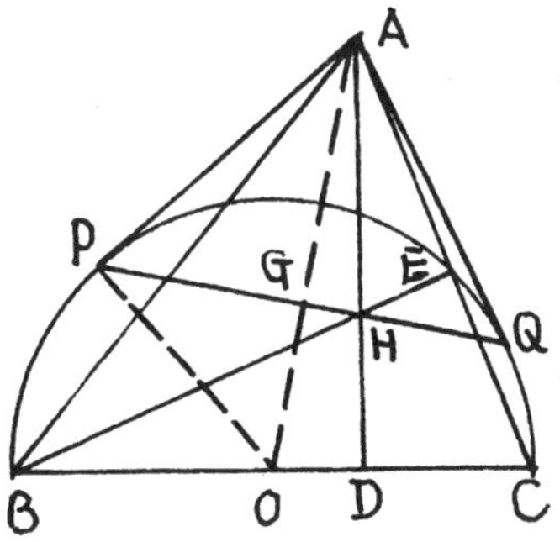

证1 记 BC 中点为 O，连结 OA, OP，连结 PQ 交 AO 于点 G，于是 PQ⊥AO，OP⊥AP.

∵ H, D, C, E 四点共圆，

∴ AH·AD = AE·AC = AP².

∵ ∠APO = 90° = ∠AGP，

∴ AP² = AG·AO. ∴ AG·AO = AH·AD.

∴ G, O, D, H 四点共圆.   同一法

连结 GH，于是 ∠HGO = 180° - ∠HDO = 90°.

∴ ∠QGO = 90° = ∠HGO，∴ P, H, Q 三点共线.

证2 连结 OA, OP，连结 PQ 分别交 AO, AD 于点 G 和 H'.

∵ H, D, C, E 和 G, O, D, H' 都四点共圆，

∴ AH·AD = AE·AC = AP² = AG·AO = AH'·AD.

∴ AH = AH'. ∴ 点 H' 与 H 重合.   同一法

∴ P, H, Q 三点共线.

4. 在梯形 ABCD 中，AB∥DC，AD=BC，将 △ACD 绕点 C 旋转一个角度，得到 △A'CD'，求证线段 A'B、DC 和 D'C 的中点三点共线。　　　（1989 年全苏数学奥林匹克）

证1　记 DC，D'C 的中点分别为 F，G，连结 A'G，BF，连结 GF 并延长，交 A'B 于点 E。于是只须证明 E 为 A'B 的中点。

∵ $D'G = \frac{1}{2}CD' = \frac{1}{2}CD = CF$，
　A'D' = AD = BC，
　∠D' = ∠D = ∠BCF，
∴ △A'D'G ≌ △BCF。
∴ A'G = BF，∠A'GD' = ∠BFC。
∵ CF = CG，∴ ∠CFG = ∠CGF。
∴ ∠BFE = ∠A'GE。

∴ $A'E = \dfrac{A'G \sin\angle A'GE}{\sin\angle A'EG} = \dfrac{BF \sin\angle BFE}{\sin\angle FEB} = EB$，

即 E 为 A'B 中点。

同一法

证2　连结 A'G 并延长到点 B'，使得 A'G = GB'，连结 B'B，B'C，B'D'，GF，GE。于是四边形 A'CB'D' 为平行四边形，而 △CGF 和 △CBB' 都是等腰三角形。
∵ E，G 分别为 A'B，A'B' 的中点，∴ GE∥B'B。

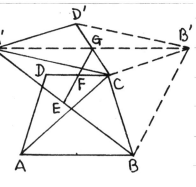

∵ ∠FCB = ∠ADC = ∠A'D'C = ∠GCB'.

∴ FG ∥ BB'.

∴ FG ∥ EG. ∴ E、F、G 三点共线.

同一法

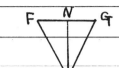
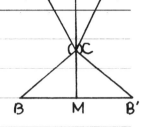

3题证3 注意

(1) B、C、Q、E、F、P 这6点都在 ⊙O 上;

(2) A、P、O、D、Q 五点共圆，记为 ⊙M;

(3) A、B、D、E 四点共圆，记为 ⊙N.

容易看出，这3个圆两两之间的3条根轴分别为公共弦 PQ、AD、BE 所在的3条直线。由根心定理知这3条根轴必交于一点。又因 AD∩BE = H, 所以 P、H、Q 三点共线.

2015.1.24

5. ⊙O的外切四边形ABCD的两条对角线AC, BD的中点分别为E, F, 求证E, O, F三点共线.

证1 连结OA, OB, OC, OD, OE, OF, EF, EB, ED. 并设⊙O半径为r.

∵ AB+CD = BC+AD,

∴ $\frac{1}{2}r \cdot AB + \frac{1}{2}r \cdot CD = \frac{1}{2}r \cdot BC + \frac{1}{2}r \cdot AD$

∴ $S_{\triangle OAB} + S_{\triangle OCD}$
$= S_{\triangle OBC} + S_{\triangle OAD} = \frac{1}{2} S_{ABCD}$.

∵ E是AC中点

∴ $S_{\triangle EAB} + S_{\triangle ECD} = \frac{1}{2} S_{ABCD} = S_{\triangle OAB} + S_{\triangle OCD}$.

$S_{\triangle EAB} - S_{\triangle OAB} = S_{\triangle OCD} - S_{\triangle ECD}$.

$S_{\triangle OEA} + S_{\triangle OEB} = S_{\triangle OEC} + S_{\triangle OED}$. ①

∵ E为AC中点, ∴ $S_{\triangle OEA} = S_{\triangle OEC}$. ②

由①和②得到

$S_{\triangle OEB} = S_{\triangle OED}$. ③

面积法

∵ F为BD中点, ∴ $S_{\triangle OFD} = S_{\triangle OFB}$, $S_{\triangle EFD} = S_{\triangle EFB}$. ④

由③和④即得

$S_{\triangle OED} + S_{\triangle OFD} = \frac{1}{2}(S_{\triangle OED} + S_{\triangle OEB}) + \frac{1}{2}(S_{\triangle OFD} + S_{\triangle OFB})$
$= \frac{1}{2} S_{\triangle BED} = S_{\triangle EFD}$.

∴ F, O, E三点共线.

证2 取以内心O为原点,过点O平行于BC的直线为X轴,内切圆半径为1的直角坐标系。连结OA, OB, OC, OD, OP, OQ, OR 和 OS. 记 $\angle AOP = \angle AOS = \alpha$, $\angle BOP = \angle BOQ = \beta$, $\angle COQ = \angle COR = \gamma$, $\angle DOR = \angle DOS = \delta$. 于是有

$$A\left(-\frac{\cos(2\beta+\alpha-\frac{\pi}{2})}{\cos\alpha}, \frac{\sin(2\beta+\alpha-\frac{\pi}{2})}{\cos\alpha}\right)$$
$$= \left(-\frac{\sin(2\beta+\alpha)}{\cos\alpha}, -\frac{\cos(2\beta+\alpha)}{\cos\alpha}\right),$$
$$D\left(\frac{\sin(2\gamma+\delta)}{\cos\delta}, -\frac{\cos(2\gamma+\delta)}{\cos\delta}\right),$$
$$B(-\tan\beta, -1), \quad C(\tan\gamma, -1).$$

由此可得
$$E\left(\frac{1}{2}\left(\tan\gamma - \frac{\sin(2\beta+\alpha)}{\cos\alpha}\right), \frac{1}{2}\left(-1-\frac{\cos(2\beta+\alpha)}{\cos\alpha}\right)\right),$$
$$F\left(\frac{1}{2}\left(-\tan\beta + \frac{\sin(2\gamma+\delta)}{\cos\delta}\right), \frac{1}{2}\left(-1-\frac{\cos(2\gamma+\delta)}{\cos\delta}\right)\right).$$

从而有
$$k_{OE} = \frac{-\cos\alpha - \cos(2\beta+\alpha)}{\tan\gamma\cos\alpha - \sin(2\beta+\alpha)} = \frac{-\cos\alpha\cos\gamma - \cos(2\beta+\alpha)\cos\gamma}{\sin\gamma\cos\alpha - \sin(2\beta+\alpha)\cos\gamma}$$
$$= \frac{-2\cos\gamma\cos(\alpha+\beta)\cos\beta}{\sin\gamma\cos\alpha + \cos\gamma\sin\alpha - \cos\gamma\sin\alpha - \sin(2\beta+\alpha)\cos\gamma}$$
$$= \frac{-2\cos(\alpha+\beta)\cos\beta\cos\gamma}{\sin(\alpha+\gamma) - 2\sin(\alpha+\beta)\cos\beta\cos\gamma},$$

$$k_{OF} = \frac{-\cos\delta - \cos(2\gamma+\delta)}{-\tan\beta\cos\delta + \sin(2\gamma+\delta)} = \frac{-\cos\beta\cos\delta - \cos\beta\cos(2\gamma+\delta)}{-\sin\beta\cos\delta + \cos\beta\sin(2\gamma+\delta)}$$
$$= \frac{-2\cos\beta\cos\gamma\cos(\gamma+\delta)}{-\sin\beta\cos\delta - \cos\beta\sin\delta + \cos\beta\sin\delta + \cos\beta\sin(2\gamma+\delta)}$$
$$= \frac{-2\cos(\gamma+\delta)\cos\beta\cos\gamma}{-\sin(\beta+\delta) + 2\sin(\gamma+\delta)\cos\beta\cos\gamma}.$$

$\because \alpha+\beta+\gamma+\delta = 180°$, $\therefore k_{OE} = k_{OF}$, $\therefore F, O, E$ 三点共线。

6 在凸四边形 ABCD 的两条对角线 AC 和 BD 上各取两点 E,G 和 F,H, 使得 $AE=GC=\frac{1}{4}AC$, $BF=HD=\frac{1}{4}BD$, 设 AB, CD, EF, GH 的中点分别是 M, N, P, Q, 求证 M, N, P, Q 四点共线。

(1991 年全国数学奥林匹克)

证1 连结 MN, 分别交 EF, GH 于点 P' 和 Q', 分别交 AC, BD 于点 S, R, 记 AC∩BD = O.

直线 SRM 截 △OAB, 直线 RSN

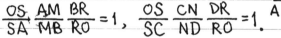

截 △OCD, 由梅涅劳斯定理有

$\frac{OS}{SA} \cdot \frac{AM}{MB} \cdot \frac{BR}{RO} = 1$, $\frac{OS}{SC} \cdot \frac{CN}{ND} \cdot \frac{DR}{RO} = 1$.

∵ AM = MB, CN = ND, ∴ $\frac{AS}{BR} = \frac{OS}{OR} = \frac{CS}{DR}$.

∴ $\frac{AS}{BR} = \frac{CS}{DR} = \frac{AC}{BD}$. ∴ $\frac{AS}{AC} = \frac{BR}{BD}$.

∵ AS = AE + ES, $AE = \frac{1}{4}AC$, BR = BF + FR, $BF = \frac{1}{4}BD$.

∴ $\frac{ES}{AC} = \frac{AS}{AC} - \frac{1}{4} = \frac{BR}{BD} - \frac{1}{4} = \frac{FR}{BD} + \frac{1}{4} - \frac{1}{4} = \frac{FR}{BD}$.

∴ $\frac{ES}{FR} = \frac{AC}{BD} = \frac{AS}{BR}$.   梅涅劳斯定理

直线 SRP' 截 △OEF, 由梅涅劳斯定理有

$\frac{OS}{SE} \cdot \frac{EP'}{P'F} \cdot \frac{FR}{RO} = 1$. ∴ $\frac{EP'}{P'F} = \frac{SE}{OS} \cdot \frac{RO}{FR} = \frac{AS}{BR} \cdot \frac{BR}{AS} = 1$.

∴ EP' = P'F, 即 P' 为 EF 中点, ∴ 点 P' 与 P 重合。

∴ M, P, N 三点共线。同理, M, Q, N 三点共线。

∴ M, P, Q, N 四点共线。

证2 将凸四边形ABCD所在的平面视为复平面,仍用点的字母代表点所对应的复数. 于是有

$M = \frac{1}{2}(A+B)$, $N = \frac{1}{2}(C+D)$, $E = \frac{1}{4}(3A+C)$, $F = \frac{1}{4}(3B+D)$.

$\therefore P = \frac{1}{2}(E+F) = \frac{1}{8}(3A+C+3B+D)$
$= \frac{1}{8}(C+D) + \frac{3}{8}(A+B) = \frac{1}{4}(3M+N)$.

$\therefore M, P, N$ 三点共线,同理,M, Q, N 三点共线.

$\therefore M, P, Q, N$ 四点共线.

7. 设四边形ABCD的对边AB与CD所在的直线交于点E，另一组对边AD和BC所在的直线交于点F，则线段AC、BD、EF的中点L、M、N三点共线（牛顿定理）。

证

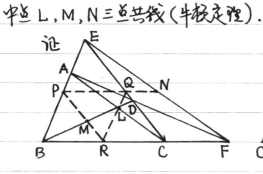
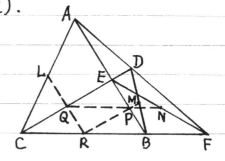

分别取线段BE、CE、BC的中点P、Q、R，于是{P,Q,N}、{P,M,R}和{Q,L,R}都三点共线。将这3条线都画出来。不难看出，为证L、M、N三点共线，只须证明

$$\frac{QL}{LR} \cdot \frac{RM}{MP} \cdot \frac{PN}{NQ} = 1. \qquad ①$$

∵ QR∥EB，PR∥EC，PN∥BF，

∴ $\frac{QL}{LR} = \frac{EA}{AB}$，$\frac{RM}{MP} = \frac{CD}{DE}$，$\frac{PN}{NQ} = \frac{BF}{FC}$．

∴ $\frac{QL}{LR} \cdot \frac{RM}{MP} \cdot \frac{PN}{NQ} = \frac{EA}{AB} \cdot \frac{BF}{FC} \cdot \frac{CD}{DE}$． ②

直线ADF截（内截或外截）△EBC，由梅涅劳斯定理知②式右端等于1，从而①式成立。由梅涅劳斯定理的逆定理知L、M、N三点共线。

8. 设 A, C, E 是一条直线上的 3 点，B, D, F 是另一条直线上的 3 个点，且

$$L = AB \cap DE, \quad M = CD \cap FA, \quad N = EF \cap BC,$$

求证 L, M, N 三点共线（帕普斯定理）.

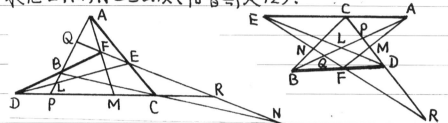

证 记 $AB \cap CD = P$, $CD \cap EF = R$, $EF \cap AB = Q$, 由梅涅劳斯定理的逆定理知，为证 L, M, N 三点共线，只须证明

$$\frac{PM}{MR} \cdot \frac{RN}{NQ} \cdot \frac{QL}{LP} = 1. \qquad ①$$

直线 AFM, DLE 和 BCN 分别截 $\triangle PQR$, 由梅涅劳斯定理有

$$\frac{PM}{MR} \cdot \frac{RF}{FQ} \cdot \frac{QA}{AP} = 1, \quad \frac{QL}{LP} \cdot \frac{PD}{DR} \cdot \frac{RE}{EQ} = 1, \quad \frac{RN}{NQ} \cdot \frac{QB}{BP} \cdot \frac{PC}{CR} = 1.$$

3 式相乘再整理，得到

$$\frac{PM}{MR} \cdot \frac{RN}{NQ} \cdot \frac{QL}{LP} = \frac{FQ}{RF} \cdot \frac{AP}{QA} \cdot \frac{BP}{QB} \cdot \frac{CR}{PC} \cdot \frac{DR}{PD} \cdot \frac{EQ}{RE}$$

$$= \frac{QF}{FR} \cdot \frac{RD}{DP} \cdot \frac{PB}{BQ} \cdot \frac{PA}{AQ} \cdot \frac{QE}{ER} \cdot \frac{RC}{CP}. \qquad ②$$

直线 DBF 和 AEC 分别截 $\triangle PQR$, 由梅涅劳斯定理知 ② 式右边前 3 个比与后 3 个比的乘积均为 1，从而 ① 式成立.

9. 设 AD, BE, CF 是 △ABC 的 3 条高, H 是垂心, 在直线 BC 上于点 D 两侧各取一点 X, Y, 使得 DX:DB = DY:DC. 点 X 在 CF, CA 上的射影分别为 M, N, 点 Y 在 BE, BA 上的射影分别为 P, Q, 求证 M, N, P, Q 四点共线.   (《研究教程》396页)

证1 记 XM∩DF = K, YQ∩DF = K'.
∵ XM⊥CF, AB⊥CF,
∴ XM ∥ BA.
∴ $\dfrac{DK}{DF} = \dfrac{DX}{DB}$.

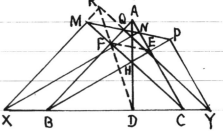

同理 $\dfrac{DK'}{DF} = \dfrac{DY}{DC} = \dfrac{DX}{DB} = \dfrac{DK}{DF}$. ∴ 点 K' 与 K 重合. 同一点

连结 MQ, PQ, EF.
∵ 四边形 KMFQ 矩形, FE, FD 为 △ABC 的垂足三角形的两条边,
∴ ∠QMF = ∠KFM = ∠HFD = ∠HFE. ∴ MQ ∥ FE.
∵ CE ∥ YP, CF ∥ YQ, ∴ $\dfrac{BE}{BP} = \dfrac{BC}{BY} = \dfrac{BF}{BQ}$.
∴ QP ∥ FE. ∴ M, Q, P 三点共线. 同理 Q, N, P 三点共线.
∴ M, N, P, Q 四点共线.

证2 记 XM∩AD = S, 连结 YS.
∵ XM ∥ BA, ∴ $\dfrac{DS}{DA} = \dfrac{DX}{DB} = \dfrac{DY}{DC}$. ∴ SY ∥ AC.
又∵ PY ∥ AC, ∴ S, P, Y 三点共线.
∴ XN, YQ, SD 作为 △SXY 的 3 条高所在的直线交于一点,记为 R.

∵ {Q,B,Y,P}, {D,Y,S,K}

和 {H,P,S,M} 都四点共圆,

∴ ∠BPQ = ∠BYQ = ∠XYK

= ∠XSD = ∠MSH = ∠MPH.

∴ M,Q,P 三点共线.

同理, M,N,P 三点共线. ∴ M,N,P,Q 四点共线.

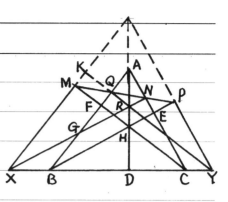

※ 证3 延长 DA 到达 S, 使得 DS:DA = DX:DB. 连结 XS,YS, 于是

△SXY ∽ △ABC. ∴ SX∥AB, SY∥AC.

∴ S,M,X 和 S,P,Y 都三点共线.

∴ XN, YQ, SD 三线共点 R.

直线 XGN 截 △ABC, 由梅涅劳斯定理有

$\dfrac{AG}{GB} \cdot \dfrac{BX}{XC} \cdot \dfrac{CN}{NA} = 1$.   梅涅劳斯逆定理

∵ XN∥BE, XM∥BA, YQ∥CF,

∴ $\dfrac{BX}{XC} = \dfrac{FM}{MC}$, $\dfrac{AG}{GB} = \dfrac{AR}{RH} = \dfrac{AQ}{QF}$.

∴ $\dfrac{AQ}{QF} \cdot \dfrac{FM}{MC} \cdot \dfrac{CN}{NA} = \dfrac{AG}{GB} \cdot \dfrac{BX}{XC} \cdot \dfrac{CN}{NA} = 1$.

由梅涅劳斯定理的逆定理知 M,Q,N 三点共线. 同理 Q,N,P 三点

共线. 所以 M,N,P,Q 四点共线.

10. 如图，四边形ABCD内接于⊙O，两组对边所在直线分别交于点E和F，P为⊙O上一点，PE、PF分别交⊙O于点R、S，AC∩BD = T，求证 R、T、S三点共线. 《中等数学》2001-1-44)

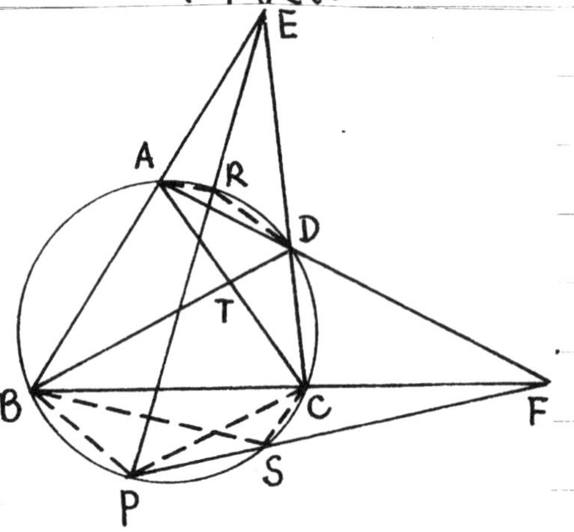

证 连结PB、PC、SB、SC、RA、RD.

∵ △EAR∽△EPB,

△FCS∽△FPB,

∴ $\dfrac{AR}{PB} = \dfrac{EA}{EP}$,

$\dfrac{PB}{CS} = \dfrac{FP}{FC}$.

∴ $\dfrac{AR}{CS} = \dfrac{EA \cdot FP}{EP \cdot FC}$ ①

又 ∵ △EDR∽△EPC,

△FPC∽△FBS,

∴ $\dfrac{DR}{PC} = \dfrac{ED}{EP}$, $\dfrac{PC}{BS} = \dfrac{FP}{FB}$. ∴ $\dfrac{DR}{BS} = \dfrac{ED \cdot FP}{EP \cdot FB}$. ②

由①和②得

$\dfrac{AR}{CS} \cdot \dfrac{BS}{DR} = \dfrac{EA \cdot FB}{FC \cdot ED}$. $\dfrac{AR}{RD} \cdot \dfrac{DC}{CS} \cdot \dfrac{SB}{BA} = \dfrac{EA}{AB} \cdot \dfrac{BF}{FC} \cdot \dfrac{CD}{DE}$ ③

直线ADF截△EBC，由梅涅劳斯定理知③式右端等于1.

∴ $\dfrac{AR}{RD} \cdot \dfrac{DC}{CS} \cdot \dfrac{SB}{BA} = 1$.   ④

连结AS、DS，由正弦定理有

$\dfrac{AR}{RD} = \dfrac{\sin\angle ADR}{\sin\angle RAD}$

$= \dfrac{\sin\angle ASR}{\sin\angle RSD}$.

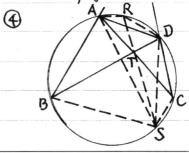

同理 $\dfrac{DC}{CS}=\dfrac{\sin\angle DAC}{\sin\angle CAS}$，$\dfrac{SB}{BA}=\dfrac{\sin\angle SDB}{\sin\angle BDA}$.

代入④式即得

$$\dfrac{\sin\angle ASR}{\sin\angle RSD}\cdot\dfrac{\sin\angle SDB}{\sin\angle BDA}\cdot\dfrac{\sin\angle DAC}{\sin\angle CAS}=1.$$

由角元塞瓦定理的逆定理知 AC, BD, RS 三线共点，所以 R, T, S 三点共线.

《三点共线》11题

11. 在直角 $\triangle ABC$ 的两条直角边 AC, BC 上各取一点 M, N, $AN\cap BM=L$, H_1 和 H_2 分别为 $\triangle ALM$ 和 $\triangle BNL$ 的垂心，求证 H_1, C, H_2 三点共线.

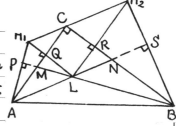

证 连结 H_1C, CH_2.

∵ $\angle APB=90°=\angle ASB$, ∴ P, A, B, S 四点共圆.

∴ $\angle H_1AL=\angle H_2BL$.

∵ $H_1L\perp AC$, $AC\perp CB$, $CB\perp H_2L$, ∴ $H_1L\parallel H_2L$.

∴ $\angle AH_1L=90°-\angle PLH_1=\angle H_2LB$.

∴ $\triangle ALH_1\sim\triangle BH_2L$.

∴ H_1L 与 H_2L 为一组对应边，而 AQ 与 BR 为对应高.

∴ $H_1Q:QL=LR:RH_2$，$H_1Q:LR=QL:RH_2$.

∵ 四边形 $QLRC$ 为矩形，∴ $LR=QC$，$QL=CR$.

∴ $H_1Q:QC=H_1Q:LR=QL:RH_2=CR:RH_2$.

∴ $\triangle CH_1Q\sim\triangle H_2CR$.

∵ $CQ\parallel H_2R$, ∴ $H_1C\parallel CH_2$. ∴ H_1, C, H_2 三点共线.

(2002年保加利亚竞赛题) 2004.3.27.

十三 三线共点

主要途有

1. 塞瓦定理的逆定理(包括角元塞瓦定理的逆定理);
2. 根心定理;
3. 同一法;
4. 坐标法;
5. 复数法;
6. 徐似法;
7. 化成三点共线;
8. 使用其它的三线共点的已知结果。

1. 分别以△ABC的两边AB和AC为一边向形外作△ABF和△ACE, 使得△ABF∽△ACE且∠ABF=90°, 求证BE、CF和BC边上的高AH三线共点。 (《研究教程》412页)

证1 记 AB∩FC=D, AC∩BE=G, 于是由塞瓦定理的逆定理, 只须证明

$$\frac{AD}{DB} \cdot \frac{BH}{HC} \cdot \frac{CG}{GA} = 1. \quad ①$$

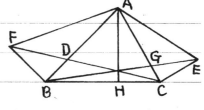

∵ △ABF∽△ACE, ∴ ∠FAB=∠EAC, $\frac{AF}{AE}=\frac{AB}{AC}=\frac{FB}{EC}$.

∴ $\frac{S_{\triangle AFC}}{S_{\triangle ABE}} = \frac{AF \cdot AC \cdot \sin\angle FAC}{AB \cdot AE \cdot \sin\angle BAE} = 1.$

又∵ ∠ABF=∠ACE=90°, ∴ sin∠FBC=cosB, sin∠BCE=cosC.

∴ $\frac{AD}{DB} \cdot \frac{CG}{GA} = \frac{S_{\triangle AFC}}{S_{\triangle BFC}} \cdot \frac{S_{\triangle CBE}}{S_{\triangle ABE}} = \frac{S_{\triangle CBE}}{S_{\triangle CBF}}$

$= \frac{BC \cdot CE \sin\angle BCE}{BC \cdot BF \sin\angle CBF} = \frac{AC \cos C}{AB \cos B} = \frac{HC}{BH}.$

所以①式成立。从而BE、CF、AH三线共点。

证2 因为AH为BC边上的高, 故可考虑构造一个三角形, 使得问题的3条线恰为这个三角形的3条高所在的直线, 当然交于一点。

过B作BD⊥CF于点D, 延长BD和HA交于点M, 过C作CG⊥BE于点G, 延长CG和HA交于点M'.

∵ $MH \perp BC$,$MB \perp CF$,

∴ $\angle DCB = \angle BMH$. 同一法

∵ $\angle ABF = 90° = \angle BDF$,

∴ $\angle MBA = \angle BFC$.

∴ $\triangle MBA \sim \triangle CFB$.

∴ $MA : BC = AB : FB$,$MA = \dfrac{BC \cdot AB}{FB}$.

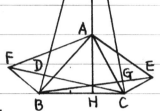

同理 $M'A = \dfrac{BC \cdot AC}{CE}$.

∵ $\triangle ABF \sim \triangle ACE$,∴ $\dfrac{AB}{FB} = \dfrac{AC}{CE}$.

∴ $M'A = MA$. ∴ 点 M' 与 M 重合.

∴ $\triangle MBC$ 的 3 条高 MH、BG、CD 交于一点,即 AH、BE、CF 三线共点.

证3 由关于 $\triangle ABC$ 和点 E、点 F 的角元式塞瓦定理分别有

$\dfrac{\sin\angle ABG}{\sin\angle GBC} \cdot \dfrac{\sin\angle BCE}{\sin\angle ECA} \cdot \dfrac{\sin\angle CAE}{\sin\angle EAB} = 1$,

$\dfrac{\sin\angle BCD}{\sin\angle DCA} \cdot \dfrac{\sin\angle CAF}{\sin\angle FAB} \cdot \dfrac{\sin\angle ABF}{\sin\angle FBC} = 1$.

∵ $\angle CAE = \angle FAB$,$\angle EAB = \angle CAF$,$\angle ECA = 90° = \angle ABF$,

两式相乘并约分、化简,得到

$1 = \dfrac{\sin\angle ABG}{\sin\angle GBC} \cdot \dfrac{\sin\angle BCD}{\sin\angle DCA} \cdot \dfrac{\sin\angle BCE}{\sin\angle FBC}$

$= \dfrac{\sin\angle ABG}{\sin\angle GBC} \cdot \dfrac{\sin\angle BCD}{\sin\angle DCA} \cdot \dfrac{\cos C}{\cos B} =$

$= \dfrac{\sin\angle ABG}{\sin\angle GBC} \cdot \dfrac{\sin\angle BCD}{\sin\angle DCA} \cdot \dfrac{\sin\angle CAH}{\sin\angle HAB}$.

由角元式塞瓦定理的逆定理知 AH、BE、CF 三线共点. (2004.5.16)

2. 设 P 为 △ABC 内部一点,使得 ∠APB - ∠ACB = ∠APC - ∠ABC. 又设 D, E 分别是 △APB, △APC 的内心,求证 AP, BD, CE 三线共点. 从图示已知条件入手 (1996年 IMO 2 题)

证1 延长 AP 交 BC 于点 K,交 △ABC 的外接圆于点 F,连结 BF, CF,于是

∠APB - ∠ACB = ∠APB - ∠AFB
= ∠PBF.

∠APC - ∠ABC = ∠APC - ∠AFC
= ∠PCF.

∴ ∠PBF = ∠PCF.

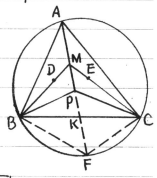

在 △PBF 和 △PCF 中之用正弦定理有

$$\frac{PB}{\sin\angle PFB} = \frac{PF}{\sin\angle PBF} = \frac{PF}{\sin\angle PCF} = \frac{PC}{\sin\angle PFC}.$$

∴ $\frac{PB}{PC} = \frac{\sin\angle PFB}{\sin\angle PFC} = \frac{\sin\angle ACB}{\sin\angle ABC} = \frac{AB}{AC}$. ∴ $\frac{AB}{PB} = \frac{AC}{PC}$.

延长 BD 交 AP 于点 M,延长 CE 交 AP 于点 M′,于是有

$$\frac{AM}{MP} = \frac{AB}{BP} = \frac{AC}{PC} = \frac{AM'}{M'P}. \quad ∴ AM = AM'.$$

∴ 点 M′ 与 M 重合,即 AP, BD, CE 三线共点.

证2 在 AB, AC 上各取一点 F 和 G,使得

∠APF = ∠ACB, ∠APG = ∠ABC.

∴ ∠FAG + ∠FPG = ∠BAC + ∠ACB + ∠ABC = 180°.

∴ A, F, P, G 四点共圆.

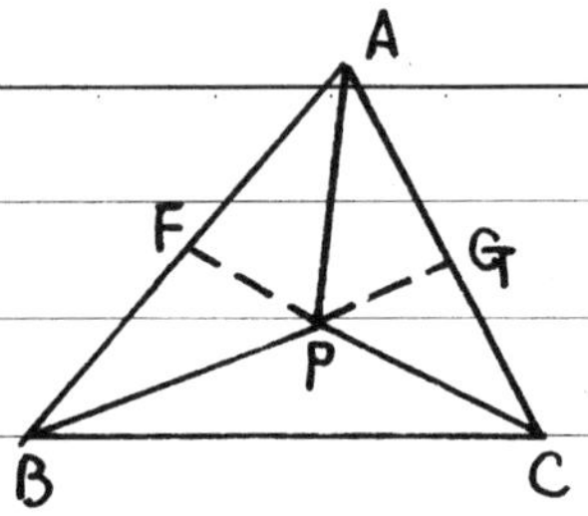

由正弦定理有

$$\frac{AF}{AG} = \frac{\sin\angle APF}{\sin\angle APG} = \frac{\sin\angle ACB}{\sin\angle ABC}$$

$$= \frac{AB}{AC}.$$

∴ $\frac{AB}{AC} = \frac{AF}{AG} = \frac{AB-AF}{AC-AG} = \frac{FB}{GC}.$

∵ $\angle BPF = \angle APB - \angle APF = \angle APB - \angle ACB$

$= \angle APC - \angle ABC = \angle APC - \angle APG = \angle CPG,$

∴ $\frac{PB}{BF} = \frac{\sin\angle PFB}{\sin\angle BPF} = \frac{\sin\angle PGC}{\sin\angle CPG} = \frac{PC}{CG}.$

∴ $\frac{PB}{PC} = \frac{BF}{CG} = \frac{AB}{AC}.$ ∴ $\frac{AB}{PB} = \frac{AC}{PC}.$

以下证明同证1.

3. 设 A, B, C, D 是一条直线上依次排列的 4 点，分别以 AC, BD 为直径的两个圆交于点 X, Y，直线 XY 交 BC 于点 Z，P 为直线 XY 上异于 Z 的一点，直线 CP 交以 AC 为直径的圆于点 C 和 M，直线 BP 与以 BD 为直径的圆交于 B, N，求证 AM, XY, DN 三线共点。

(1995 年 IMO 1 题)

证 1　记 $AM \cap XY = E$，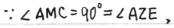
$DN \cap XY = E'$，于是只须证明
点 E' 与 E 重合。

$\because \angle AMC = 90° = \angle AZE$，

$\therefore \angle PCZ = 90° - \angle A = \angle AEZ$。

$\therefore \triangle EAZ \sim \triangle CPZ$。

$\therefore \dfrac{AZ}{PZ} = \dfrac{EZ}{CZ}$。

$\therefore EZ \cdot PZ = AZ \cdot CZ = XZ \cdot ZY$。同理 $E'Z \cdot PZ = XZ \cdot ZY$。

$\therefore E'Z = EZ$。$\therefore$ 点 E' 与 E 重合。

证 2　记 $AM \cap XY = E$，连结 ED。

$\because \angle PCZ = 90° - \angle A = \angle AEZ$，$\therefore \triangle EAZ \sim \triangle CPZ$。

$\therefore EZ \cdot PZ = AZ \cdot CZ = XZ \cdot ZY = BZ \cdot DZ$。$\therefore \dfrac{BZ}{EZ} = \dfrac{PZ}{DZ}$。

又 $\because \angle PZB = 90° = \angle EZD$，$\therefore \triangle PBZ \sim \triangle DEZ$。

$\therefore \angle EDZ = \angle BPZ = \angle NDZ$。$\therefore$ 直线 ED 与 ND 重合。

$\therefore$ 直线 AM, XY, DN 三线共点。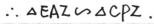

证3 记 $AM \cap XY = E$，连接 EN．

∵ $\angle EMC = 90° = \angle EZC$，∴ E,M,Z,C 四点共圆．

∴ $ZP \cdot EP = MP \cdot PC = XP \cdot PY = BP \cdot PN$．

∴ E,B,Z,N 四点共圆．   同一法

∵ $\angle BZE = 90°$，∴ $\angle ENB = 90°$．

∴ 直线 EN 与 ND 重合，即 E,N,D 三点共线．

∴ AM, XY, DN 三线共点．

※ 证4 连接 MN．

∵ $MP \cdot PC = XP \cdot PY$
　　　　$= BP \cdot PN$，

∴ M,B,C,N 四点共圆．

∴ $\angle A + \angle MNB = \angle A + \angle MCB = 90°$．

∴ $\angle A + \angle MND = 180°$．∴ M,A,D,N 四点共圆．

记分别以 AC、BD 为直径的两圆为 $\odot O_1$ 与 $\odot O_2$，过 M,A,D,N 4 点的圆为 $\odot O_3$，于是 XY, DN, AM 恰为 $\odot O_1$, $\odot O_2$, $\odot O_3$ 两两之间的 3 条根轴且 AM 与 DN 不平行．由根心定理知 AM, XY, DN 三线共点．

证5 记 $AM \cap XY = E$, $DN \cap XY = E'$，连接 MN．

∵ $MP \cdot PC = XP \cdot PY = BP \cdot PN$，∴ M,B,C,N 四点共圆．

∴ $\angle NMC = \angle NBC = 90° - \angle D = \angle DE'Z$．

∴ M、P、N、E′四点共圆．同理，M、P、N、E四点共圆．

∴ E、E′、P、M、N五点共圆且E′、E、P都在直线XY上．

∵ E与P不同，E′与P不同，∴ E′与E重合．

∴ AM、XY、DN三线共点．   同一法

证6 取以Z为原点，以连心线为X轴的直角坐标系．设X、P的坐标分别为$(0,q)$和$(0,p)$．记$\angle PCA = \alpha$，于是有
$$x_C = ZC = p\cot\alpha.$$

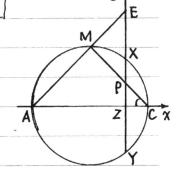

由相交弦定理有
$$-x_A \cdot x_C = AZ \cdot ZC = ZX^2 = q^2.$$
$$\therefore x_A = -\frac{q^2}{x_C} = -\frac{q^2}{p}\tan\alpha.$$

由于直线AM的斜率为$k_{AM} = \tan\angle MAC = \cot\alpha$，所以直线AM的方程为
$$y = \cot\alpha\left(x + \frac{q^2}{p}\tan\alpha\right) = \cot\alpha \cdot x + \frac{q^2}{p}.$$

令$x=0$，便得
$$y_E = \frac{q^2}{p}.$$

注意点E的坐标只与点P和X的坐标有关而与圆无关，故直线DN也过点E，即AM、XY、DN三线共点．

4. 四边形 ABCD 内接于 $\odot O$，对角线 AC 和 BD 交于点 P，设 $\triangle ABP$，$\triangle BCP$，$\triangle CDP$ 和 $\triangle DAP$ 的外心分别为 O_1，O_2，O_3，O_4，求证 OP，O_1O_3，O_2O_4 三线共点。（1990年全国联赛二试1题）

证 连线 O_1O_2，O_2O_3，O_3O_4，O_4O_1，OO_1，O_3P，O_3C，于是有

$O_1O_2 \perp BD$，$O_3O_4 \perp BD$。

$\therefore O_1O_2 \parallel O_4O_3$。

同理 $O_2O_3 \parallel O_1O_4$。

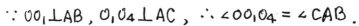

$\therefore$ 四边形 $O_1O_2O_3O_4$ 为平行四边形。

$\therefore O_1O_3$ 与 O_2O_4 互相平分，设交点为 M。

$\because OO_1 \perp AB$，$O_1O_4 \perp AC$，$\therefore \angle OO_1O_4 = \angle CAB$。

$\because \angle PO_3O_2 = \frac{1}{2} \angle PO_3C = \angle CDP = \angle CDB = \angle CAB = \angle OO_1O_4$,

$\therefore \angle MO_1O = \angle MO_3P$。$\therefore OO_1 \parallel O_3P$。同理 $OO_3 \parallel O_1P$。

$\therefore$ 四边形 PO_1OO_3 为平行四边形。$\therefore OP$ 过 O_1O_3 中点 M。

$\therefore OP$，O_1O_3，O_2O_4 三线共点。

5. 在 △ABC 中，$\angle A = \frac{5\pi}{8}$，$\angle B = \frac{\pi}{8}$，求证它的内角平分线 CF，中线 BE 和高 AD 三线共点。（1984 年希腊数学奥林匹克）

※ 证1 $\because \angle C = \frac{\pi}{4}$，$\angle ADC = \frac{\pi}{2}$，

$\therefore \triangle DCA$ 为等腰直角三角形。

$\therefore DC = AD$。

$\therefore \dfrac{AF}{FB} \cdot \dfrac{BD}{DC} \cdot \dfrac{CE}{EA}$

$= \dfrac{AC}{BC} \cdot \dfrac{BD}{DC} = \dfrac{AC}{BC} \cdot \dfrac{BD}{AD} = \dfrac{\sin\frac{\pi}{8}}{\sin\frac{5\pi}{8}} \cdot \cot\frac{\pi}{8} = \tan\frac{\pi}{8} \cot\frac{\pi}{8} = 1$。

由 塞瓦定理的逆定理知 AD, BE, CF 三线共点。

※ 证2 $\because AE = EC$，$\therefore \dfrac{\sin\angle BAE}{\sin\angle ABE} = \dfrac{BE}{AE} = \dfrac{BE}{CE} = \dfrac{\sin\angle BCE}{\sin\angle CBE}$。

$\therefore \dfrac{\sin\angle ABE}{\sin\angle CBE} = \dfrac{\sin\angle BAE}{\sin\angle BCE}$。

$\therefore \dfrac{\sin\angle ABE}{\sin\angle CBE} \cdot \dfrac{\sin\angle BCF}{\sin\angle ACF} \cdot \dfrac{\sin\angle CAD}{\sin\angle BAD} = \dfrac{\sin\angle BAE}{\sin\angle BCE} \cdot \dfrac{\sin\angle CAD}{\sin\angle BAD}$

$= \dfrac{\sin\frac{5\pi}{8}}{\sin\frac{\pi}{4}} \cdot \dfrac{\sin\frac{\pi}{4}}{\sin\frac{3\pi}{8}} = 1$。

由角之塞瓦定理的逆定理知 AD, BE, CF 三线共点。

6. 如图，6个小圆都在一个大圆内且都与该大圆内切，6个小圆中每相邻两个都外切，设6个小圆与大圆⊙O的切点依次为 $A_1, A_2, A_3, A_4, A_5, A_6$，求证 A_1A_4, A_2A_5, A_3A_6 三线共点。

(《中学数学》1999-4-21)

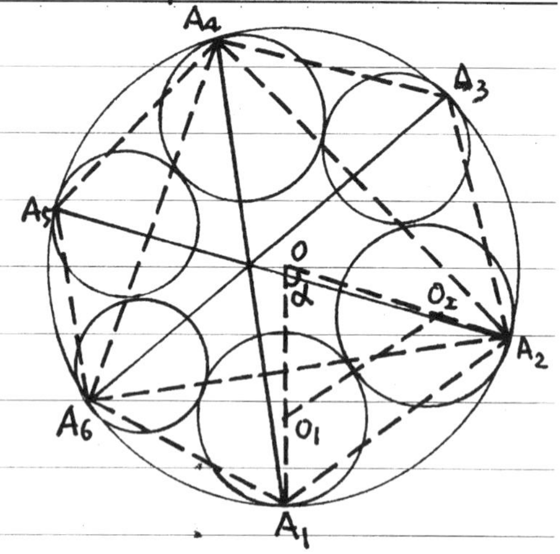

证 连线辅助线如图所示。

由余弦定理有

$$A_1A_2^2 = 2R^2 - 2R^2\cos\alpha$$
$$= 2R^2(1-\cos\alpha)$$
$$= 2R^2\left(1 - \frac{(R-r_1)^2+(R-r_2)^2-(r_1+r_2)^2}{2(R-r_1)(R-r_2)}\right)$$
$$= \frac{R^2[2(R-r_1)(R-r_2)-(R-r_1)^2-(R-r_2)^2+(r_1+r_2)^2]}{(R-r_1)(R-r_2)}$$
$$= \frac{R^2[(r_1+r_2)^2-(r_1-r_2)^2]}{(R-r_1)(R-r_2)} = \frac{4R^2r_1r_2}{(R-r_1)(R-r_2)}.$$

同理可得关于 $A_2A_3^2, A_3A_4^2, A_4A_5^2, A_5A_6^2$ 和 $A_6A_1^2$ 三类似的结果。

$$\therefore A_1A_2^2 \cdot A_3A_4^2 \cdot A_5A_6^2 = \frac{64R^6 r_1 r_2 r_3 r_4 r_5 r_6}{(R-r_1)(R-r_2)(R-r_3)(R-r_4)(R-r_5)(R-r_6)}$$
$$= A_2A_3^2 \cdot A_4A_5^2 \cdot A_6A_1^2.$$

$$\therefore A_1A_2 \cdot A_3A_4 \cdot A_5A_6 = A_2A_3 \cdot A_4A_5 \cdot A_6A_1.$$

$$\therefore \frac{A_1A_2 \cdot A_3A_4 \cdot A_5A_6}{A_2A_3 \cdot A_4A_5 \cdot A_6A_1} = 1.$$

由正弦定理有

$$\frac{A_1A_2}{A_6A_1}=\frac{\sin\angle A_1A_4A_2}{\sin\angle A_1A_4A_6},\quad \frac{A_3A_4}{A_2A_3}=\frac{\sin\angle A_3A_6A_4}{\sin\angle A_4A_6A_2},$$

$$\frac{A_5A_6}{A_4A_5}=\frac{\sin\angle A_5A_2A_6}{\sin\angle A_5A_2A_4}.$$

$$\therefore \frac{\sin\angle A_1A_4A_2}{\sin\angle A_1A_4A_6}\cdot\frac{\sin\angle A_3A_6A_4}{\sin\angle A_3A_6A_2}\cdot\frac{\sin\angle A_5A_2A_6}{\sin\angle A_5A_2A_4}=\frac{A_1A_2}{A_6A_1}\cdot\frac{A_3A_4}{A_2A_3}\cdot\frac{A_5A_6}{A_4A_5}=1.$$

由角之塞瓦定理的逆定理知 A_1A_4, A_2A_5, A_3A_6 三线共点.

证 以 A_1 为中心作反演变换, 大圆 $\odot O$ 与小圆 $\odot O_1$ 变成两条平行线, $\odot O_2$ 和 $\odot O_6$ 变成两个等圆并与两条平行线都相切. 另 3 个圆 $\odot O_3$, $\odot O_4$, $\odot O_5$ 都与大圆变成的一条直线相切且 5 个圆两两相外切 (第 1 与第 5 个不切). 如右图所示. 将 5 个圆的半径分别记为 r_2, r_3, r_4, r_5, r_6, 于是有 $r_2=r_6$ 且

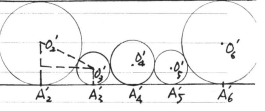

$$A'_2A'_3=[(r_2+r_3)^2-(r_2-r_3)^2]^{1/2}=2\sqrt{r_2r_3}.$$

同理, $A'_3A'_4=2\sqrt{r_3r_4}$, $A'_4A'_5=2\sqrt{r_4r_5}$, $A'_5A'_6=2\sqrt{r_5r_6}$. 由此可得

$$A'_2A'_3\cdot A'_4A'_5=4\sqrt{r_2r_3r_4r_5}=4\sqrt{r_3r_4r_5r_6}=A'_3A'_4\cdot A'_5A'_6. \quad (*)$$

引理 在以点 O 为心, r 为反演半径之反演变换中, 异于点 O 的两点 A, B 之反点分别为 A', B', 则有 $A'B'=\dfrac{r^2\cdot AB}{OA\cdot OB}$ (见《n 的变换》).

由引理有

$$A'_2A'_3=\frac{r^2\cdot A_2A_3}{A_1A_2\cdot A_1A_3},\quad A'_4A'_5=\frac{r^2\cdot A_4A_5}{A_1A_4\cdot A_1A_5},\quad A'_3A'_4=\frac{r^2\cdot A_3A_4}{A_1A_3\cdot A_1A_4},$$

$$A'_5A'_6=\frac{r^2\cdot A_5A_6}{A_1A_5\cdot A_1A_6}.$$

代入 $(*)$ 式即得 $A_2A_3\cdot A_4A_5\cdot A_6A_1=A_1A_2\cdot A_3A_4\cdot A_5A_6.$

·344·

7. $\triangle ABC$ 外切于 $\odot O$，3边 BC，CA，AB 上的切点分别是 D，E，F，射线 DO 交 EF 于点 A'，同样地定义点 B' 与 C'，求证 AA'，BB'，CC' 三线共点。

(《中学数学》1995-5-6)

证1 连结 $A'B$，$A'C$。

$\because OD \perp BC$，$OE \perp CA$，$OF \perp AB$。

$\therefore O,F,B,D$ 和 O,D,C,E 都四点共圆。

$\therefore \angle A'OF = \angle B$，

$\angle A'OE = \angle C$。

在 $\triangle A'FO$ 和 $\triangle A'OE$ 中应用正弦定理有

$$\frac{A'F}{\sin\angle A'OF} = \frac{A'O}{\sin\angle A'FO} = \frac{A'O}{\sin\angle A'EO} = \frac{A'E}{\sin\angle A'OE}.$$

$\therefore \dfrac{A'F}{A'E} = \dfrac{\sin\angle A'OF}{\sin\angle A'OE} = \dfrac{\sin B}{\sin C} = \dfrac{AC}{AB}$. $\therefore A'F \cdot AB = A'E \cdot AC$。

$\because \angle AFA' = \angle AEA'$,

$\therefore S_{\triangle ABA'} = \dfrac{1}{2} AB \cdot A'F \sin\angle AFA' = \dfrac{1}{2} AC \cdot A'E \sin\angle AEA'$

$= S_{\triangle ACA'}$。

$\therefore$ 直线 AA' 为中线所在的直线。同理 BB'，CC' 所在的直线是另两条中线所在的直线。

$\therefore AA'$，BB'，CC' 三线共点（交于重心）。

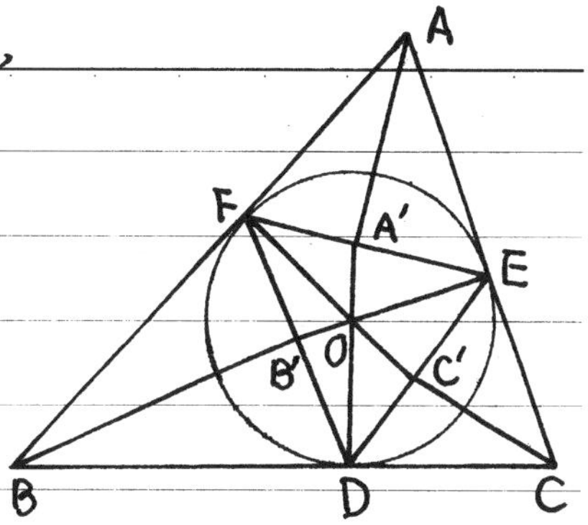

证2 ∵ DA', EB', FC' 三线共点,
由塞瓦定理有

$$\frac{FA'}{A'E} \cdot \frac{EC'}{C'D} \cdot \frac{DB'}{B'F} = 1. \quad ①$$

在 $\triangle AFA'$ 和 $\triangle AEA'$ 中之用正弦定理

$$\frac{FA'}{\sin \angle FAA'} = \frac{AA'}{\sin \angle AFA'}$$

$$= \frac{AA'}{\sin \angle AEA'} = \frac{A'E}{\sin \angle A'AE}.$$

∴ $\dfrac{FA'}{A'E} = \dfrac{\sin \angle FAA'}{\sin \angle A'AE}.$ ②

同理 $\dfrac{EC'}{C'D} = \dfrac{\sin \angle ECC'}{\sin \angle C'CD}$, $\dfrac{DB'}{B'F} = \dfrac{\sin \angle DBB'}{\sin \angle B'BF}.$ ③

将②和③代入①式,得到

$$\frac{\sin \angle FAA'}{\sin \angle A'AE} \cdot \frac{\sin \angle ECC'}{\sin \angle C'CD} \cdot \frac{\sin \angle DBB'}{\sin \angle B'BF} = 1.$$

由 角之塞瓦定理的逆定理, AA', BB', CC' 三线共点.

8. 如图，以 $\triangle ABC$ 的内心 I 为心作一个圆分别交 BC, CA, AB 于各两点 $A_1, A_2, B_1, B_2, C_1, C_2$，$\widehat{A_1A_2}$，$\widehat{B_1B_2}$，$\widehat{C_1C_2}$ 的中点分别为 A_3, B_3, C_3，$A_2A_3 \cap B_1B_3 = C_4$，$B_2B_3 \cap C_1C_3 = A_4$，$C_2C_3 \cap A_1A_3 = B_4$，求证直线 A_3A_4, B_3B_4, C_3C_4 三线共点。　　（《长沙一中》243页20题）

证1 连线 B_3C_3, C_3A_3, A_3B_3，并记 $B_3C_3 \cap A_3A_4 = D$，$C_3A_3 \cap B_3B_4 = E$，$A_3B_3 \cap C_3C_4 = F$.

$\because \odot I$ 的圆心为 $\triangle ABC$ 的内心.
$\therefore \widehat{A_1A_2} = \widehat{B_1B_2} = \widehat{C_1C_2}$
$\therefore \widehat{A_1A_3} = \widehat{A_3A_2} = \widehat{B_1B_3} = \widehat{B_3B_2}$
　　　$= \widehat{C_1C_3} = \widehat{C_3C_2}$.

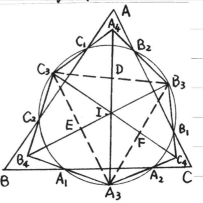

由对称性知
$A_4B_3 = A_4C_3$，$B_4C_3 = B_4A_3$，$C_4B_3 = C_4A_3$.

$\therefore \dfrac{B_3D}{DC_3} \cdot \dfrac{C_3E}{EA_3} \cdot \dfrac{A_3F}{FB_3} = \dfrac{S_{\triangle A_3B_3A_4}}{S_{\triangle A_3C_3A_4}} \cdot \dfrac{S_{\triangle B_3C_3B_4}}{S_{\triangle B_3A_3B_4}} \cdot \dfrac{S_{\triangle C_3A_3C_4}}{S_{\triangle C_3B_3C_4}}$

$= \dfrac{B_3A_3 \cdot B_3A_4 \sin\angle A_3B_3A_4}{C_3A_3 \cdot C_3A_4 \sin\angle A_3C_3A_4} \cdot \dfrac{C_3B_3 \cdot C_3B_4 \sin\angle B_3C_3B_4}{A_3B_3 \cdot A_3B_4 \sin\angle B_3A_3B_4} \cdot \dfrac{A_3C_3 \cdot A_3C_4 \sin\angle C_3A_3C_4}{B_3C_3 \cdot B_3C_4 \sin\angle C_3B_3C_4}$

$= \dfrac{\sin\angle A_3B_3A_4}{\sin\angle A_3C_3A_4} \cdot \dfrac{\sin\angle B_3C_3B_4}{\sin\angle B_3A_3B_4} \cdot \dfrac{\sin\angle C_3A_3C_4}{\sin\angle C_3B_3C_4}$.　　(*)

$\because \widehat{A_1A_2} = \widehat{B_1B_2} = \widehat{C_1C_2}$，$\therefore \angle A_1A_3A_2 = \angle B_1B_3B_2 = \angle C_1C_3C_2$.
又 $\because \angle A_4B_3C_3 = \angle A_4C_3B_3$，$\angle B_4C_3A_3 = \angle B_4A_3C_3$，
$\angle C_4A_3B_3 = \angle C_4B_3A_3$，
$\therefore \angle C_3B_3C_4 = \angle B_3C_3B_4$，$\angle A_3C_3A_4 = \angle C_3A_3C_4$，$\angle B_3A_3B_4 = \angle A_3B_3A_4$.

由此及因式即得
$$\frac{B_3D}{DC_3}\cdot\frac{C_3E}{EA_3}\cdot\frac{A_3F}{FB_3}=1.$$

由塞瓦定理的逆定理知 A_3A_4, B_3B_4, C_3C_4 三线共点.

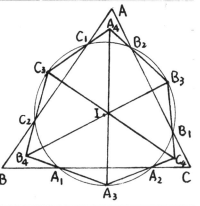

证2 ∵ I 为 $\triangle ABC$ 的内心,

∴ $\widehat{A_1A_2}=\widehat{B_1B_2}=\widehat{C_1C_2}$.

∴ $A_1A_3=A_3A_2=B_1B_3=B_3B_2$
$=C_1C_3=C_3C_2$.

由于同圆中弦相等时弦心距也相等, 故可以 I 为心作另一个圆与上述6条弦都相切, 从而六边形 $A_3C_4B_3A_4C_3B_4$ 为此圆的外切六边形. 由布利安香定理知其3条主对角线 A_3A_4, B_3B_4, C_3C_4 三线共点.

9. $\triangle ABC$ 的内切圆在 3 边 BC, CA, AB 上的切点分别为 A_1, B_1, C_1, $\triangle ABC$ 的外接圆的弧 BC, CA, AB 的中点分别为 A_2, B_2, C_2. 求证 A_1A_2, B_1B_2, C_1C_2 三线共点.   (《黄冈一中》253-32)

证1 连结 AA_2, BB_2, CC_2, 这 3 条线恰为 $\triangle ABC$ 的 3 条内角平分线. 连结 A_1B_1, B_1C_1, C_1A_1, A_2B_2, B_2C_2, C_2A_2.

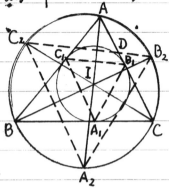

∵ $AB_1 = AC_1$,

∴ $\angle AB_1C_1 = 90° - \dfrac{\angle A}{2}$.

设 $AC \cap B_2C_2 = D$,

∵ $\angle DC_2C = \dfrac{\angle B}{2}$, $\angle DCC_2 = \dfrac{\angle C}{2}$,

∴ $\angle ADC_2 = \angle DC_2C + \angle DCC_2 = \dfrac{1}{2}(\angle B + \angle C) = 90° - \dfrac{\angle A}{2}$.

∴ $\angle ADC_2 = \angle AB_1C_1$. ∴ $B_1C_1 \parallel B_2C_2$.

同理 $A_1B_1 \parallel A_2B_2$, $C_1A_1 \parallel C_2A_2$.

∴ $\triangle A_1B_1C_1$ 与 $\triangle A_2B_2C_2$ 同向位似.

∴ A_1A_2, B_1B_2, C_1C_2 三线共点.

证2 连辅助线如图所示.

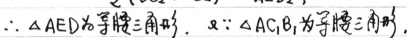

∵ $\angle ADC_2 \stackrel{m}{=} \dfrac{1}{2}(\overparen{AC_2} + \overparen{B_2C})$
$= \dfrac{1}{2}(\overparen{BC_2} + \overparen{AB_2}) \stackrel{m}{=} \angle AEB_2$,

∴ $\triangle AED$ 为等腰三角形. 又 ∵ $\triangle AC_1B_1$ 为等腰三角形.

∴ $ED \parallel C_1B_1$, 即 $C_2B_2 \parallel C_1B_1$. 同理 $A_2B_2 \parallel A_1B_1$, $C_2A_2 \parallel C_1A_1$.

∴ $\triangle A_1B_1C_1$ 与 $\triangle A_2B_2C_2$ 同向位似.

∴ A_1A_2, B_1B_2, C_1C_2 三线共点.
(2004.8.15)

10. 圆外切六边形ABCDEF的3条主对角线AD,BE,CF三线共点.(普利安香定理)

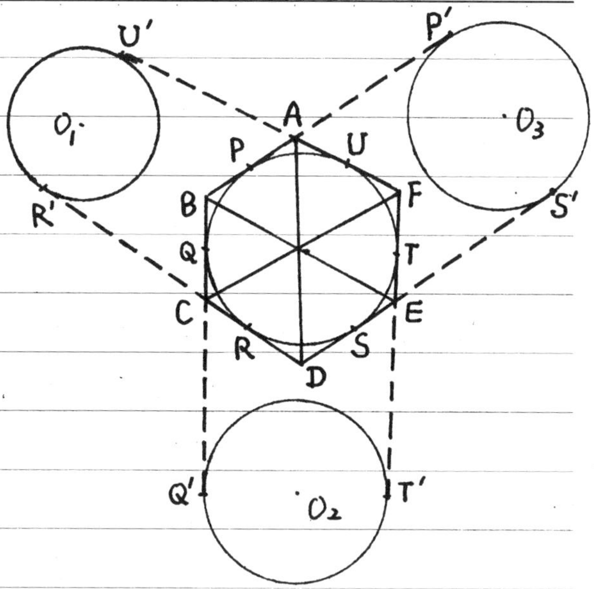

证 作辅助线如图所示,其中 $PP'=QQ'=RR'=SS'=TT'=UU'$ 且 $\odot O_1$ 与直线FA,CD分别切于点U',R'; $\odot O_2$ 与直线BC,FE分别切于点Q',T'; $\odot O_3$ 与直线DE,BA分别切于点S',P'. 由位似或平移性质这一要求是可以实现的.

$\because UU'=PP'=RR'=SS'$, $AP=AU$, $DR=DS$,

$\therefore AU'=AP'$, $DR'=DS'$.

$\therefore$ 点A和D都在$\odot O_1$与$\odot O_3$的根轴上.

$\therefore$ 直线AD为$\odot O_1$与$\odot O_3$的根轴.

同理,直线BE为$\odot O_2$与$\odot O_3$的根轴,直线CF为$\odot O_1$与$\odot O_2$的根轴.由根心定理知,AD,BE,CF三线共点.

11. 过锐角△ABC的两个顶点B和C的⊙W分别交AB,AC于点C′,B′,点H和H′分别为△ABC和△AB′C′的垂心. 求证 BB′,CC′ 和 HH′ 三线共点. （1995年IMO候选题）

证 设直线BH∩AC=D,CH∩AB=E,B′H′∩AB=D′,C′H′∩AC=E′.

∵ ∠CEC′=90°=∠C′E′C,

∴ E,C,E′,C′四点共圆,记为⊙M.

同理,D′,B,D,B′四点共圆,记为⊙N.

∴ 直线BB′,CC′分别为⊙W与⊙N, ⊙W与⊙M的根轴.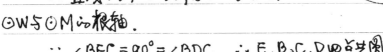

∵ ∠BEC=90°=∠BDC, ∴ E,B,C,D四点共圆.

∴ BH·HD=CH·HE. ∴ 点H在⊙M与⊙N的根轴上.

同理,点H′也在⊙M与⊙N的根轴上.

∴ 直线HH′即为⊙M与⊙N的根轴.

由 根心定理知, 作为3个圆⊙W,⊙M,⊙N两两之间的3条根轴, BB′,CC′,HH′ 三线共点.

12　如图，圆内接四边形ABCD的两条边AB，CD所在的直线交于点P，分别过A，B，C，D所作的圆的切线依次交于E，F，G，H，求证PH，CF，BF三线共点.

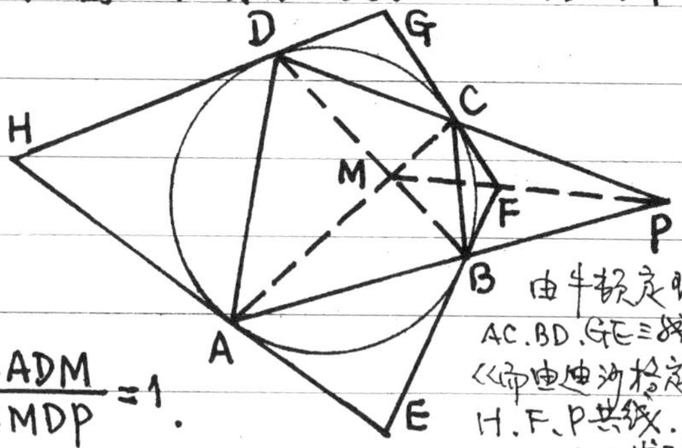
D
G
C
H
M
F
P
B
A
E
由牛顿定理知
AC，BD，GE三线共点，
从而由迪沙格定理知
H，F，P共线.
不对，上述3点不是
对应边交点.

证　连结AC，BD交于点M，连结PM．于是由角元塞瓦定理有

$$\frac{\sin\angle DPM}{\sin\angle MPA}\cdot\frac{\sin\angle PAM}{\sin\angle MAD}\cdot\frac{\sin\angle ADM}{\sin\angle MDP}=1.$$

$\because \angle PAM=\angle MDP$，$\angle FCB=\angle FBC$，

$\angle MAD=\angle DCG=\angle PCF$，$\angle ADM=\angle ABE=\angle PBF$.

$$\therefore 1=\frac{\sin\angle DPM}{\sin\angle MPA}\cdot\frac{\sin\angle ADM}{\sin\angle MAD}=\frac{\sin\angle CPM}{\sin\angle MPB}\cdot\frac{\sin\angle PBF}{\sin\angle PCF}$$

$$=\frac{\sin\angle CPM}{\sin\angle MPB}\cdot\frac{\sin\angle PBF}{\sin\angle FBC}\cdot\frac{\sin\angle BCF}{\sin\angle FCP}.$$

由角元塞瓦定理的逆定理知PM，BF，CF三线共点，即P，F，M三点共线.

由普利安香定理的推论知AC，BD，EG，FH四线共点，所以F，M，H三点共线．从而P，F，M，H四点共线．当然有P，F，H三点共线，即有PH，BF，CF三线共点.

证2　记直线HF∩DC=P′，于是由梅涅劳斯定理有

$$1=\frac{FC}{CG}\cdot\frac{GD}{DH}\cdot\frac{HP'}{P'F}=\frac{FB}{AH}\cdot\frac{HP'}{P'F}=\frac{FB}{BE}\cdot\frac{EA}{AH}\cdot\frac{HP'}{P'F}.$$

由梅涅劳斯定理的逆定理知A，B，P′三点共线，所以点P′与P重合．所以PH，CF，BF三线共点.　（2004.5.24）

证7 连结YA, YB, YC, YD, 对于△PBC和点Y运用角之塞瓦定理有

$$\frac{\sin\angle BPY}{\sin\angle YPC} \cdot \frac{\sin\angle PCY}{\sin\angle YCB} \cdot \frac{\sin\angle CBY}{\sin\angle YBP} = 1 \quad ①$$

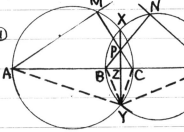

∵ ∠AMC = 90° = ∠BND, XY⊥AD,

∴ A, Z, P, M 和 P, Z, D, N 都四点共圆.

∴ ∠BPY = ∠ADN, ∠YPC = ∠DAM.

又∵ ∠YCB = ∠AYP, ∠CBY = ∠PYD,

∠PCY = 180° − ∠MAY, ∠YBP = 180° − ∠NDY.

由①有

$$1 = \frac{\sin\angle ADN}{\sin\angle DAM} \cdot \frac{\sin\angle MAY}{\sin\angle AYP} \cdot \frac{\sin\angle PYD}{\sin\angle NDY}$$

$$= \frac{\sin\angle PYD}{\sin\angle AYP} \cdot \frac{\sin\angle YAM}{\sin\angle MAD} \cdot \frac{\sin\angle ADN}{\sin\angle NDY}.$$

由关于△AYD的边AD外侧用角之塞瓦定理的逆定理知AM, XY, DN 三线共点.

证8 连结XA, XB, XC, XD, 对于△PBC和点X运用角之塞瓦定理有

$$\frac{\sin\angle BPZ}{\sin\angle ZPC} \cdot \frac{\sin\angle PCX}{\sin\angle XCB} \cdot \frac{\sin\angle CBX}{\sin\angle XBP} = 1. \quad ①$$

∵ ∠AMC = 90° = ∠BND, XY⊥AD,

∴ A, Z, P, M 和 P, Z, D, N 都四点共圆.

$\therefore \angle BPZ = \angle BDN$,

$\angle CPZ = \angle CAM$.

$\because \angle AXC = 90° = \angle BXD$,

$\therefore \angle XCB = \angle AXZ$,

$\angle XBC = \angle ZXD$.

又 $\because \angle XBP = \angle XDN$, $\angle XCP = \angle XAM$.

由①式有

$1 = \dfrac{\sin\angle BDN}{\sin\angle CAM} \cdot \dfrac{\sin\angle XAM}{\sin\angle AXZ} \cdot \dfrac{\sin\angle ZXD}{\sin\angle XDN}$

$= \dfrac{\sin\angle DXZ}{\sin\angle ZXA} \cdot \dfrac{\sin\angle XAM}{\sin\angle MAD} \cdot \dfrac{\sin\angle ADN}{\sin\angle NDX}$.

由关于 $\triangle XAD$ 的交点在顶点 X 之外的角元塞瓦定理的逆定理知 AM, XY, DN 三线共点.

13. 四边形ABCD既有外接圆又有内切圆，其内切圆与4边的切点分别为K，L，M，N. ∠A和∠B的外角平分线交于点K'，∠B和∠C的外角平分线交于点L'，∠C和∠D的外角平分线交于点M'，∠D和∠A的外角平分线交于点N'. 求证直线KK'，LL'，MM'和NN'四线共点.

(2004年俄罗斯数学奥林匹克)

证 连结AI，BI，KL，LM，MN，NK，MK. 于是IA和IB分别为∠DAB和∠ABC的平分线.

∵ N'K'，K'L'，L'M'和M'N'分别为∠A，∠B，∠C，∠D的外角平分线

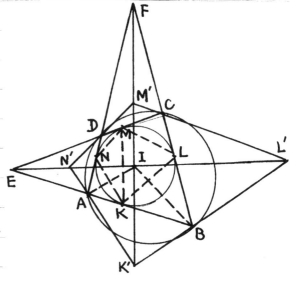

∴ N'为△ADE的内心，M'为△CDF的内心，K'为△ABF的边AB之外的旁心，L'为△BCE的边BC之外的旁心.

∴ E，N'，I，L'和F，M'，I，K'都四点共线.

∵ EI，FI分别平分∠E，∠F，∴ EI⊥FI.

又∵ MK⊥EI， ∴ MK∥M'K'.

∵ AI平分∠DAB，N'K'平分∠DAB的外角.

∴ N'K'⊥AI. 又∵ NK⊥AI. ∴ N'K'∥NK.

同理 K'L'∥KL，L'M'∥LM，M'N'∥MN.

记内切圆的圆心为I，AB∩CD=E，BC∩AD=F.

∴ △M'N'K' 和 △MNK 同向位似，记位似中心为O．

∴ MM'，NN'，KK' 都过点O．

同理 KK'，LL'，MM' 都过点O．

∴ KK'，LL'，MM'，NN' 四线共点．

若 四边形ABCD为梯形，则它有外接圆，故为等腰梯形．从而AB和CD的中垂线为对称轴．所以 LL'，NN'与中垂线三线共点．又因MM'，KK'与中垂线重合．所以 KK'，LL'，MM'，NN' 四线共点．

《三点共线》11题 四边形ABCD内接于⊙O，其边AB与CD所在的直线交于点P，AD与BC所在的直线交于点Q，过点Q作⊙O的两条切线QE和QF，切点分别为E、F，求证P、E、F三点共线。（1997年中国数学奥林匹克）

证1 连接PQ，在PQ上取点G，使得B、P、G、C四点共圆，于是

∠QDC = ∠ABC = ∠PGC．

∴ D、C、G、Q四点共圆．

∴ $QF^2 = QC \cdot QB = QG \cdot QP$．

∴ $QP^2 - QF^2 = QP^2 - QP \cdot QG$
         $= QP \cdot PG$．

∵ $OP^2 - OF^2 = (OP+OF)(OP-OF) = PC \cdot PD = PG \cdot PQ$．

∴ $QP^2 - QF^2 = OP^2 - OF^2$．

∴ PF⊥OQ．又∵ EF⊥OQ，∴ P、E、F三点共线．

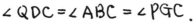

证2 为证P、E、F三点共线，只须证好AB、CD、EF三线共点．连接AE、CE、DE、DF．

∵ QE、QF都是⊙O的切线．

∴ ∠AEF = ∠ADF = 180°-∠QDF．

∠FED = ∠QFD．

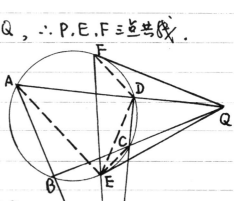

又 $\because \angle CDA = 180° - \angle CDQ$, $\angle DAB = \angle DCQ$,

$\angle CDE = \angle QEC$, $\angle EAB = \angle ECB = 180° - \angle QCE$,

$\therefore \dfrac{\sin\angle AEF}{\sin\angle FED} = \dfrac{\sin\angle QDF}{\sin\angle QFD} = \dfrac{QF}{QD}$,

$\dfrac{\sin\angle CDE}{\sin\angle EAB} = \dfrac{\sin\angle QEC}{\sin\angle QCE} = \dfrac{QC}{QE}$,

$\dfrac{\sin\angle DAB}{\sin\angle CDA} = \dfrac{\sin\angle DCQ}{\sin\angle QDC} = \dfrac{QD}{QC}$.

$\therefore \dfrac{\sin\angle AEF}{\sin\angle FED} \cdot \dfrac{\sin\angle EDC}{\sin\angle CDA} \cdot \dfrac{\sin\angle DAB}{\sin\angle BAE}$

$= \dfrac{\sin\angle AEF}{\sin\angle FED} \cdot \dfrac{\sin\angle EDC}{\sin\angle EAB} \cdot \dfrac{\sin\angle DAB}{\sin\angle CDA} = \dfrac{QF}{QD} \cdot \dfrac{QC}{QE} \cdot \dfrac{QD}{QC} = 1$.

由角元塞瓦定理的逆定理知 AB, CD, EF 三线共点,从而 P, E, F 三点共线.

组合分析法

1. 动态分析法
① 《新图论》105页6题；
② 《命题(一)》23题；
③   24题；
④ 1937年多边形划分问题难推
⑤ 《点染色》15题；

2. 脱平衡分析法
⑥ 《体育题》4题
  1998年加以走我李成3题；
⑦ 《命题(一)》42题；
⑧   43题；

3. 设置分析法
⑨ 《7●》190页6题；
⑩ 《7●》239页7题；

4. 图论中心子图分析法
⑪ 《新图论》110页C题；
⑫ 《7●》206页象棋升数

◎ 编辑手记

对外经济贸易大学副校长、国际商学院院长张新民曾说:"人力资源分三个层次:人物,人才,人手."一个单位的主要社会声望、学术水准一定是有一些旗杆式的人物来作代表.

数学奥林匹克在中国是"显学",有数以万计的教练员,但这里面绝大多数是人手和人才级别的,能称得上人物的寥寥无几.本书作者南开大学数学教授李成章先生算是一位.

有些人貌似牛×,但了解了之后发现实际上就是个傻×,有些人今天牛×,但没过多久,报纸上或中纪委网站上就会公布其也是个傻×.于是人们感叹,今日之中国还有没有一以贯之的人物,即看似不太牛×,但了解还真挺牛×,以前就挺牛×,过了多少年之后还挺牛×,这样的人哪里多呢?余以为:数学圈里居多.上了点年纪的,细细琢磨,都挺牛×.在外行人看来挺平凡的老头,当年都是厉害的角色,正如本书作者——李成章先生.20世纪80年代,中国数学奥林匹克刚刚兴起之时,一批学有专长、治学严谨的中年数学工作者积极参与培训工作,使得中国奥数军团在国际上异军突起,成绩卓著.南方有常庚哲、单墫、杜锡录、苏淳、李尚志等,北方则首推李成章教授.当时还有一位齐东旭教授,后来齐教授退出了奥赛圈,而李成章教授则一直坚持至今,教奥数的教龄可能已长达30余年.屠呦呦教授在获拉斯克奖之前并不被多少中国人知晓,获了此奖后也只有少部分人关注,直到获诺贝尔奖后才被大多数中国人知晓,在之前长达40年无人知晓.李成章教授也是如此,尽管他不是三无教授,他有博士学位,但那又如何呢?一个不善钻营,老老实实做人,踏踏实实做事的知识分子的命运如果不出什么意外,大致也就是如此了.但圈内人会记得,会在恰当的时候向其表示致敬.

本书尽管不那么系统,不那么体例得当,但它是绝对的原汁原味,纯手工制作,许多题目都是作者自己原创的,而且在组合分析领域绝对是国内一流.学过竞赛的人都知道,组合问题既不好学也不好教,原因是它没有统一的方法,几乎是一题一样,完全凭借巧思,而且国内著作大多东抄西抄,没真东西,但本书恰好弥补了这一缺失.

李教授是吉林人,东北口音浓重,自幼学习成绩优异,以高分考入吉林大学数学系,后在王柔怀校长门下攻读偏微分方程博士学位,深得王先生喜爱.在《数学文化》杂志中曾刊登过王先生之子写的一个长篇回忆文章,其中就专门提到了李教授在偏微分方程方面的突出贡献.李教授为人耿直,坚持真理不苟同,颇有求真务实之精神.曾有人在报刊上这样形容:科普鹰派它是一个独特的品种,幼儿园老师问"树上有十只鸟,用枪打死一只,树上还有几只鸟?"大概答"九只"的,长大后成了科普鹰派;答"没有"的,长大后仍是普通人.科普鹰派相信一切社会问题都可以还原为科学问题,普通人则相信"不那么科学"的常识.

李教授习惯于用数学的眼光看待一切事物,个性鲜明.为了说明其在中国数学奥林匹克事业中的地位,举个例子:在20世纪八九十年代中国数学奥林匹克国家集训队上,队员们亲切地称其为"李军长".看过电影《南征北战》的人都知道,里面最经典的人物莫过于"张军长"和"李军长","张军长"的原型是抗日名将张灵甫,学生们将这一称号送给了北大教授张筑生,他是"文革"后北大的第一位数学博士,师从著名数学家廖山涛先生,热心数学奥林匹克事业,后英年早逝.张筑生教授与李成章教授是那时中国队的主力教练,为中国数学奥林匹克走向世界立下了汗马功劳,也得到了一堆的奖状与证书.至于一个成熟的偏微分方程专家为什么转而从事数学奥林匹克这样一个略显初等的工作,这恐怕是与当时的社会环境有关,有一个例子:1980年末,中科院冶金研究所博士黄佶到上海推销一款名为"胜天"的游戏机,同时为了苦练攻关技巧,把手指头也磨破了.1990年,他将积累的一拳头高的手稿写成中国内地第一本攻略书——《电子游戏入门》.

这立即成为畅销书.半年后,福州老师傅瓒也加入此列,出版了《电视游戏一点通》,结果一年内再版五次,总印量超过23万册,这在很大程度上要归功于他开创性地披露游戏秘籍.

一时间,几乎全中国的孩子都在疯狂念着口诀按手柄,最著名的莫过于"上上下下左右左右BA",如果足够连贯地完成,游戏者就可以在魂斗罗开局时获得三十条命.

攻略书为傅瓒带来一万多元的版税收入,而当时作家梁晓声捻断须眉出一本小说也就得5 000元左右.所以对于当时清贫的数学工作者来说,教数学竞赛是一个脱贫的机会.《连线》杂志创始主编、《失控》作者凯文·凯利(Kevin Kelly)相信:机遇优于效率——埋头苦干一生不及抓住机遇一次.

李教授十分敬业,俗称干一行爱一行.笔者曾到过李教授的书房,以笔者的视角看李教授远不是博览群书型,其藏书量在数学界当然比不上上海的叶中豪,就是与笔者相比也仅为笔者的几十分之一,但是它专.2011年4月,中国人民大学政治系主任、知名学者张鸣教授在《文史博览》杂志上发表题为"学界的技术主义的泥潭"的文章,其中一段如下:"画地为牢的最突出的表现,就是教授们不看书.出版界经常统计社会大众的阅读量,越统计越泄气,无疑,社会大众的阅读量是逐年下降的,跟美国、日本这样的发达国家,距离越拉越大.其实,中国的教授,阅读量也不大.我们很多著名院校的理工科教授,家里几乎没有什么藏书,顶多有几本工具书,一些专业杂志.有位父母都是著名工科教授的学生告诉我,在家里,他买书是要挨骂的.社会科学的教授也许会有几本书,但多半跟自己的专业有关.文史哲的教授藏书比较多一点,但很多人真正看的,也就是自己的专业书籍,小范围的专业书籍.众教授的读书经历,就是专业训练的过程,从教科书到专业杂志,舍此而外,就意味着不务正业."

李教授的藏书有两类.一类是关于偏微分方程方面的,多是英文专著,是其在读博士期间用科研经费买的早期影印版(没买版权的),其中有盖尔方特的《广义函数》(4卷本)等名著.第二类就是各种数学奥林匹克参考书,收集的十分齐全,排列整整齐齐.如果从理想中知识分子应具有的博雅角度审视李教授,似乎他还有些不完美.但是要从"专业至上","技术救国"的角度看,李教授堪称完美,从这九大本一丝不苟的讲义(李教授家里这样的笔记还有好多本,本次先挑了这九本当作第一辑,所以在阅读时可能会有跳跃感,待全部出版后,定会像拼图完成一样有一个整体面貌)可见这是一个标准的技术型专家,是俄式人才培养理念的硕果.

不幸的是,在笔者与之洽谈出版事宜期间李教授患了脑瘤.之前李教授就得过中风等老年病,此次患病打击很重,手术后靠记扑克牌恢复记忆.但李教授每次与笔者谈的不是对生的渴望与对死亡的恐惧,而是谈奥数往事,谈命题思路,谈解题心得,可想其对奥数的痴迷与热爱.怎样形容他与奥数之间的这种不解之缘呢?突然记起了胡适的一首小诗,想了想,将它添在了本文的末尾.

> 醉过才知酒浓,
> 爱过才知情重,
> 你不能做我的诗,
> 正如我不能做你的梦.

刘培杰
2016年1月1日
于哈工大

刘培杰数学工作室
已出版(即将出版)图书目录——初等数学

书 名	出版时间	定 价	编号
新编中学数学解题方法全书(高中版)上卷(第2版)	2018—08	58.00	951
新编中学数学解题方法全书(高中版)中卷(第2版)	2018—08	68.00	952
新编中学数学解题方法全书(高中版)下卷(一)(第2版)	2018—08	58.00	953
新编中学数学解题方法全书(高中版)下卷(二)(第2版)	2018—08	58.00	954
新编中学数学解题方法全书(高中版)下卷(三)(第2版)	2018—08	68.00	955
新编中学数学解题方法全书(初中版)上卷	2008—01	28.00	29
新编中学数学解题方法全书(初中版)中卷	2010—07	38.00	75
新编中学数学解题方法全书(高考复习卷)	2010—01	48.00	67
新编中学数学解题方法全书(高考真题卷)	2010—01	38.00	62
新编中学数学解题方法全书(高考精华卷)	2011—03	68.00	118
新编平面解析几何解题方法全书(专题讲座卷)	2010—01	18.00	61
新编中学数学解题方法全书(自主招生卷)	2013—08	88.00	261
数学奥林匹克与数学文化(第一辑)	2006—05	48.00	4
数学奥林匹克与数学文化(第二辑)(竞赛卷)	2008—01	48.00	19
数学奥林匹克与数学文化(第二辑)(文化卷)	2008—07	58.00	36′
数学奥林匹克与数学文化(第三辑)(竞赛卷)	2010—01	48.00	59
数学奥林匹克与数学文化(第四辑)(竞赛卷)	2011—08	58.00	87
数学奥林匹克与数学文化(第五辑)	2015—06	98.00	370
世界著名平面几何经典著作钩沉——几何作图专题卷(共3卷)	2022—01	198.00	1460
世界著名平面几何经典著作钩沉(民国平面几何老课本)	2011—03	38.00	113
世界著名平面几何经典著作钩沉(建国初期平面三角老课本)	2015—08	38.00	507
世界著名解析几何经典著作钩沉——平面解析几何卷	2014—01	38.00	264
世界著名数论经典著作钩沉(算术卷)	2012—01	28.00	125
世界著名数学经典著作钩沉——立体几何卷	2011—02	28.00	88
世界著名三角学经典著作钩沉(平面三角卷Ⅰ)	2010—06	28.00	69
世界著名三角学经典著作钩沉(平面三角卷Ⅱ)	2011—01	38.00	78
世界著名初等数论经典著作钩沉(理论和实用算术卷)	2011—07	38.00	126
发展你的空间想象力(第3版)	2021—01	98.00	1464
空间想象力进阶	2019—05	68.00	1062
走向国际数学奥林匹克的平面几何试题诠释.第1卷	2019—07	88.00	1043
走向国际数学奥林匹克的平面几何试题诠释.第2卷	2019—09	78.00	1044
走向国际数学奥林匹克的平面几何试题诠释.第3卷	2019—09	78.00	1045
走向国际数学奥林匹克的平面几何试题诠释.第4卷	2019—09	98.00	1046
平面几何证明方法全书	2007—08	35.00	1
平面几何证明方法全书习题解答(第2版)	2006—12	18.00	10
平面几何天天练上卷·基础篇(直线型)	2013—01	58.00	208
平面几何天天练中卷·基础篇(涉及圆)	2013—01	28.00	234
平面几何天天练下卷·提高篇	2013—01	58.00	237
平面几何专题研究	2013—07	98.00	258
平面几何解题之道.第1卷	2022—05	38.00	1494
几何学习题集	2020—10	48.00	1217
通过解题学习代数几何	2021—04	88.00	1301
圆锥曲线的奥秘	2022—06	88.00	1541

刘培杰数学工作室
已出版(即将出版)图书目录——初等数学

书　名	出版时间	定　价	编号
最新世界各国数学奥林匹克中的平面几何试题	2007—09	38.00	14
数学竞赛平面几何典型题及新颖解	2010—07	48.00	74
初等数学复习及研究(平面几何)	2008—09	68.00	38
初等数学复习及研究(立体几何)	2010—06	38.00	71
初等数学复习及研究(平面几何)习题解答	2009—01	58.00	42
几何学教程(平面几何卷)	2011—03	68.00	90
几何学教程(立体几何卷)	2011—07	68.00	130
几何变换与几何证题	2010—06	88.00	70
计算方法与几何证题	2011—06	28.00	129
立体几何技巧与方法	2014—04	88.00	293
几何瑰宝——平面几何500名题暨1500条定理(上、下)	2021—07	168.00	1358
三角形的解法与应用	2012—07	18.00	183
近代的三角形几何学	2012—07	48.00	184
一般折线几何学	2015—08	48.00	503
三角形的五心	2009—06	28.00	51
三角形的六心及其应用	2015—10	68.00	542
三角形趣谈	2012—08	28.00	212
解三角形	2014—01	28.00	265
探秘三角形:一次数学旅行	2021—10	68.00	1387
三角学专门教程	2014—09	28.00	387
图天下几何新题试卷.初中(第2版)	2017—11	58.00	855
圆锥曲线习题集(上册)	2013—06	68.00	255
圆锥曲线习题集(中册)	2015—01	78.00	434
圆锥曲线习题集(下册·第1卷)	2016—10	78.00	683
圆锥曲线习题集(下册·第2卷)	2018—01	98.00	853
圆锥曲线习题集(下册·第3卷)	2019—10	128.00	1113
圆锥曲线的思想方法	2021—08	48.00	1379
圆锥曲线的八个主要问题	2021—10	48.00	1415
论九点圆	2015—05	88.00	645
近代欧氏几何学	2012—03	48.00	162
罗巴切夫斯基几何学及几何基础概要	2012—07	28.00	188
罗巴切夫斯基几何学初步	2015—06	28.00	474
用三角、解析几何、复数、向量计算解数学竞赛几何题	2015—03	48.00	455
用解析法研究圆锥曲线的几何理论	2022—05	48.00	1495
美国中学几何教程	2015—04	88.00	458
三线坐标与三角形特征点	2015—04	98.00	460
坐标几何学基础.第1卷,笛卡儿坐标	2021—08	48.00	1398
坐标几何学基础.第2卷,三线坐标	2021—09	28.00	1399
平面解析几何方法与研究(第1卷)	2015—05	18.00	471
平面解析几何方法与研究(第2卷)	2015—06	18.00	472
平面解析几何方法与研究(第3卷)	2015—07	18.00	473
解析几何研究	2015—01	38.00	425
解析几何学教程.上	2016—01	38.00	574
解析几何学教程.下	2016—01	38.00	575
几何学基础	2016—01	58.00	581
初等几何研究	2015—02	58.00	444
十九和二十世纪欧氏几何学中的片段	2017—01	58.00	696
平面几何中考.高考.奥数一本通	2017—07	28.00	820
几何学简史	2017—08	28.00	833
四面体	2018—01	48.00	880
平面几何证明方法思路	2018—12	68.00	913

刘培杰数学工作室
已出版(即将出版)图书目录——初等数学

书 名	出版时间	定 价	编号
平面几何图形特性新析.上篇	2019—01	68.00	911
平面几何图形特性新析.下篇	2018—06	88.00	912
平面几何范例多解探究.上篇	2018—04	48.00	910
平面几何范例多解探究.下篇	2018—12	68.00	914
从分析解题过程学解题:竞赛中的几何问题研究	2018—07	68.00	946
从分析解题过程学解题:竞赛中的向量几何与不等式研究(全2册)	2019—06	138.00	1090
从分析解题过程学解题:竞赛中的不等式问题	2021—01	48.00	1249
二维、三维欧氏几何的对偶原理	2018—12	38.00	990
星形大观及闭折线论	2019—03	68.00	1020
立体几何的问题和方法	2019—11	58.00	1127
三角代换论	2021—05	58.00	1313
俄罗斯平面几何问题集	2009—08	88.00	55
俄罗斯立体几何问题集	2014—03	58.00	283
俄罗斯几何大师——沙雷金论数学及其他	2014—01	48.00	271
来自俄罗斯的5000道几何习题及解答	2011—03	58.00	89
俄罗斯初等数学问题集	2012—05	38.00	177
俄罗斯函数问题集	2011—03	38.00	103
俄罗斯组合分析问题集	2011—01	48.00	79
俄罗斯初等数学万题选——三角卷	2012—11	38.00	222
俄罗斯初等数学万题选——代数卷	2013—07	68.00	225
俄罗斯初等数学万题选——几何卷	2014—01	68.00	226
俄罗斯《量子》杂志数学征解问题100题选	2018—08	48.00	969
俄罗斯《量子》杂志数学征解问题又100题选	2018—08	48.00	970
俄罗斯《量子》杂志数学征解问题	2020—05	48.00	1138
463个俄罗斯几何老问题	2012—01	28.00	152
《量子》数学短文精粹	2018—09	38.00	972
用三角、解析几何等计算解来自俄罗斯的几何题	2019—11	88.00	1119
基谢廖夫平面几何	2022—01	48.00	1461
数学:代数、数学分析和几何(10—11年级)	2021—01	48.00	1250
立体几何.10—11年级	2022—01	58.00	1472
直观几何学:5—6年级	2022—04	58.00	1508

书 名	出版时间	定 价	编号
谈谈素数	2011—03	18.00	91
平方和	2011—03	18.00	92
整数论	2011—05	38.00	120
从整数谈起	2015—10	28.00	538
数与多项式	2016—01	38.00	558
谈谈不定方程	2011—05	28.00	119
质数漫谈	2022—07	68.00	1529

书 名	出版时间	定 价	编号
解析不等式新论	2009—06	68.00	48
建立不等式的方法	2011—03	98.00	104
数学奥林匹克不等式研究(第2版)	2020—07	68.00	1181
不等式研究(第二辑)	2012—02	68.00	153
不等式的秘密(第一卷)(第2版)	2014—02	38.00	286
不等式的秘密(第二卷)	2014—01	38.00	268
初等不等式的证明方法	2010—06	38.00	123
初等不等式的证明方法(第二版)	2014—11	38.00	407
不等式·理论·方法(基础卷)	2015—07	38.00	496
不等式·理论·方法(经典不等式卷)	2015—07	38.00	497
不等式·理论·方法(特殊类型不等式卷)	2015—07	48.00	498
不等式探究	2016—03	38.00	582
不等式探秘	2017—01	88.00	689
四面体不等式	2017—01	68.00	715
数学奥林匹克中常见重要不等式	2017—09	38.00	845

— 3 —

刘培杰数学工作室
已出版(即将出版)图书目录——初等数学

书　名	出版时间	定　价	编号
三正弦不等式	2018－09	98.00	974
函数方程与不等式:解法与稳定性结果	2019－04	68.00	1058
数学不等式.第1卷,对称多项式不等式	2022－05	78.00	1455
数学不等式.第2卷,对称有理不等式与对称无理不等式	2022－05	88.00	1456
数学不等式.第3卷,循环不等式与非循环不等式	2022－05	88.00	1457
数学不等式.第4卷,Jensen不等式的扩展与加细	2022－05	88.00	1458
数学不等式.第5卷,创建不等式与解不等式的其他方法	2022－05	88.00	1459
同余理论	2012－05	38.00	163
[x]与{x}	2015－04	48.00	476
极值与最值.上卷	2015－06	28.00	486
极值与最值.中卷	2015－06	38.00	487
极值与最值.下卷	2015－06	28.00	488
整数的性质	2012－11	38.00	192
完全平方数及其应用	2015－08	78.00	506
多项式理论	2015－10	88.00	541
奇数、偶数、奇偶分析法	2018－01	98.00	876
不定方程及其应用.上	2018－12	58.00	992
不定方程及其应用.中	2019－01	78.00	993
不定方程及其应用.下	2019－02	98.00	994
Nesbitt不等式加强式的研究	2022－06	128.00	1527
历届美国中学生数学竞赛试题及解答(第一卷)1950—1954	2014－07	18.00	277
历届美国中学生数学竞赛试题及解答(第二卷)1955—1959	2014－04	18.00	278
历届美国中学生数学竞赛试题及解答(第三卷)1960—1964	2014－06	18.00	279
历届美国中学生数学竞赛试题及解答(第四卷)1965—1969	2014－04	28.00	280
历届美国中学生数学竞赛试题及解答(第五卷)1970—1972	2014－06	18.00	281
历届美国中学生数学竞赛试题及解答(第六卷)1973—1980	2017－07	18.00	768
历届美国中学生数学竞赛试题及解答(第七卷)1981—1986	2015－01	18.00	424
历届美国中学生数学竞赛试题及解答(第八卷)1987—1990	2017－05	18.00	769
历届中国数学奥林匹克试题集(第3版)	2021－10	58.00	1440
历届加拿大数学奥林匹克试题集	2012－08	38.00	215
历届美国数学奥林匹克试题集:1972～2019	2020－04	88.00	1135
历届波兰数学竞赛试题集.第1卷,1949～1963	2015－03	18.00	453
历届波兰数学竞赛试题集.第2卷,1964～1976	2015－03	18.00	454
历届巴尔干数学奥林匹克试题集	2015－05	38.00	466
保加利亚数学奥林匹克	2014－10	38.00	393
圣彼得堡数学奥林匹克试题集	2015－01	38.00	429
匈牙利奥林匹克数学竞赛题解.第1卷	2016－05	28.00	593
匈牙利奥林匹克数学竞赛题解.第2卷	2016－05	28.00	594
历届美国数学邀请赛试题集(第2版)	2017－10	78.00	851
普林斯顿大学数学竞赛	2016－06	38.00	669
亚太地区数学奥林匹克竞赛题	2015－07	18.00	492
日本历届(初级)广中杯数学竞赛试题及解答.第1卷(2000～2007)	2016－05	28.00	641
日本历届(初级)广中杯数学竞赛试题及解答.第2卷(2008～2015)	2016－05	38.00	642
越南数学奥林匹克题选:1962—2009	2021－07	48.00	1370
360个数学竞赛问题	2016－08	58.00	677
奥数最佳实战题.上卷	2017－06	38.00	760
奥数最佳实战题.下卷	2017－06	58.00	761
哈尔滨市早期中学数学竞赛试题汇编	2016－07	28.00	672
全国高中数学联赛试题及解答:1981—2019(第4版)	2020－07	138.00	1176
2022年全国高中数学联合竞赛模拟题集	2022－06	30.00	1521
20世纪50年代全国部分城市数学竞赛试题汇编	2017－07	28.00	797

刘培杰数学工作室
已出版(即将出版)图书目录——初等数学

书　名	出版时间	定　价	编号
国内外数学竞赛题及精解:2018~2019	2020—08	45.00	1192
国内外数学竞赛题及精解:2019~2020	2021—11	58.00	1439
许康华竞赛优学精选集.第一辑	2018—08	68.00	949
天问叶班数学问题征解100题.Ⅰ,2016—2018	2019—05	88.00	1075
天问叶班数学问题征解100题.Ⅱ,2017—2019	2020—07	98.00	1177
美国初中数学竞赛:AMC8准备(共6卷)	2019—07	138.00	1089
美国高中数学竞赛:AMC10准备(共6卷)	2019—08	158.00	1105
王连笑教你怎样学数学:高考选择题解题策略与客观题实用训练	2014—01	48.00	262
王连笑教你怎样学数学:高考数学高层次讲座	2015—02	48.00	432
高考数学的理论与实践	2009—08	38.00	53
高考数学核心题型解题方法与技巧	2010—01	28.00	86
高考思维新平台	2014—03	38.00	259
高考数学压轴题解题诀窍(上)(第2版)	2018—01	58.00	874
高考数学压轴题解题诀窍(下)(第2版)	2018—01	48.00	875
北京市五区文科数学三年高考模拟题详解:2013~2015	2015—08	48.00	500
北京市五区理科数学三年高考模拟题详解:2013~2015	2015—09	68.00	505
向量法巧解数学高考题	2009—08	28.00	54
高中数学课堂教学的实践与反思	2021—11	48.00	791
数学高考参考	2016—01	78.00	589
新课程标准高考数学解答题各种题型解法指导	2020—08	78.00	1196
全国及各省市高考数学试题审题要津与解法研究	2015—02	48.00	450
高中数学章节起始课的教学研究与案例设计	2019—05	28.00	1064
新课标高考数学——五年试题分章详解(2007~2011)(上、下)	2011—10	78.00	140,141
全国中考数学压轴题审题要津与解法研究	2013—04	78.00	248
新编全国及各省市中考数学压轴题审题要津与解法研究	2014—05	58.00	342
全国及各省市5年中考数学压轴题审题要津与解法研究(2015版)	2015—04	58.00	462
中考数学专题总复习	2007—04	28.00	6
中考数学较难题常考题型解题方法与技巧	2016—09	48.00	681
中考数学难题常考题型解题方法与技巧	2016—09	48.00	682
中考数学中档题常考题型解题方法与技巧	2017—08	68.00	835
中考数学选择填空压轴好题妙解365	2017—05	38.00	759
中考数学:三类重点考题的解法例析与习题	2020—04	48.00	1140
中小学数学的历史文化	2019—11	48.00	1124
初中平面几何百题多思创新解	2020—01	58.00	1125
初中数学中考备考	2020—01	58.00	1126
高考数学之九章演义	2019—08	68.00	1044
高考数学之难题谈笑间	2022—06	68.00	1519
化学可以这样学:高中化学知识方法智慧感悟疑难辨析	2019—07	58.00	1103
如何成为学习高手	2019—09	58.00	1107
高考数学:经典真题分类解析	2020—04	78.00	1134
高考数学解答题破解策略	2020—11	58.00	1221
从分析解题过程学解题:高考压轴题与竞赛题之关系探究	2020—08	88.00	1179
教学新思考:单元整体视角下的初中数学教学设计	2021—03	58.00	1278
思维再拓展:2020年经典几何题的多解探究与思考	即将出版		1279
中考数学小压轴汇编初讲	2017—07	48.00	788
中考数学大压轴专题微言	2017—09	48.00	846
怎么解中考平面几何探索题	2019—06	48.00	1093
北京中考数学压轴题解题方法突破(第7版)	2021—11	68.00	1442
助你高考成功的数学解题智慧:知识是智慧的基础	2016—01	58.00	596
助你高考成功的数学解题智慧:错误是智慧的试金石	2016—04	58.00	643
助你高考成功的数学解题智慧:方法是智慧的推手	2016—04	68.00	657
高考数学奇思妙解	2016—04	38.00	610
高考数学解题策略	2016—05	48.00	670
数学解题泄天机(第2版)	2017—10	48.00	850

刘培杰数学工作室
已出版(即将出版)图书目录——初等数学

书　名	出版时间	定价	编号
高考物理压轴题全解	2017—04	58.00	746
高中物理经典问题25讲	2017—05	28.00	764
高中物理教学讲义	2018—01	48.00	871
高中物理教学讲义：全模块	2022—03	98.00	1492
高中物理答疑解惑65篇	2021—11	48.00	1462
中学物理基础问题解析	2020—08	48.00	1183
2016年高考文科数学真题研究	2017—04	58.00	754
2016年高考理科数学真题研究	2017—04	78.00	755
2017年高考理科数学真题研究	2018—01	58.00	867
2017年高考文科数学真题研究	2018—01	48.00	868
初中数学、高中数学脱节知识补缺教材	2017—06	48.00	766
高考数学小题抢分必练	2017—10	48.00	834
高考数学核心素养解读	2017—09	38.00	839
高考数学客观题解题方法和技巧	2017—10	38.00	847
十年高考数学精品试题审题要津与解法研究	2021—10	98.00	1427
中国历届高考数学试题及解答.1949—1979	2018—01	38.00	877
历届中国高考数学试题及解答.第二卷,1980—1989	2018—10	28.00	975
历届中国高考数学试题及解答.第三卷,1990—1999	2018—10	48.00	976
数学文化与高考研究	2018—03	48.00	882
跟我学解高中数学题	2018—07	58.00	926
中学数学研究的方法及案例	2018—05	58.00	869
高考数学抢分技能	2018—07	68.00	934
高一新生常用数学方法和重要数学思想提升教材	2018—06	38.00	921
2018年高考数学真题研究	2019—01	68.00	1000
2019年高考数学真题研究	2020—05	88.00	1137
高考数学全国卷六道解答题常考题型解题诀窍：理科(全2册)	2019—07	78.00	1101
高考数学全国卷16道选择、填空题常考题型解题诀窍.理科	2018—09	88.00	971
高考数学全国卷16道选择、填空题常考题型解题诀窍.文科	2020—01	88.00	1123
高中数学一题多解	2019—06	58.00	1087
历届中国高考数学试题及解答：1917—1999	2021—08	98.00	1371
2000~2003年全国及各省市高考数学试题及解答	2022—05	88.00	1499
2004年全国及各省市高考数学试题及解答	2022—07	78.00	1500
突破高原：高中数学解题思维探究	2021—08	48.00	1375
高考数学中的"取值范围"	2021—10	48.00	1429
新课程标准高中数学各种题型解法大全.必修一分册	2021—06	58.00	1315
新课程标准高中数学各种题型解法大全.必修二分册	2022—01	68.00	1471
高中数学各种题型解法大全.选择性必修一分册	2022—06	68.00	1525
新编640个世界著名数学智力趣题	2014—01	88.00	242
500个最新世界著名数学智力趣题	2008—06	48.00	3
400个最新世界著名数学最值问题	2008—09	48.00	36
500个世界著名数学征解问题	2009—06	48.00	52
400个中国最佳初等数学征解老问题	2010—01	48.00	60
500个俄罗斯数学经典老题	2011—01	28.00	81
1000个国外中学物理好题	2012—04	48.00	174
300个日本高考数学题	2012—05	38.00	142
700个早期日本高考数学试题	2017—02	88.00	752
500个前苏联早期高考数学试题及解答	2012—05	28.00	185
546个早期俄罗斯大学生数学竞赛题	2014—03	38.00	285
548个来自美苏的数学好问题	2014—11	28.00	396
20所苏联著名大学早期入学试题	2015—02	18.00	452
161道德国工科大学生必做的微分方程习题	2015—05	28.00	469
500个德国工科大学生必做的高数习题	2015—06	28.00	478
360个数学竞赛问题	2016—08	58.00	677
200个趣味数学故事	2018—02	48.00	857
470个数学奥林匹克中的最值问题	2018—10	88.00	985
德国讲义日本考题.微积分卷	2015—04	48.00	456
德国讲义日本考题.微分方程卷	2015—04	38.00	457
二十世纪中叶中、英、美、日、法、俄高考数学试题精选	2017—06	38.00	783

刘培杰数学工作室
已出版(即将出版)图书目录——初等数学

书　　名	出版时间	定　价	编号
中国初等数学研究　2009卷(第1辑)	2009—05	20.00	45
中国初等数学研究　2010卷(第2辑)	2010—05	30.00	68
中国初等数学研究　2011卷(第3辑)	2011—07	60.00	127
中国初等数学研究　2012卷(第4辑)	2012—07	48.00	190
中国初等数学研究　2014卷(第5辑)	2014—02	48.00	288
中国初等数学研究　2015卷(第6辑)	2015—06	68.00	493
中国初等数学研究　2016卷(第7辑)	2016—04	68.00	609
中国初等数学研究　2017卷(第8辑)	2017—01	98.00	712
初等数学研究在中国.第1辑	2019—03	158.00	1024
初等数学研究在中国.第2辑	2019—10	158.00	1116
初等数学研究在中国.第3辑	2021—05	158.00	1306
初等数学研究在中国.第4辑	2022—06	158.00	1520
几何变换(Ⅰ)	2014—07	28.00	353
几何变换(Ⅱ)	2015—06	28.00	354
几何变换(Ⅲ)	2015—01	38.00	355
几何变换(Ⅳ)	2015—12	38.00	356
初等数论难题集(第一卷)	2009—05	68.00	44
初等数论难题集(第二卷)(上、下)	2011—02	128.00	82,83
数论概貌	2011—03	18.00	93
代数数论(第二版)	2013—08	58.00	94
代数多项式	2014—06	38.00	289
初等数论的知识与问题	2011—02	28.00	95
超越数论基础	2011—03	28.00	96
数论初等教程	2011—03	28.00	97
数论基础	2011—03	18.00	98
数论基础与维诺格拉多夫	2014—03	18.00	292
解析数论基础	2012—08	28.00	216
解析数论基础(第二版)	2014—01	48.00	287
解析数论问题集(第二版)(原版引进)	2014—05	88.00	343
解析数论问题集(第二版)(中译本)	2016—04	88.00	607
解析数论基础(潘承洞,潘承彪著)	2016—07	98.00	673
解析数论导引	2016—07	58.00	674
数论入门	2011—03	38.00	99
代数数论入门	2015—03	38.00	448
数论开篇	2012—07	28.00	194
解析数论引论	2011—03	48.00	100
Barban Davenport Halberstam 均值和	2009—01	40.00	33
基础数论	2011—03	28.00	101
初等数论100例	2011—05	18.00	122
初等数论经典例题	2012—07	18.00	204
最新世界各国数学奥林匹克中的初等数论试题(上、下)	2012—01	138.00	144,145
初等数论(Ⅰ)	2012—01	18.00	156
初等数论(Ⅱ)	2012—01	18.00	157
初等数论(Ⅲ)	2012—01	28.00	158

刘培杰数学工作室
已出版(即将出版)图书目录——初等数学

书　　名	出版时间	定　价	编号
平面几何与数论中未解决的新老问题	2013—01	68.00	229
代数数论简史	2014—11	28.00	408
代数数论	2015—09	88.00	532
代数、数论及分析习题集	2016—11	98.00	695
数论导引提要及习题解答	2016—01	48.00	559
素数定理的初等证明.第2版	2016—09	48.00	686
数论中的模函数与狄利克雷级数(第二版)	2017—11	78.00	837
数论：数学导引	2018—01	68.00	849
范氏大代数	2019—02	98.00	1016
解析数学讲义.第一卷,导来式及微分、积分、级数	2019—04	88.00	1021
解析数学讲义.第二卷,关于几何的应用	2019—04	68.00	1022
解析数学讲义.第三卷,解析函数论	2019—04	78.00	1023
分析・组合・数论纵横谈	2019—04	58.00	1039
Hall代数：民国时期的中学数学课本：英文	2019—08	88.00	1106
基谢廖夫初等代数	2022—07	38.00	1531
数学精神巡礼	2019—01	58.00	731
数学眼光透视(第2版)	2017—06	78.00	732
数学思想领悟(第2版)	2018—01	68.00	733
数学方法溯源(第2版)	2018—08	68.00	734
数学解题引论	2017—05	58.00	735
数学史话览胜(第2版)	2017—01	48.00	736
数学应用展观(第2版)	2017—08	68.00	737
数学建模尝试	2018—04	48.00	738
数学竞赛采风	2018—01	68.00	739
数学测评探营	2019—05	58.00	740
数学技能操握	2018—03	48.00	741
数学欣赏拾趣	2018—02	48.00	742
从毕达哥拉斯到怀尔斯	2007—10	48.00	9
从迪利克雷到维斯卡尔迪	2008—01	48.00	21
从哥德巴赫到陈景润	2008—05	98.00	35
从庞加莱到佩雷尔曼	2011—08	138.00	136
博弈论精粹	2008—03	58.00	30
博弈论精粹.第二版(精装)	2015—01	88.00	461
数学 我爱你	2008—01	28.00	20
精神的圣徒　别样的人生——60位中国数学家成长的历程	2008—09	48.00	39
数学史概论	2009—06	78.00	50
数学史概论(精装)	2013—03	158.00	272
数学史选讲	2016—01	48.00	544
斐波那契数列	2010—02	28.00	65
数学拼盘和斐波那契魔方	2010—07	38.00	72
斐波那契数列欣赏(第2版)	2018—08	58.00	948
Fibonacci数列中的明珠	2018—06	58.00	928
数学的创造	2011—02	48.00	85
数学美与创造力	2016—01	48.00	595
数海拾贝	2016—01	48.00	590
数学中的美(第2版)	2019—04	68.00	1057
数论中的美学	2014—12	38.00	351

— 8 —

刘培杰数学工作室
已出版(即将出版)图书目录——初等数学

书　名	出版时间	定　价	编号
数学王者　科学巨人——高斯	2015—01	28.00	428
振兴祖国数学的圆梦之旅:中国初等数学研究史话	2015—06	98.00	490
二十世纪中国数学史料研究	2015—10	48.00	536
数字谜、数阵图与棋盘覆盖	2016—01	58.00	298
时间的形状	2016—01	38.00	556
数学发现的艺术:数学探索中的合情推理	2016—07	58.00	671
活跃在数学中的参数	2016—07	48.00	675
数海趣史	2021—05	98.00	1314
数学解题——靠数学思想给力(上)	2011—07	38.00	131
数学解题——靠数学思想给力(中)	2011—07	48.00	132
数学解题——靠数学思想给力(下)	2011—07	38.00	133
我怎样解题	2013—01	48.00	227
数学解题中的物理方法	2011—06	28.00	114
数学解题的特殊方法	2011—06	48.00	115
中学数学计算技巧(第2版)	2020—10	48.00	1220
中学数学证明方法	2012—01	58.00	117
数学趣题巧解	2012—03	28.00	128
高中数学教学通鉴	2015—05	58.00	479
和高中生漫谈:数学与哲学的故事	2014—08	28.00	369
算术问题集	2017—03	38.00	789
张教授讲数学	2018—07	38.00	933
陈永明实话实说数学教学	2020—04	68.00	1132
中学数学学科知识与教学能力	2020—06	58.00	1155
怎样把课讲好:大罕数学教学随笔	2022—03	58.00	1484
中国高考评价体系下高考数学探秘	2022—03	48.00	1487
自主招生考试中的参数方程问题	2015—01	28.00	435
自主招生考试中的极坐标问题	2015—04	28.00	463
近年全国重点大学自主招生数学试题全解及研究.华约卷	2015—02	38.00	441
近年全国重点大学自主招生数学试题全解及研究.北约卷	2016—05	38.00	619
自主招生数学解证宝典	2015—09	48.00	535
中国科学技术大学创新班数学真题解析	2022—03	48.00	1488
中国科学技术大学创新班物理真题解析	2022—03	58.00	1489
格点和面积	2012—07	18.00	191
射影几何趣谈	2012—04	28.00	175
斯潘纳尔引理——从一道加拿大数学奥林匹克试题谈起	2014—01	28.00	228
李普希兹条件——从几道近年高考数学试题谈起	2012—10	18.00	221
拉格朗日中值定理——从一道北京高考试题的解法谈起	2015—10	18.00	197
闵科夫斯基定理——从一道清华大学自主招生试题谈起	2014—01	28.00	198
哈尔测度——从一道冬令营试题的背景谈起	2012—08	28.00	202
切比雪夫逼近问题——从一道中国台北数学奥林匹克试题谈起	2013—04	38.00	238
伯恩斯坦多项式与贝齐尔曲面——从一道全国高中数学联赛试题谈起	2013—03	38.00	236
卡塔兰猜想——从一道普特南竞赛试题谈起	2013—06	18.00	256
麦卡锡函数和阿克曼函数——从一道前南斯拉夫数学奥林匹克试题谈起	2012—08	18.00	201
贝蒂定理与拉姆贝莫斯尔定理——从一个拣石子游戏谈起	2012—08	18.00	217
皮亚诺曲线和豪斯道夫分球定理——从无限集谈起	2012—08	18.00	211
平面凸图形与凸多面体	2012—10	28.00	218
斯坦因豪斯问题——从一道二十五省市自治区中学数学竞赛试题谈起	2012—07	18.00	196

刘培杰数学工作室
已出版(即将出版)图书目录——初等数学

书　名	出版时间	定　价	编号
纽结理论中的亚历山大多项式与琼斯多项式——从一道北京市高一数学竞赛试题谈起	2012—07	28.00	195
原则与策略——从波利亚"解题表"谈起	2013—04	38.00	244
转化与化归——从三大尺规作图不能问题谈起	2012—08	28.00	214
代数几何中的贝祖定理(第一版)——从一道IMO试题的解法谈起	2013—08	18.00	193
成功连贯理论与约当块理论——从一道比利时数学竞赛试题谈起	2012—04	18.00	180
素数判定与大数分解	2014—08	18.00	199
置换多项式及其应用	2012—10	18.00	220
椭圆函数与模函数——从一道美国加州大学洛杉矶分校(UCLA)博士资格考题谈起	2012—10	28.00	219
差分方程的拉格朗日方法——从一道2011年全国高考理科试题的解法谈起	2012—08	28.00	200
力学在几何中的一些应用	2013—01	38.00	240
从根式解到伽罗华理论	2020—01	48.00	1121
康托洛维奇不等式——从一道全国高中联赛试题谈起	2013—03	28.00	337
西格尔引理——从一道第18届IMO试题的解法谈起	即将出版		
罗斯定理——从一道前苏联数学竞赛试题谈起	即将出版		
拉克斯定理和阿廷定理——从一道IMO试题的解法谈起	2014—01	58.00	246
毕卡大定理——从一道美国大学数学竞赛试题谈起	2014—07	18.00	350
贝齐尔曲线——从一道全国高中联赛试题谈起	即将出版		
拉格朗日乘子定理——从一道2005年全国高中联赛试题的高等数学解法谈起	2015—05	28.00	480
雅可比定理——从一道日本数学奥林匹克试题谈起	2013—04	48.00	249
李天岩-约克定理——从一道波兰数学竞赛试题谈起	2014—06	28.00	349
整系数多项式因式分解的一般方法——从克朗耐克算法谈起	即将出版		
布劳维不动点定理——从一道前苏联数学奥林匹克试题谈起	2014—01	38.00	273
伯恩赛德定理——从一道英国数学奥林匹克试题谈起	即将出版		
布查特-莫斯特定理——从一道上海市初中竞赛试题谈起	即将出版		
数论中的同余数问题——从一道普特南竞赛试题谈起	即将出版		
范·德蒙行列式——从一道美国数学奥林匹克试题谈起	即将出版		
中国剩余定理:总数法构建中国历史年表	2015—01	28.00	430
牛顿程序与方程求根——从一道全国高考试题解法谈起	即将出版		
库默尔定理——从一道IMO预选试题谈起	即将出版		
卢丁定理——从一道冬令营试题的解法谈起	即将出版		
沃斯滕霍姆定理——从一道IMO预选试题谈起	即将出版		
卡尔松不等式——从一道莫斯科数学奥林匹克试题谈起	即将出版		
信息论中的香农熵——从一道近年高考压轴题谈起	即将出版		
约当不等式——从一道希望杯竞赛试题谈起	即将出版		
拉比诺维奇定理	即将出版		
刘维尔定理——从一道《美国数学月刊》征解问题的解法谈起	即将出版		
卡塔兰恒等式与级数求和——从一道IMO试题的解法谈起	即将出版		
勒让德猜想与素数分布——从一道爱尔兰竞赛试题谈起	即将出版		
天平称重与信息论——从一道基辅市数学奥林匹克试题谈起	即将出版		
哈密尔顿-凯莱定理:从一道高中数学联赛试题的解法谈起	2014—09	18.00	376
艾思特曼定理——从一道CMO试题的解法谈起	即将出版		

刘培杰数学工作室
已出版(即将出版)图书目录——初等数学

书　名	出版时间	定　价	编号
阿贝尔恒等式与经典不等式及应用	2018—06	98.00	923
迪利克雷除数问题	2018—07	48.00	930
幻方、幻立方与拉丁方	2019—08	48.00	1092
帕斯卡三角形	2014—03	18.00	294
蒲丰投针问题——从2009年清华大学的一道自主招生试题谈起	2014—01	38.00	295
斯图姆定理——从一道"华约"自主招生试题的解法谈起	2014—01	18.00	296
许瓦兹引理——从一道加利福尼亚大学伯克利分校数学系博士生试题谈起	2014—08	18.00	297
拉姆塞定理——从王诗宬院士的一个问题谈起	2016—04	48.00	299
坐标法	2013—12	28.00	332
数论三角形	2014—04	38.00	341
毕克定理	2014—07	18.00	352
数林掠影	2014—09	48.00	389
我们周围的概率	2014—10	38.00	390
凸函数最值定理：从一道华约自主招生题的解法谈起	2014—10	28.00	391
易学与数学奥林匹克	2014—10	38.00	392
生物数学趣谈	2015—01	18.00	409
反演	2015—01	28.00	420
因式分解与圆锥曲线	2015—01	18.00	426
轨迹	2015—01	28.00	427
面积原理：从常庚哲命的一道CMO试题的积分解法谈起	2015—01	48.00	431
形形色色的不动点定理：从一道28届IMO试题谈起	2015—01	38.00	439
柯西函数方程：从一道上海交大自主招生的试题谈起	2015—02	28.00	440
三角恒等式	2015—02	28.00	442
无理性判定：从一道2014年"北约"自主招生试题谈起	2015—01	38.00	443
数学归纳法	2015—03	18.00	451
极端原理与解题	2015—04	28.00	464
法雷级数	2014—08	18.00	367
摆线族	2015—01	38.00	438
函数方程及其解法	2015—05	38.00	470
含参数的方程和不等式	2012—09	28.00	213
希尔伯特第十问题	2016—01	38.00	543
无穷小量的求和	2016—01	28.00	545
切比雪夫多项式：从一道清华大学金秋营试题谈起	2016—01	38.00	583
泽肯多夫定理	2016—03	38.00	599
代数等式证题法	2016—01	28.00	600
三角等式证题法	2016—01	28.00	601
吴大任教授藏书中的一个因式分解公式：从一道美国数学邀请赛试题的解法谈起	2016—06	28.00	656
易卦——类万物的数学模型	2017—08	68.00	838
"不可思议"的数与数系可持续发展	2018—01	38.00	878
最短线	2018—01	38.00	879
幻方和魔方（第一卷）	2012—05	68.00	173
尘封的经典——初等数学经典文献选读（第一卷）	2012—07	48.00	205
尘封的经典——初等数学经典文献选读（第二卷）	2012—07	38.00	206
初级方程式论	2011—03	28.00	106
初等数学研究（Ⅰ）	2008—09	68.00	37
初等数学研究（Ⅱ）(上、下)	2009—05	118.00	46,47

刘培杰数学工作室
已出版(即将出版)图书目录——初等数学

书 名	出版时间	定 价	编号
趣味初等方程妙题集锦	2014—09	48.00	388
趣味初等数论选美与欣赏	2015—02	48.00	445
耕读笔记(上卷):一位农民数学爱好者的初数探索	2015—04	28.00	459
耕读笔记(中卷):一位农民数学爱好者的初数探索	2015—05	28.00	483
耕读笔记(下卷):一位农民数学爱好者的初数探索	2015—05	28.00	484
几何不等式研究与欣赏.上卷	2016—01	88.00	547
几何不等式研究与欣赏.下卷	2016—01	48.00	552
初等数列研究与欣赏·上	2016—01	48.00	570
初等数列研究与欣赏·下	2016—01	48.00	571
趣味初等函数研究与欣赏.上	2016—09	48.00	684
趣味初等函数研究与欣赏.下	2018—09	48.00	685
三角不等式研究与欣赏	2020—10	68.00	1197
新编平面解析几何解题方法研究与欣赏	2021—10	78.00	1426
火柴游戏(第2版)	2022—05	38.00	1493
智力解谜.第1卷	2017—07	38.00	613
智力解谜.第2卷	2017—07	38.00	614
故事智力	2016—07	48.00	615
名人们喜欢的智力问题	2020—01	48.00	616
数学大师的发现、创造与失误	2018—01	48.00	617
异曲同工	2018—09	48.00	618
数学的味道	2018—01	58.00	798
数学千字文	2018—10	68.00	977
数贝偶拾——高考数学题研究	2014—04	28.00	274
数贝偶拾——初等数学研究	2014—04	38.00	275
数贝偶拾——奥数题研究	2014—04	48.00	276
钱昌本教你快乐学数学(上)	2011—12	48.00	155
钱昌本教你快乐学数学(下)	2012—03	58.00	171
集合、函数与方程	2014—01	28.00	300
数列与不等式	2014—01	38.00	301
三角与平面向量	2014—01	28.00	302
平面解析几何	2014—01	38.00	303
立体几何与组合	2014—01	28.00	304
极限与导数、数学归纳法	2014—01	38.00	305
趣味数学	2014—03	28.00	306
教材教法	2014—04	68.00	307
自主招生	2014—05	58.00	308
高考压轴题(上)	2015—01	48.00	309
高考压轴题(下)	2014—10	68.00	310
从费马到怀尔斯——费马大定理的历史	2013—10	198.00	I
从庞加莱到佩雷尔曼——庞加莱猜想的历史	2013—10	298.00	II
从切比雪夫到爱尔特希(上)——素数定理的初等证明	2013—07	48.00	III
从切比雪夫到爱尔特希(下)——素数定理100年	2012—12	98.00	III
从高斯到盖尔方特——二次域的高斯猜想	2013—10	198.00	IV
从库默尔到朗兰兹——朗兰兹猜想的历史	2014—01	98.00	V
从比勒巴赫到德布朗斯——比勒巴赫猜想的历史	2014—02	298.00	VI
从麦比乌斯到陈省身——麦比乌斯变换与麦比乌斯带	2014—02	298.00	VII
从布尔到豪斯道夫——布尔方程与格论漫谈	2013—10	198.00	VIII
从开普勒到阿诺德——三体问题的历史	2014—05	298.00	IX
从华林到华罗庚——华林问题的历史	2013—10	298.00	X

刘培杰数学工作室
已出版(即将出版)图书目录——初等数学

书　　名	出版时间	定　价	编号
美国高中数学竞赛五十讲.第1卷(英文)	2014—08	28.00	357
美国高中数学竞赛五十讲.第2卷(英文)	2014—08	28.00	358
美国高中数学竞赛五十讲.第3卷(英文)	2014—09	28.00	359
美国高中数学竞赛五十讲.第4卷(英文)	2014—09	28.00	360
美国高中数学竞赛五十讲.第5卷(英文)	2014—10	28.00	361
美国高中数学竞赛五十讲.第6卷(英文)	2014—11	28.00	362
美国高中数学竞赛五十讲.第7卷(英文)	2014—12	28.00	363
美国高中数学竞赛五十讲.第8卷(英文)	2015—01	28.00	364
美国高中数学竞赛五十讲.第9卷(英文)	2015—01	28.00	365
美国高中数学竞赛五十讲.第10卷(英文)	2015—02	38.00	366
三角函数(第2版)	2017—04	38.00	626
不等式	2014—01	38.00	312
数列	2014—01	38.00	313
方程(第2版)	2017—04	38.00	624
排列和组合	2014—01	28.00	315
极限与导数(第2版)	2016—04	38.00	635
向量(第2版)	2018—08	58.00	627
复数及其应用	2014—08	28.00	318
函数	2014—01	38.00	319
集合	2020—01	48.00	320
直线与平面	2014—01	28.00	321
立体几何(第2版)	2016—04	38.00	629
解三角形	即将出版		323
直线与圆(第2版)	2016—11	38.00	631
圆锥曲线(第2版)	2016—09	48.00	632
解题通法(一)	2014—07	38.00	326
解题通法(二)	2014—07	38.00	327
解题通法(三)	2014—05	38.00	328
概率与统计	2014—01	28.00	329
信息迁移与算法	即将出版		330
IMO 50年.第1卷(1959—1963)	2014—11	28.00	377
IMO 50年.第2卷(1964—1968)	2014—11	28.00	378
IMO 50年.第3卷(1969—1973)	2014—09	28.00	379
IMO 50年.第4卷(1974—1978)	2016—04	38.00	380
IMO 50年.第5卷(1979—1984)	2015—04	38.00	381
IMO 50年.第6卷(1985—1989)	2015—04	58.00	382
IMO 50年.第7卷(1990—1994)	2016—01	48.00	383
IMO 50年.第8卷(1995—1999)	2016—06	38.00	384
IMO 50年.第9卷(2000—2004)	2015—04	58.00	385
IMO 50年.第10卷(2005—2009)	2016—01	48.00	386
IMO 50年.第11卷(2010—2015)	2017—03	48.00	646

刘培杰数学工作室
已出版(即将出版)图书目录——初等数学

书 名	出版时间	定 价	编号
数学反思(2006—2007)	2020—09	88.00	915
数学反思(2008—2009)	2019—01	68.00	917
数学反思(2010—2011)	2018—05	58.00	916
数学反思(2012—2013)	2019—01	58.00	918
数学反思(2014—2015)	2019—03	78.00	919
数学反思(2016—2017)	2021—03	58.00	1286
历届美国大学生数学竞赛试题集.第一卷(1938—1949)	2015—01	28.00	397
历届美国大学生数学竞赛试题集.第二卷(1950—1959)	2015—01	28.00	398
历届美国大学生数学竞赛试题集.第三卷(1960—1969)	2015—01	28.00	399
历届美国大学生数学竞赛试题集.第四卷(1970—1979)	2015—01	18.00	400
历届美国大学生数学竞赛试题集.第五卷(1980—1989)	2015—01	28.00	401
历届美国大学生数学竞赛试题集.第六卷(1990—1999)	2015—01	28.00	402
历届美国大学生数学竞赛试题集.第七卷(2000—2009)	2015—08	18.00	403
历届美国大学生数学竞赛试题集.第八卷(2010—2012)	2015—01	18.00	404
新课标高考数学创新题解题诀窍:总论	2014—09	28.00	372
新课标高考数学创新题解题诀窍:必修 1~5 分册	2014—08	38.00	373
新课标高考数学创新题解题诀窍:选修 2—1,2—2,1—1,1—2 分册	2014—09	38.00	374
新课标高考数学创新题解题诀窍:选修 2—3,4—4,4—5 分册	2014—09	18.00	375
全国重点大学自主招生英文数学试题全攻略:词汇卷	2015—07	48.00	410
全国重点大学自主招生英文数学试题全攻略:概念卷	2015—01	28.00	411
全国重点大学自主招生英文数学试题全攻略:文章选读卷(上)	2016—09	38.00	412
全国重点大学自主招生英文数学试题全攻略:文章选读卷(下)	2017—01	58.00	413
全国重点大学自主招生英文数学试题全攻略:试题卷	2015—07	38.00	414
全国重点大学自主招生英文数学试题全攻略:名著欣赏卷	2017—03	48.00	415
劳埃德数学趣题大全.题目卷.1:英文	2016—01	18.00	516
劳埃德数学趣题大全.题目卷.2:英文	2016—01	18.00	517
劳埃德数学趣题大全.题目卷.3:英文	2016—01	18.00	518
劳埃德数学趣题大全.题目卷.4:英文	2016—01	18.00	519
劳埃德数学趣题大全.题目卷.5:英文	2016—01	18.00	520
劳埃德数学趣题大全.答案卷:英文	2016—01	18.00	521
李成章教练奥数笔记.第1卷	2016—01	48.00	522
李成章教练奥数笔记.第2卷	2016—01	48.00	523
李成章教练奥数笔记.第3卷	2016—01	38.00	524
李成章教练奥数笔记.第4卷	2016—01	38.00	525
李成章教练奥数笔记.第5卷	2016—01	38.00	526
李成章教练奥数笔记.第6卷	2016—01	38.00	527
李成章教练奥数笔记.第7卷	2016—01	38.00	528
李成章教练奥数笔记.第8卷	2016—01	48.00	529
李成章教练奥数笔记.第9卷	2016—01	28.00	530

刘培杰数学工作室
已出版(即将出版)图书目录——初等数学

书　　名	出版时间	定　价	编号
第19～23届"希望杯"全国数学邀请赛试题审题要津详细评注(初一版)	2014—03	28.00	333
第19～23届"希望杯"全国数学邀请赛试题审题要津详细评注(初二、初三版)	2014—03	38.00	334
第19～23届"希望杯"全国数学邀请赛试题审题要津详细评注(高一版)	2014—03	28.00	335
第19～23届"希望杯"全国数学邀请赛试题审题要津详细评注(高二版)	2014—03	38.00	336
第19～25届"希望杯"全国数学邀请赛试题审题要津详细评注(初一版)	2015—01	38.00	416
第19～25届"希望杯"全国数学邀请赛试题审题要津详细评注(初二、初三版)	2015—01	58.00	417
第19～25届"希望杯"全国数学邀请赛试题审题要津详细评注(高一版)	2015—01	48.00	418
第19～25届"希望杯"全国数学邀请赛试题审题要津详细评注(高二版)	2015—01	48.00	419
物理奥林匹克竞赛大题典——力学卷	2014—11	48.00	405
物理奥林匹克竞赛大题典——热学卷	2014—04	28.00	339
物理奥林匹克竞赛大题典——电磁学卷	2015—07	48.00	406
物理奥林匹克竞赛大题典——光学与近代物理卷	2014—06	28.00	345
历届中国东南地区数学奥林匹克试题集(2004～2012)	2014—06	18.00	346
历届中国西部地区数学奥林匹克试题集(2001～2012)	2014—07	18.00	347
历届中国女子数学奥林匹克试题集(2002～2012)	2014—08	18.00	348
数学奥林匹克在中国	2014—06	98.00	344
数学奥林匹克问题集	2014—01	38.00	267
数学奥林匹克不等式散论	2010—06	38.00	124
数学奥林匹克不等式欣赏	2011—09	38.00	138
数学奥林匹克超级题库(初中卷上)	2010—01	58.00	66
数学奥林匹克不等式证明方法和技巧(上、下)	2011—08	158.00	134,135
他们学什么:原民主德国中学数学课本	2016—09	38.00	658
他们学什么:英国中学数学课本	2016—09	38.00	659
他们学什么:法国中学数学课本.1	2016—09	38.00	660
他们学什么:法国中学数学课本.2	2016—09	28.00	661
他们学什么:法国中学数学课本.3	2016—09	38.00	662
他们学什么:苏联中学数学课本	2016—09	28.00	679
高中数学题典——集合与简易逻辑·函数	2016—07	48.00	647
高中数学题典——导数	2016—07	48.00	648
高中数学题典——三角函数·平面向量	2016—07	48.00	649
高中数学题典——数列	2016—07	58.00	650
高中数学题典——不等式·推理与证明	2016—07	38.00	651
高中数学题典——立体几何	2016—07	48.00	652
高中数学题典——平面解析几何	2016—07	78.00	653
高中数学题典——计数原理·统计·概率·复数	2016—07	48.00	654
高中数学题典——算法·平面几何·初等数论·组合数学·其他	2016—07	68.00	655

刘培杰数学工作室
已出版(即将出版)图书目录——初等数学

书　　名	出版时间	定　价	编号
台湾地区奥林匹克数学竞赛试题.小学一年级	2017—03	38.00	722
台湾地区奥林匹克数学竞赛试题.小学二年级	2017—03	38.00	723
台湾地区奥林匹克数学竞赛试题.小学三年级	2017—03	38.00	724
台湾地区奥林匹克数学竞赛试题.小学四年级	2017—03	38.00	725
台湾地区奥林匹克数学竞赛试题.小学五年级	2017—03	38.00	726
台湾地区奥林匹克数学竞赛试题.小学六年级	2017—03	38.00	727
台湾地区奥林匹克数学竞赛试题.初中一年级	2017—03	38.00	728
台湾地区奥林匹克数学竞赛试题.初中二年级	2017—03	38.00	729
台湾地区奥林匹克数学竞赛试题.初中三年级	2017—03	28.00	730
不等式证题法	2017—04	28.00	747
平面几何培优教程	2019—08	88.00	748
奥数鼎级培优教程.高一分册	2018—09	88.00	749
奥数鼎级培优教程.高二分册.上	2018—04	68.00	750
奥数鼎级培优教程.高二分册.下	2018—04	68.00	751
高中数学竞赛冲刺宝典	2019—04	68.00	883
初中尖子生数学超级题典.实数	2017—07	58.00	792
初中尖子生数学超级题典.式、方程与不等式	2017—08	58.00	793
初中尖子生数学超级题典.圆、面积	2017—08	38.00	794
初中尖子生数学超级题典.函数、逻辑推理	2017—08	48.00	795
初中尖子生数学超级题典.角、线段、三角形与多边形	2017—07	58.00	796
数学王子——高斯	2018—01	48.00	858
坎坷奇星——阿贝尔	2018—01	48.00	859
闪烁奇星——伽罗瓦	2018—01	58.00	860
无穷统帅——康托尔	2018—01	48.00	861
科学公主——柯瓦列夫斯卡娅	2018—01	48.00	862
抽象代数之母——埃米·诺特	2018—01	48.00	863
电脑先驱——图灵	2018—01	58.00	864
昔日神童——维纳	2018—01	48.00	865
数坛怪侠——爱尔特希	2018—01	68.00	866
传奇数学家徐利治	2019—09	88.00	1110
当代世界中的数学.数学思想与数学基础	2019—01	38.00	892
当代世界中的数学.数学问题	2019—01	38.00	893
当代世界中的数学.应用数学与数学应用	2019—01	38.00	894
当代世界中的数学.数学王国的新疆域(一)	2019—01	38.00	895
当代世界中的数学.数学王国的新疆域(二)	2019—01	38.00	896
当代世界中的数学.数林撷英(一)	2019—01	38.00	897
当代世界中的数学.数林撷英(二)	2019—01	48.00	898
当代世界中的数学.数学之路	2019—01	38.00	899

刘培杰数学工作室
已出版(即将出版)图书目录——初等数学

书　　名	出版时间	定　价	编号
105个代数问题:来自AwesomeMath夏季课程	2019—02	58.00	956
106个几何问题:来自AwesomeMath夏季课程	2020—07	58.00	957
107个几何问题:来自AwesomeMath全年课程	2020—07	58.00	958
108个代数问题:来自AwesomeMath全年课程	2019—01	68.00	959
109个不等式:来自AwesomeMath夏季课程	2019—04	58.00	960
国际数学奥林匹克中的110个几何问题	即将出版		961
111个代数和数论问题	2019—05	58.00	962
112个组合问题:来自AwesomeMath夏季课程	2019—05	58.00	963
113个几何不等式:来自AwesomeMath夏季课程	2020—08	58.00	964
114个指数和对数问题:来自AwesomeMath夏季课程	2019—09	48.00	965
115个三角问题:来自AwesomeMath夏季课程	2019—09	58.00	966
116个代数不等式:来自AwesomeMath全年课程	2019—04	58.00	967
117个多项式问题:来自AwesomeMath夏季课程	2021—09	58.00	1409
118个数学竞赛不等式	2022—08	78.00	1526
紫色彗星国际数学竞赛试题	2019—02	58.00	999
数学竞赛中的数学:为数学爱好者、父母、教师和教练准备的丰富资源.第一部	2020—04	58.00	1141
数学竞赛中的数学:为数学爱好者、父母、教师和教练准备的丰富资源.第二部	2020—07	48.00	1142
和与积	2020—10	38.00	1219
数论:概念和问题	2020—12	68.00	1257
初等数学问题研究	2021—03	48.00	1270
数学奥林匹克中的欧几里得几何	2021—10	68.00	1413
数学奥林匹克题解新编	2022—01	58.00	1430
澳大利亚中学数学竞赛试题及解答(初级卷)1978~1984	2019—02	28.00	1002
澳大利亚中学数学竞赛试题及解答(初级卷)1985~1991	2019—02	28.00	1003
澳大利亚中学数学竞赛试题及解答(初级卷)1992~1998	2019—02	28.00	1004
澳大利亚中学数学竞赛试题及解答(初级卷)1999~2005	2019—02	28.00	1005
澳大利亚中学数学竞赛试题及解答(中级卷)1978~1984	2019—03	28.00	1006
澳大利亚中学数学竞赛试题及解答(中级卷)1985~1991	2019—03	28.00	1007
澳大利亚中学数学竞赛试题及解答(中级卷)1992~1998	2019—03	28.00	1008
澳大利亚中学数学竞赛试题及解答(中级卷)1999~2005	2019—03	28.00	1009
澳大利亚中学数学竞赛试题及解答(高级卷)1978~1984	2019—05	28.00	1010
澳大利亚中学数学竞赛试题及解答(高级卷)1985~1991	2019—05	28.00	1011
澳大利亚中学数学竞赛试题及解答(高级卷)1992~1998	2019—05	28.00	1012
澳大利亚中学数学竞赛试题及解答(高级卷)1999~2005	2019—05	28.00	1013
天才中小学生智力测验题.第一卷	2019—03	38.00	1026
天才中小学生智力测验题.第二卷	2019—03	38.00	1027
天才中小学生智力测验题.第三卷	2019—03	38.00	1028
天才中小学生智力测验题.第四卷	2019—03	38.00	1029
天才中小学生智力测验题.第五卷	2019—03	38.00	1030
天才中小学生智力测验题.第六卷	2019—03	38.00	1031
天才中小学生智力测验题.第七卷	2019—03	38.00	1032
天才中小学生智力测验题.第八卷	2019—03	38.00	1033
天才中小学生智力测验题.第九卷	2019—03	38.00	1034
天才中小学生智力测验题.第十卷	2019—03	38.00	1035
天才中小学生智力测验题.第十一卷	2019—03	38.00	1036
天才中小学生智力测验题.第十二卷	2019—03	38.00	1037
天才中小学生智力测验题.第十三卷	2019—03	38.00	1038

刘培杰数学工作室
已出版(即将出版)图书目录——初等数学

书　名	出版时间	定价	编号
重点大学自主招生数学备考全书:函数	2020—05	48.00	1047
重点大学自主招生数学备考全书:导数	2020—08	48.00	1048
重点大学自主招生数学备考全书:数列与不等式	2019—10	78.00	1049
重点大学自主招生数学备考全书:三角函数与平面向量	2020—08	68.00	1050
重点大学自主招生数学备考全书:平面解析几何	2020—07	58.00	1051
重点大学自主招生数学备考全书:立体几何与平面几何	2019—08	48.00	1052
重点大学自主招生数学备考全书:排列组合·概率统计·复数	2019—09	48.00	1053
重点大学自主招生数学备考全书:初等数论与组合数学	2019—08	48.00	1054
重点大学自主招生数学备考全书:重点大学自主招生真题.上	2019—04	68.00	1055
重点大学自主招生数学备考全书:重点大学自主招生真题.下	2019—04	58.00	1056
高中数学竞赛培训教程:平面几何问题的求解方法与策略.上	2018—05	68.00	906
高中数学竞赛培训教程:平面几何问题的求解方法与策略.下	2018—06	78.00	907
高中数学竞赛培训教程:整除与同余以及不定方程	2018—01	88.00	908
高中数学竞赛培训教程:组合计数与组合极值	2018—04	48.00	909
高中数学竞赛培训教程:初等代数	2019—04	78.00	1042
高中数学讲座:数学竞赛基础教程(第一册)	2019—06	48.00	1094
高中数学讲座:数学竞赛基础教程(第二册)	即将出版		1095
高中数学讲座:数学竞赛基础教程(第三册)	即将出版		1096
高中数学讲座:数学竞赛基础教程(第四册)	即将出版		1097
新编中学数学解题方法1000招丛书.实数(初中版)	2022—05	58.00	1291
新编中学数学解题方法1000招丛书.式(初中版)	2022—05	48.00	1292
新编中学数学解题方法1000招丛书.方程与不等式(初中版)	2021—04	58.00	1293
新编中学数学解题方法1000招丛书.函数(初中版)	2022—05	38.00	1294
新编中学数学解题方法1000招丛书.角(初中版)	2022—05	48.00	1295
新编中学数学解题方法1000招丛书.线段(初中版)	2022—04	48.00	1296
新编中学数学解题方法1000招丛书.三角形与多边形(初中版)	2021—04	48.00	1297
新编中学数学解题方法1000招丛书.圆(初中版)	2022—05	48.00	1298
新编中学数学解题方法1000招丛书.面积(初中版)	2021—07	28.00	1299
新编中学数学解题方法1000招丛书.逻辑推理(初中版)	2022—06	48.00	1300
高中数学题典精编.第一辑.函数	2022—01	58.00	1444
高中数学题典精编.第一辑.导数	2022—01	68.00	1445
高中数学题典精编.第一辑.三角函数·平面向量	2022—01	68.00	1446
高中数学题典精编.第一辑.数列	2022—01	58.00	1447
高中数学题典精编.第一辑.不等式·推理与证明	2022—01	58.00	1448
高中数学题典精编.第一辑.立体几何	2022—01	58.00	1449
高中数学题典精编.第一辑.平面解析几何	2022—01	68.00	1450
高中数学题典精编.第一辑.统计·概率·平面几何	2022—01	58.00	1451
高中数学题典精编.第一辑.初等数论·组合数学·数学文化·解题方法	2022—01	58.00	1452

联系地址:哈尔滨市南岗区复华四道街10号　哈尔滨工业大学出版社刘培杰数学工作室
　网　　址:http://lpj.hit.edu.cn/
　邮　　编:150006
　联系电话:0451—86281378　　　13904613167
　E-mail:lpj1378@163.com